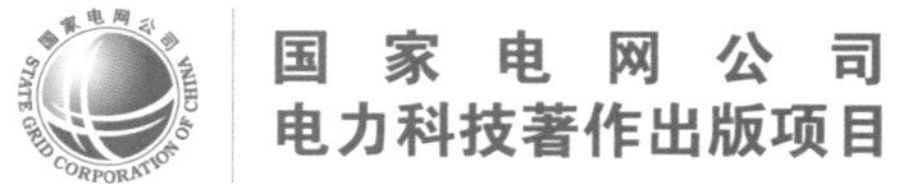


高海拔超高压电力联网工程技术

# 输变电工程设计及其应用

国家电网有限公司　组编

## 内 容 提 要

为全面总结自主研发、自主设计和自主建设的青藏、川藏和藏中电力联网工程的创新成果及先进经验，全方位反映高海拔超高压电力联网工程的关键技术和创新成果，特组织编写了《高海拔超高压电力联网工程技术》丛书。本套丛书主要以藏中电力联网工程为应用范例编写，包括四个分册，分别为《岩土工程勘察及其应用》《输变电工程设计及其应用》《长链式联网工程系统调试》《藏区变电站建筑风格》。

本分册为《输变电工程设计及其应用》，分为变电工程篇和线路工程篇，其中变电工程篇包括变电工程概述，高原气候适应性设计，变电站环境友好性设计，本质安全性深化设计，变电施工运维便捷性设计，抗（减）震防灾设计；线路工程篇包括线路工程概述，线路环境友好性，高海拔绝缘、防雷和金具，复杂地形线路优化设计，提高施工运维便捷性，优化勘察设计措施。

本套丛书可供从事高海拔地区超高压输变电工程及其联网工程设计、建设、施工、调试、运行等相关专业的技术人员和管理人员使用。

**图书在版编目（CIP）数据**

高海拔超高压电力联网工程技术. 输变电工程设计及其应用 / 国家电网有限公司组编. —北京：中国电力出版社，2021.10

ISBN 978-7-5198-5370-9

Ⅰ. ①高…　Ⅱ. ①国…　Ⅲ. ①高原–超高压电网–输配电–电力工程–设计　Ⅳ. ①TM727

中国版本图书馆 CIP 数据核字（2021）第 034167 号

出版发行：中国电力出版社
地　　址：北京市东城区北京站西街 19 号（邮政编码 100005）
网　　址：http://www.cepp.sgcc.com.cn
责任编辑：翟巧珍（806636769@qq.com）　匡　野（010-63412786）
责任校对：黄　蓓　郝军燕
装帧设计：张俊霞
责任印制：石　雷

印　　刷：北京博海升彩色印刷有限公司
版　　次：2021 年 10 月第一版
印　　次：2021 年 10 月北京第一次印刷
开　　本：787 毫米×1092 毫米　16 开本
印　　张：19.25
字　　数：315 千字
定　　价：205.00 元

# 《高海拔超高压电力联网工程技术》

## 编　委　会

# 《输变电工程设计及其应用》编审组

## 一、变电工程篇

**主　　编**　王抒祥

**常务副主编**　李　俭

**副 主 编**　蔡德峰　张明勋　张亚迪

**编写人员**　孔　林　徐婷婷　卢小龙　邓鹏麒　李晓强
彭　真　周　赟　刘启达　左　珏　祝　荣
侯智航　杨　芳　熊志荣　柳　灿　张　延
樊菊霞　谷　昕　龙小兵　刘宏超　唐卫华
谭卜铭　彭宇辉　孙文成　王　赞　丛　鹏
刘振涛　甘　睿　车　彬　周　泓　蔡绍荣
徐　健　王晓华　李万智　习学农　刘光辉
李伟华　宓士强　刘　阳　包维雄　田旭鹏
曹　科　范　强　谭明伦　马　奔

**审核人员**　陈　钢　周　林　周　全　李屹立　张　力
张玉明　张　强　李　明　张友富　苏朝晖
吴至复　甘　羽　李东亮　李明华　季　旭
蓝健均　唐茂林　王文周　杨　可　余　锐
王民昆　彭劲松　汪觉恒　颜　勇　吕　夷
黄善国　刘　涛　王志强　张彼德

## 二、线路工程篇

主　　编　王抒祥

常务副主编　李　俭

副 主 编　蔡德峰　张明勋　张亚迪

编写人员　王　东　任光荣　周文武　吕建党　李晓强
强继峰　龚有军　谭卓敏　张明灿　卢二岩
杨晓光　马　涛　刁常晋　潘　雷　刘庆丰
邓　威　杨　磊　石　磊　杜孟远　彭宇辉
孙文成　王　赞　丛　鹏　刘振涛　甘　睿
车　彬　夏拥军　周　泓　蔡绍荣　王晓华
李万智　刁学农　李伟华　卢忠东　苗峰显
张荣旺　包维雄　姚洪林　朴京泽　宋洪磊
伍建明　孙树双　卢　杰　刘建巧

审核人员　陈　钢　周　林　周　全　杨　林　李志刚
魏　冲　张　强　李　明　张友富　苏朝晖
吴至复　甘　羽　李东亮　李明华　季　旭
蓝健均　唐茂林　小布穷　杨　可　余　锐
王民昆　黄华明　张小力　王虎长　梁　明
谭浩文　李小亭　王学明　吕宝华　江　岳
杨　山　王晓刚

# 前言

青藏高原是中国最大、世界海拔最高的高原，被称为“世界屋脊”，在国家安全和发展中占有重要战略地位。长期以来，受制于高原地理、环境等因素，青藏高原地区电网网架薄弱，电力供应紧缺，不能满足人民生产、生活需要，严重制约地区经济社会发展。党中央、国务院高度重视藏区发展，制定了一系列关于藏区工作的方针政策，大力投入改善藏区民生，鼓励国有企业展现责任担当，当好藏区建设和发展的排头兵和主力军。

国家电网有限公司认真贯彻落实中央历次西藏工作座谈会精神，积极履行央企责任，在习近平总书记“治国必治边、治边先稳藏”的战略思想指引下，于“十二五”“十三五”期间，在青藏高原地区连续建成了青藏、川藏、藏中和阿里等一系列高海拔超高压电力联网工程，彻底解决了藏区人民用电问题，在能源配置、环境保护、社会稳定、经济发展等方面发挥了巨大的综合效益，直接惠及藏区人口超过300万人。

高海拔地区建设超高压输变电工程没有现成经验，面临诸多技术难题。工程建设者科学认识高原复杂性，坚持自主创新应对高原电网建设挑战，攻克了一系列技术难关，填补了我国高海拔输变电工程规划设计、设备制造、施工建设、调试运行等技术空白，创新研发了成套技术及装备，形成了高海拔工程技术标准，指导工程安全建设和稳定运行，创造多项世界之最。

为系统总结高海拔超高压输变电工程技术方面的经验和成果，国家电网有限公司组织上百位参与高海拔超高压电网建设的工程技术人员，编制完成了《高海拔超高压电力联网工程技术》丛书。该丛书全面、客观地记录了高海拔超高压电网工程的主要技术创新成果及应用范例，希望能为后续我国藏区电网建设提供指导，为世界高海拔地区电网建设提供借鉴，也可为世界其他高海拔地区大型工程建设提供参考。

本套丛书分为4个分册，分别为《岩土工程勘察及其应用》《输变电工程设计及其应用》《长链式联网工程系统调试》《藏区变电站建筑风格》，由国家电网有限公司西南分部牵头组织，中国电力工程顾问集团西北电力设计院有限公司、中国能源建设集团湖南省电力设计院有限公司、国网四川省电力公司电力科学研究院等工程参建单位参与编制，电力规划设计总院、中国电力科学研究院有限公司、国网经济技术研究院有限公司、中国电力工程顾问集团西南电力设计院有限公司、国网西藏电力有限公司等单位参与审核，共 90 余万字。本套丛书可供从事高海拔地区超高压电网工程及相关工程勘察设计、施工、调试、运行等专业技术人员和管理人员使用。

本套丛书的编制历时超过三年，凝聚着编审人员的大量心血，过程中得到了电力行业各有关单位的大力支持和各级领导、专家的悉心指导，希望能对读者有所帮助。电力工程技术是在不断发展的，相关实践和认知也在不断深化，书中难免会有不足和疏漏之处，敬请广大读者批评指正。

编　者

**2021 年 7 月**

# 目录

前言

## 第一篇　变电工程篇

第一章　变电工程概述 …… 2

第二章　高原气候适应性设计 …… 6

第一节　高压配电装置选型 …… 7
第二节　电气设备抗低温及防风沙设计 …… 9
第三节　UPS 不间断电源和低压空气开关优化选择 …… 12
第四节　建筑防太阳辐射设计 …… 14
第五节　建筑防寒保温设计 …… 20
第六节　超长连续构架温度效应控制 …… 22
第七节　轻型门式刚架厂房抗风设计 …… 24
第八节　GIS 基础设计 …… 28
第九节　给排水管网系统防冻抗低温设计 …… 30
第十节　站内引入光缆的抗紫外线和防水设计 …… 33

第三章　变电站环境友好性设计 …… 38

第一节　500kV 紧凑型隔离开关在高压并联电抗器回路中的应用 …… 39
第二节　500kV 四分裂软导线的应用 …… 43
第三节　单跨型软导线汇流母线应用 …… 46
第四节　站前区集约化布局和建筑物联合布置 …… 48
第五节　进站道路方案优化 …… 53
第六节　防排洪设施设计 …… 55

第七节　边坡防护设计 …… 57
第八节　冲击成孔灌注桩的应用 …… 59
第九节　降噪围墙选型 …… 60
第十节　供暖、通风空调设备的节能措施 …… 62

## 第四章　本质安全性深化设计 …… 65

第一节　500kV 外绝缘水平和空气间隙距离修正 …… 66
第二节　为牵引站提供双回电源的变电站电气接线设计 …… 69
第三节　高抗抽能站用电源应用 …… 72
第四节　薄弱电网升压过渡方案设计 …… 75
第五节　谐波过电压抑制及保护措施 …… 79
第六节　安全稳定控制系统配置 …… 84
第七节　断路器电机电源及测控装置的供电回路优化 …… 88

## 第五章　变电施工运维便捷性设计 …… 91

第一节　三相一体现场组装变压器的应用 …… 92
第二节　智能照明控制系统设计 …… 95
第三节　智能辅控系统设计 …… 99
第四节　调度程控交换机的远程监控 …… 102
第五节　通信机房空间布局及布线 …… 106
第六节　主控通信楼功能布局 …… 109
第七节　富氧系统设计 …… 113
第八节　防坠落装置的应用 …… 115

## 第六章　抗（减）震防灾设计 …… 117

第一节　电气设备抗（减）震设计 …… 118
第二节　基础及构筑物防冻胀设计 …… 120
第三节　楼梯间抗震优化设计 …… 123

第四节　避雷针抗风防坠落设计 ······125
第五节　变电站边坡地质灾害监测 ······126

## 第二篇　线 路 工 程 篇

第七章　线路工程概述 ······132

第八章　线路环境友好性 ······137

第一节　景区段路径优化 ······138
第二节　文化圣地段路径优化 ······140
第三节　城镇旅游景观段路径优化 ······143
第四节　自然公园段景观设计优化 ······145
第五节　自然保护区段线路路径优化 ······147
第六节　导线电磁环境优化 ······150
第七节　集中林区的小档距高跨塔设计 ······155
第八节　高海拔特有植被的保护措施 ······157
第九节　高海拔特定环境恢复措施 ······159
第十节　施工弃土综合处理优化 ······161

第九章　高海拔绝缘、防雷和金具 ······164

第一节　优化绝缘配置 ······165
第二节　绝缘子串并联间隙 ······168
第三节　高雷击率地区避雷器配置 ······172
第四节　避雷器支架设计 ······176
第五节　高土壤电阻率接地系统 ······179
第六节　石墨柔性接地系统 ······181
第七节　可伸缩防鸟针板 ······183

第八节　均压环优化设计……187
第九节　大高差耐张塔鼠笼式硬跳系统……189
第十节　耐低温、耐磨金具……191
第十一节　注脂式耐张线夹……193
第十二节　预绞丝护线条……195
第十三节　防滑型防振锤……197
第十四节　大档距导地线防振设计……199
第十五节　双板防松型耐张线夹引流板及线夹回转式间隔棒……202

**第十章　复杂地形线路优化设计……205**

第一节　岩石碎屑坡线路选线……206
第二节　陡峭山坡下字形塔应用……210
第三节　大高差陡峭地形塔腿优化设计……214
第四节　高海拔地区基础选型设计……216
第五节　挖孔基础尺寸优化……220
第六节　岩石锚杆基础研究及应用……221
第七节　挖孔基础全护壁设计……225
第八节　高强地脚螺栓和高强钢筋的应用……226
第九节　优化基础主筋布置采用并筋设计……228
第十节　高露头基础地脚螺栓偏心设计……230
第十一节　因地制宜采用多样化基础防护措施……232

**第十一章　提高施工运维便捷性……236**

第一节　绝缘子串差异化设计……237
第二节　运维困难地区杆塔加强……239
第三节　Q420 大规格角钢应用……241
第四节　困难地区塔材分段长度优化……243
第五节　铁塔安全防护措施……245

第六节　在线监测装置 …… 249
第七节　光传感分布式状态监测装置 …… 253
第八节　分布式故障诊断系统 …… 256
第九节　在线监测系统通信方案 …… 258
第十节　在线监测系统电源方案 …… 261

**第十二章　优化勘察设计措施 …… 265**

第一节　高海拔地质勘探背包钻机应用 …… 266
第二节　首次大规模使用卫星遥感解译技术 …… 268
第三节　专业攀岩手段辅助勘测作业 …… 270
第四节　基于海拉瓦的索道选择与优化 …… 274
第五节　三维电子化移交 …… 276

**参考文献 …… 284**

**索引 …… 287**

# 第一篇

# 变电工程篇

# 第一章
# 变电工程概述

我国领土幅员辽阔、地势西高东低、呈阶梯状分布，高海拔地区主要集中在我国中西部的青藏高原、云贵高原、内蒙古高原等地，尤其青藏高原，素有“世界屋脊”“地球第三极”之称，海拔高、空气稀薄、气候寒冷、干旱，动植物种类少，生态环境十分脆弱，为典型的高海拔地理环境特征。

电力建设作为基础设施建设的重要组成部分，是国家经济发展战略中的重点和先行产业。与低海拔地区相比，高海拔地区电力工程建设面临环境气候恶劣、地质条件复杂、交通运输条件受限、生理健康保障困难等挑战，具体表现在以下几点。

## 一、自然环境条件恶劣、生态系统脆弱

高海拔地区具有地震烈度高、紫外线强、风沙大、温度低、昼夜温差大等特点。因此，高海拔地区变电站工程设计面临防风、抗震、防低温、抗老化等更高标准要求。变电站电气主设备运行所面临的环境条件、施工条件更为复杂和恶劣，电气设备运行可靠性受到较大影响。

除自然环境条件恶劣外，高海拔地区生态系统极其脆弱，如不严格保护，一旦破坏将很难恢复，势必对生态造成较大损害。做好环境保护与水土保持设计，既能保证工程建设的顺利进行，又能保护好脆弱的生态环境，与野生动物和谐相处，是高海拔地区变电站工程设计必须考虑的重要课题。

## 二、设备运距长，交通运输困难

高海拔地区地形复杂，地势险峻多变，设备运输条件受限。建于高海拔地区的变电站设备运距长，大件设备运距普遍在数千千米。沿途出现的雾天、大雪等恶劣天气，也让设备运输面临着极大的困难与挑战。

## 三、设备设计特殊、制造难度大、生产周期长

相较于低海拔地区工程，应用于高海拔地区的电气主设备在以下主要方面需进行特

殊设计：

（1）设备外绝缘和空气间隙需进行海拔修正。尤其是变压器、高压电抗器等电气主设备，其绝缘外套（套管）尺寸较海拔 1000m 以下的常规绝缘外套（套管）尺寸显著增加，对设备的结构稳定性提出了更高的要求。以 500kV 主变压器套管为例，常规 500kV 套管的长度约为 5400mm，而按照 4000m 海拔修正后的套管长度达到 8000mm，该尺寸甚至超过了应用于海拔 1000m 以下工程的常规 750kV 套管。

（2）高原地区由于空气稀薄，裸露的高压带电导体更容易出现电晕效应。电晕放电会产生无线电干扰、可听噪声、能量损耗、化学反应和静电效应等。合理选择导体结构型式及截面，可有效减小无线电干扰、可听噪声及电晕带来的能量损耗，有利于变电站往环境保护、生态友好型方向发展。

（3）设备结构需适应高地震烈度而进行加强，如采用自粘换位导线、高强度的套管；对内部元件、套管法兰、变压器油箱、支架等结构采取加强紧固；变压器本体增加隔震垫等。

（4）设备外部需适应风沙大、紫外线强的环境特点。变压器和高压并联电抗器油箱壳体表面涂漆、端子箱（控制箱）柜门、风冷却器风扇、套管瓷套釉层、仪表、电缆槽盒均需采取防风沙设计措施。变压器密封件材料、表面涂漆、套管外涂层等要进行特殊设计和选材，确保各种材料不易老化。

（5）设备需满足低温、温差大的运行环境要求。变压器和高压并联电抗器要考虑选用耐低温钢材、低凝点的 KI50X 或 45 号变压器油等材料，选用耐低温的密封垫、仪表、油泵、风机等组部件。

由于高海拔地区变电站的电气主设备采用了多项非常规设计，选用了多种特殊的材料、组部件。同时，部分设备组部件需要单独制模、采用特殊工艺制作，设备制造难度增大，生产周期较常规设备更长。

## 四、电网结构薄弱

我国高海拔地区的电网建设相对低海拔地区较为落后，电网结构薄弱，长距离链式电网结构突出。相对于网状电网结构，长距离链式结构电网可靠性较低，需要在变电站设计中采取一些特殊措施，增强其系统可靠性。

围绕高海拔地区特殊的地理、气候特征及电网建设的特点和难点，本书从高原气候适应性设计、变电站环境友好性设计、本质安全性深化设计、变电施工运维便捷性设计、抗（减）震防灾设计等五个方面展开论述，提出一系列高海拔变电站设计深化及创新措施，供同类型高海拔地区变电站工程建设参考借鉴。

# 第二章 高原气候适应性设计

本章从高压配电装置选型、电气设备抗低温及防风沙设计、UPS 不间断电源和低压空气开关优化选择、建筑防太阳辐射设计、建筑防寒保温设计、超长连续构架温度效应控制、轻型门式刚架厂房抗风设计、气体绝缘金属封闭开关设备（GIS）基础设计、给排水管网系统防冻抗低温设计、站内引入光缆的抗紫外线和防水设计等方面进行论述，提出了相应的设计方案及措施。

# 第一节 高压配电装置选型

为确保高海拔地区变电站的安全稳定运行，对高压配电装置设备选型以及布置形式提出了更高的要求。

## 一、高海拔气候对开关设备的影响

高海拔地区空气间隙加大，导致配电装置占地增加，不利于施工及环境保护，户外空气绝缘开关设备细长且重心高，在高地震烈度区域损坏概率增大，影响变电站的可靠运行。高海拔地区紫外线强、风沙大、昼夜温差大等环境特点也不利于户外设备的安全稳定运行。

## 二、设计方案及措施

110～500kV 高压配电装置分为空气绝缘开关设备（AIS）、GIS、复合式气体绝缘金属封闭开关设备（HGIS）三种。三种开关设备在高海拔地区的环境适应性、运行维护方面的比较见表 2.1－1。

表 2.1－1　高压配电装置设备型式对比表

| 设备类型 | AIS | GIS | HGIS |
|---|---|---|---|
| 占地面积 | 大 | 小 | 较小 |
| 抗风沙能力 | 小 | 大 | 较小 |
| 抗震能力 | 差 | 强 | 较强 |

续表

| 设备类型 | AIS | GIS | HGIS |
|---|---|---|---|
| 抗低温能力 | 应对措施较少 | 增加伴热带，效果较好 | 增加伴热带，效果较好 |
| 维护工作量 | 大 | 少 | 较少 |
| 检修周期 | 短 | 长 | 较长 |
| 运行可靠性 | 较低 | 高 | 较高 |

从表 2.1－1 可知，GIS 占地面积小，抗风沙、抗震、抗低温能力强，能更好地适应高海拔地区的特殊环境条件。

运行在低温环境下（极端最低气温低于－25℃）的 GIS 配电装置，为了防止 $SF_6$ 气体在低温环境下液化影响设备绝缘性能，一般通过对 GIS 装置配电室建筑采取加热保温措施或者对 GIS 本体加装辅助加热装置。

对于户内布置的 GIS 配电装置，在不采取任何加热措施的情况下，由于建筑自身的保温作用，低温时户内环境温度比户外高 10℃。因此，相较于户外 GIS 配电装置，采用户内布置的 GIS 可以有效降低其辅助加热装置功率需求，还可以大幅减少伸缩节数量，减少潜在故障点。此外，户内布置 GIS 受到的紫外线辐射及水分渗入更少，可提高设备耐久性。

由此可见，GIS 户内布置对特殊环境的适应性更强，在设备的安装及后期的运行、维护、检修方面具有更大的优势。某变电站 500kV 户内布置的 GIS 配电装置见图 2.1－1。

图 2.1－1 某变电站 500kV 户内 GIS 配电装置

## 三、小结

在高海拔地区，户内布置的GIS配电装置可靠性高、维护工作量少、运行寿命更长，符合“资源节约型、环境友好型”变电站建设理念。目前，在西藏、青海地区，户内布置的GIS配电装置得到了普遍应用。因此，采用GIS户内布置是高海拔地区首选。

# 第二节　电气设备抗低温及防风沙设计

风沙大、气温低是高海拔地区两大显著的气候特点。为确保变电站内电气设备安全可靠运行，需要开展相应的抗低温、防风沙设计。

## 一、低温和风沙对电气设备的危害

低温环境下，变压器、高压电抗器等设备绝缘油流动性降低，GIS绝缘气体易发生液化，影响设备绝缘性能；开关操动机构液压油运行黏度增大，导致分合闸速度降低，甚至拒动；覆冰使隔离开关转动轴卡塞，造成合闸不到位，动、静触头接触不良；低温影响水冷却系统正常工作，使蓄电池出现极化现象，降低性能及使用寿命；电缆外绝缘易脆化开裂、绝缘性能下降；户外箱体容易凝露和结冰，内部元件的使用寿命降低。

风沙环境下，沙尘增加了作用于设备上的风压，对设备抗风能力提出了更高的要求；飞扬的沙尘冲击打磨设备表面漆层和外绝缘釉层，影响电气设备绝缘和防腐蚀性能；风沙可引起设备外露传动部件的卡塞，细沙进入设备操作机构箱、端子箱、仪表等，影响设备的正常运行。

## 二、电气设备抗低温和防风沙设计

### （一）电气设备的抗低温措施

变压器、高压并联电抗器绝缘油选用低温性能更好的 KI－50 或 45 号油；密封件材质选用丙烯酸酯或氟硅胶；油箱钢板选用抗低温钢板；套管、仪表、油泵、风机等组件选用耐低温产品。

GIS 宜采用户内布置，通过建筑物保温及取暖措施防止 $SF_6$ 气体液化，或可进一步在 GIS 设备本体及操动机构安装辅助加热装置。GIS 辅助加热装置装配分解图见图 2.2－1。

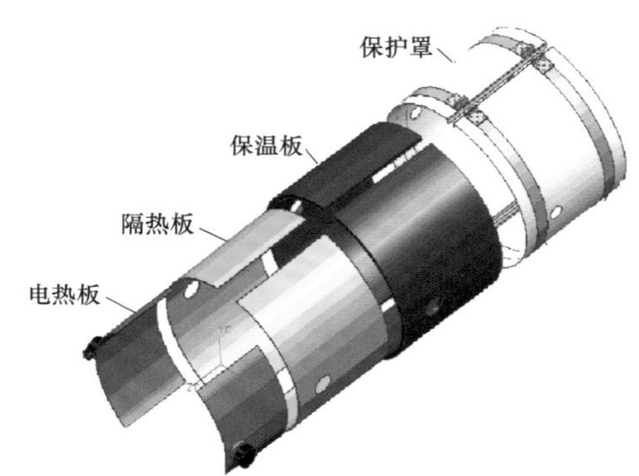


图 2.2－1　GIS 辅助加热装置装配分解图

户外敞开式断路器可采用低温性能更好的混合绝缘气体，或采用加装辅助加热装置的罐式断路器。加装辅助加热装置的 500kV 户外罐式断路器见图 2.2－2。

在阀冷设备间及阀厅内配备取暖设施，在冷却系统管路中设置电加热装置或添加防冻液。

电缆采用交联聚乙烯、聚乙烯绝缘或耐寒橡皮绝缘。

箱体采用双层门、双层保温结构，箱体密封采用耐低温密封胶；二次箱体内装设具有温控功能的加热装置，当温度低于设定值时自动启动。箱体双层门保温结构见图 2.2－3。

图 2.2－2　加装辅助加热装置的 500kV 户外罐式断路器

图 2.2－3　箱体双层门保温结构

### （二）电气设备的防风沙措施

（1）敞开式隔离开关避免采用抗风沙能力较弱的垂直伸缩式结构，选用操作功率更大的双臂伸缩式或水平旋转式结构。同时，减少机构及部件外露，减少卡塞现象发生。

（2）设备的表计放置在具备防水防风尘功能的不锈钢仪表箱内，避免表计产生集尘效应。

（3）户外箱体采用双层门结构，箱体通风孔外侧装设向下的弯头，通风孔内侧装海绵滤网。

（4）户外箱体采用不锈钢材质，并在外表面使用耐磨蚀性的涂装材料。

（5）瓷质绝缘子采用加厚釉层处理。

## 三、小结

风沙、低温环境会对变电站电气设备带来较大影响。通过在设备选型、材质及结构上采取特殊设计，有效提高设备抗低温、防风沙能力。这些设计措施在西藏、内蒙古、青海等地的特高压交直流联网工程、500kV 超高压电力联网工程中得到了广泛应用，效果显著。

# 第三节 UPS 不间断电源和低压空气开关优化选择

随着海拔的升高，空气压力和密度下降、温差增大、空气绝对湿度降低，一体化电源系统中的 UPS 不间断电源和直流空气开关等设备工作性能下降或出现偏差，影响一体化电源系统的安全可靠运行。因此，有必要对高海拔地区的一体化电源系统选型进行优化。

## 一、高海拔对 UPS 不间断电源和低压空气开关的影响

高海拔自然环境的气候特点对 UPS 不间断电源和低压空气开关等设备的影响主要有以下四个方面：

（1）电气绝缘性能的变化。海拔的升高带来空气密度的下降、介质的绝缘强度削弱，同样电位差间的带电间隙及产品内外部的绝缘层更易被击穿。因此，标准产品的绝缘电压、工频耐压、冲击耐压均需进行相应修正。

（2）发热与载流量的变化。受海拔变化的影响，微型断路器工作时的散热能力减弱。因此，在相同的使用环境温度下，随着海拔的升高，微型断路器的载流能力相应下降，同时接通及分断能力也相应下降。

（3）在高原环境下，温升及接通分断能力的下降等因素均会影响低压产品的机械和电气寿命。高海拔环境导致产品散热能力的降低、绝缘材料的加速老化。

（4）气压降低，电容变形，导致 UPS 不间断电源的输出功率下降；同时，空气密度的下降，导致同样的风机速度下通风量不足，散热能力下降。

## 二、高海拔 UPS 不间断电源和低压空气开关参数修正

### （一）UPS 不间断电源容量校正

按照 DL/T 5491—2014《电力工程交流不间断电源系统设计技术规程》要求，当海

拔高于 1000m 时，UPS 不间断电源应按照表 2.3－1 中的降容系数 $K_d$ 进行容量校正。

表 2.3－1　　UPS 不间断电源降容系数

| 海拔（m） | 1000 | 1500 | 2000 | 2500 | 3000 | 3500 | 4000 | 4500 | 5000 |
|---|---|---|---|---|---|---|---|---|---|
| 降容系数 $K_d$ | 1.00 | 0.95 | 0.91 | 0.86 | 0.82 | 0.78 | 0.74 | 0.70 | 0.67 |

以海拔在 4000m 的某 500kV 变电站为例，经 UPS 电源负荷统计（供电范围包括监控系统各服务器、远动设备、通信设备、火灾报警设备等），UPS 不间断电源计算容量约为 11kVA，按照降容系数 $K_d=0.74$ 进行降容校正，校正后容量为 11kVA/0.74＝14.865kVA，UPS 不间断电源容量可选择 15kVA。

### （二）低压空气开关降容处理

高原地区空气稀薄，对于采用空气绝缘的交直流低压空气开关，也需要考虑根据海拔进行降容处理和校验。随着海拔升高，其额定电压、工作电流、工频耐压及分断能力均有下降，其中工作电流下降较慢、分断能力下降较快。以某厂空气开关参数与降容修正系数为例，在海拔 2000m 及以下时不需考虑降容影响时；在海拔 3000m 时，工作电流修正系数为 0.98，分断能力修正系数为 0.83；在海拔 4000m 时，工作电流修正系数为 0.96，分断能力修正系数为 0.71。因此，高海拔地区的低压空气开关选型及校验，应进行海拔修正。

### （三）低压空气开关级差配合

高海拔地区变电站的直流系统中各级的空气开关选择需要参照 DL/T 5044—2014《电力工程直流电源系统设计技术规程》中表 A.5－2“分层辐射形系统保护电器选择性配合表（标准型）”和表 A.5－3“分层辐射形系统保护电器选择性配合表（一）”，并结合高海拔条件下直流空气开关参数修正情况。某 500kV 变电站各级保护电器配置推荐见表 2.3－2。

表 2.3－2　　某 500kV 变电站各级保护电器配置推荐表

| 位置 | 保护电器 | 额定电流（A） |
|---|---|---|
| 蓄电池出口 | 熔断器 | 630 |
| 整流装置出口 | 断路器 | 225 |
| 直流主屏馈线（至分屏） | 断路器 | 125 |
| 直流分屏馈线 | 断路器 | 32/40 |
| 末端负荷 | 断路器 | 2/4 |

## 三、小结

高海拔自然环境的气候特点导致 UPS 不间断电源和低压空气开关的工作性能发生变化，需要对 UPS 不间断电源和低压空气开关进行容量校正，形成高海拔地区直流保护电器选择性配合推荐方案，对一体化电源系统在高海拔地区的应用提供参考。

# 第四节　建筑防太阳辐射设计

高海拔地区太阳辐射强，需进行相应的建筑特殊设计，以达到提高使用效率和经济效益的目的。

## 一、太阳辐射带来的影响

高海拔地区太阳辐射较平原地区强 60%，强烈的太阳辐射对变电站建筑的主要影响如下：

（1）强烈的太阳紫外线会使建筑表皮材料快速老化、褪色，影响建筑的耐久性。

（2）强烈的日照会使建筑内部温度升高，影响建筑内部舒适性和室内设备性能，对室内运维环境造成不利影响。

## 二、设计方案及措施

### （一）分析研究站址太阳辐射，合理选取建筑朝向

建筑朝向的选择，涉及当地气候条件、地理环境、变电站用地情况等，必须全面考虑。合理的建筑朝向不仅能有利于建筑内的采光及通风，而且是建筑防御太阳辐射的第一道防线，合理选择建筑的朝向，能让建筑的朝向面避开长时间太阳照射，提高建筑的

节能效能，提高室内环境舒适性。

采用 Ecotect 软件分析站址温、湿度及日照情况，根据工程地区的综合气候条件及日照数据，选取适合的建筑朝向。以西藏 500kV 左贡开关站为例，把地理位置信息及相关数据录入 Ecotect 软件，由软件计算出站址的日轨迹及太阳辐射热量图，如图 2.4－1～图 2.4－5 所示。

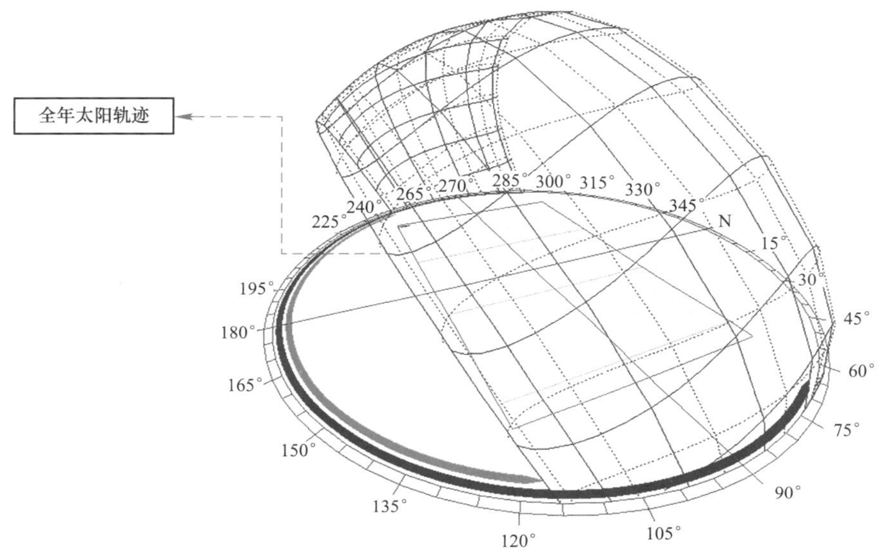


图 2.4－1　全年日轨图分析图

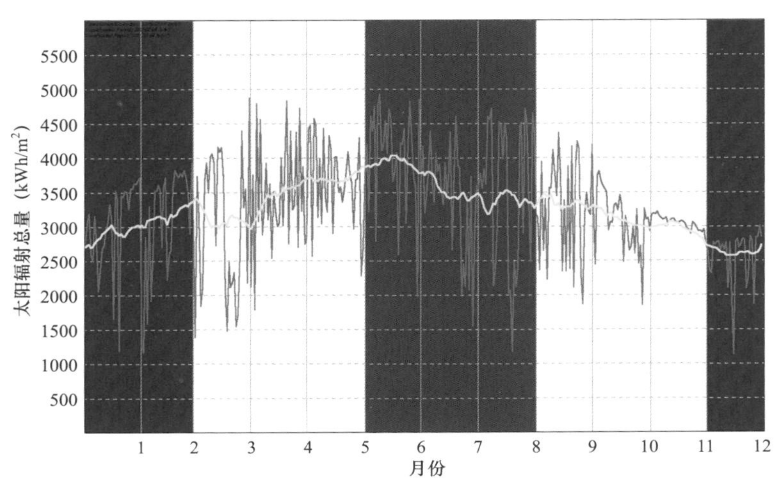


图 2.4－2　建筑东立面太阳辐射总量图

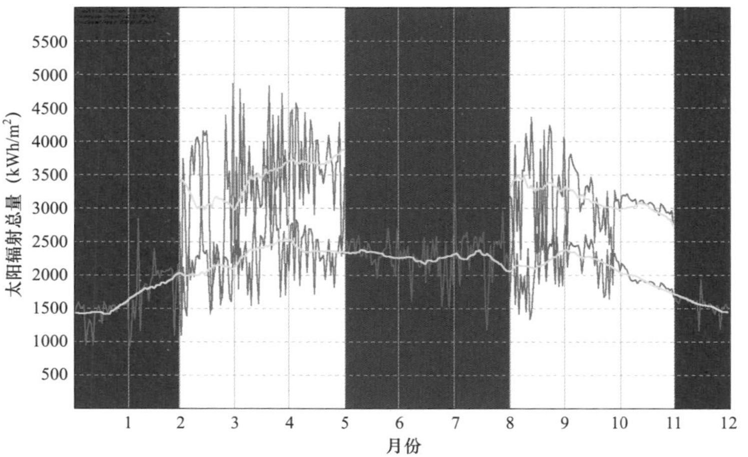


图 2.4－3　建筑西立面太阳辐射总量

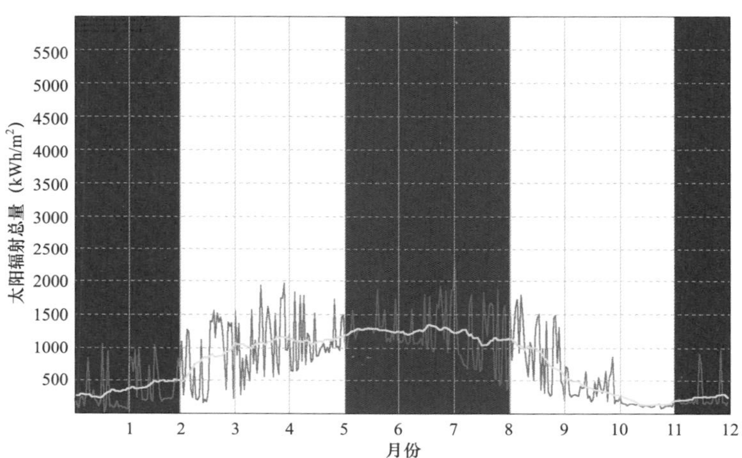


图 2.4－4　建筑北立面太阳辐射总量图

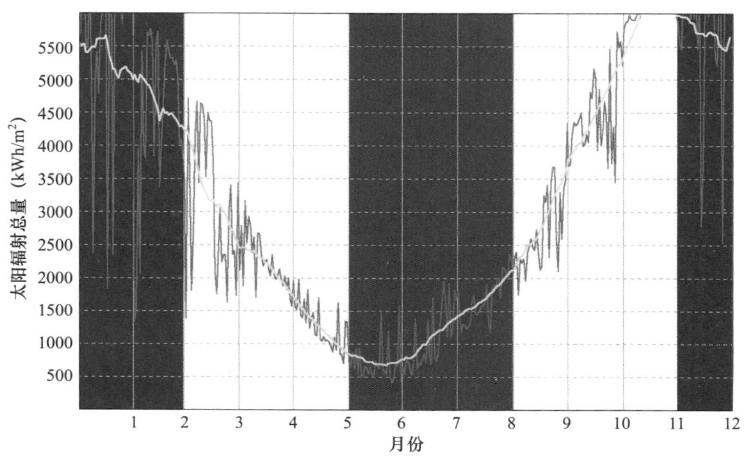


图 2.4－5　建筑南立面太阳辐射总量

结合以上日照分析数据及当地气候条件的综合考虑，可以得出站址的太阳辐射特点：站址东、西向全年的日照总量较南、北向要多，而且6～9月均有较强的太阳辐射。北向太阳辐射总量最小，而且比较平均，而南向太阳辐射较强的月份主要集中在1～3月、10～12月这些冬季欠热期，夏季太阳辐射量则较少。因此，为回避强烈太阳辐射及在相应的季节得到适当的太阳辐射，建筑立面应尽量避开辐射总量较大的朝向（东、西向），同时结合当地冬季较寒冷，应尽量得到太阳辐射，夏季日照温度较高，应尽量减少太阳辐射的气候地理条件，得出该工程建筑的最佳朝向为偏南向。建筑最佳朝向分析见图2.4－6。

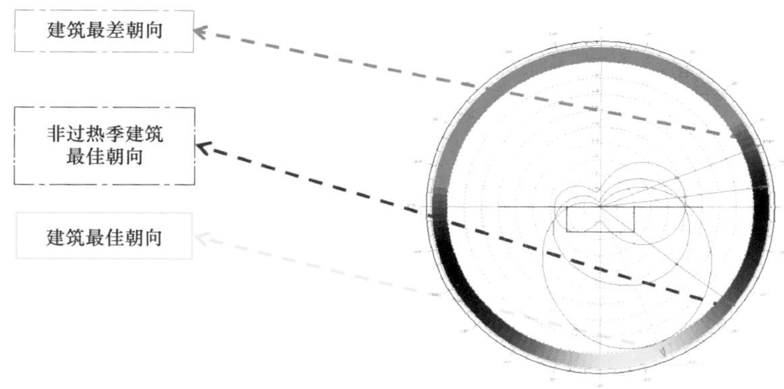


图2.4－6　建筑最佳朝向分析

基于以上数据及分析，该站的建筑采用最佳朝向为偏南向，站内重要建筑及有人活动的房间均朝南向布置，可使建筑室内舒适性大幅提高，而且能让建筑主动地、最大限度地避开不利的太阳辐射。

### （二）合理选用建筑外装修材料

选用能抵御太阳辐射中的紫外线的建筑材料，以便建筑能适应西藏地区强烈的紫外线照射，减缓建筑外表的老化和氧化速度，提高建筑物的耐久性、可靠性。

（1）对于钢筋混凝土框架结构建筑，经过对瓷质外墙砖、外墙涂料、真石漆及嵌挂石材等材料的分析比对，综合抗紫外线性能、燃烧性能、采购运输、综合造价等方面因素，选取了真石漆作为建筑外墙装饰涂料。真石漆是用天然石粉配制而成，主要成分为岩石和无机物，具有优异的耐碱性和抗紫外线能力，在西藏地区使用多年均能保持表面稳定，色彩不变不褪，一般寿命能达 15 年以上。从调研情况看，西藏地区许多现代建筑外墙均采用了真石漆作为外墙材料，真石漆在西藏地区有较广泛的适应性。建筑真石漆墙面见图 2.4－7。

图 2.4－7　建筑真石漆墙面

（2）对于钢结构建筑，建筑外墙均采用压型钢板作为主材。由于太阳辐射中的紫外线会加快金属的氧化作用，因此钢结构建筑的墙面及屋面压型钢板外层均采用耐紫外线的 PVDF（聚偏氟乙烯）树脂作为保护涂层。PVDF 树脂中含有大量的 C－F 键，其键能是 116kJ/mol，从而使 PVDF 树脂具备极好的耐紫外线和辐射性能，具有优异的耐候性，以及抗水解、耐化学介质等性能，非常适合作为高原强太阳辐射地区的建筑面材。

（3）外装修材料的颜色选择也是建筑物抗太阳辐射的重要手段之一。当太阳光照射建筑外表面时，一部分会被物体表面吸收，另外一部分会被物体表面反射，还有一小部分会透过物体。太阳辐射的反射率越高，吸收率越低，隔热效果越好。太阳辐射的反射率与材料的分子结构、表面光洁度有关，而对于短波辐射热还会与物体表面的颜色有关。只有被表层吸收的热量才会向物体内部传导，建筑外墙大面积采用（RAL9016）米白色，以提高太阳辐射的反射率，减少建筑表皮对太阳辐射的吸收。

### （三）建筑遮阳技术的综合应用

由于窗户是建筑物被太阳光穿透射入最薄弱的构件，因此除室外装修材料外，窗户是建筑进行防太阳辐射措施中最重要的部位。通过遮阳板、Low－E 玻璃、防晒膜等组合遮阳技术使建筑的窗户更能适应该地区的光照环境，减轻太阳辐射对室内的影响。

（1）建筑外墙窗顶均设有 GRC（玻璃纤维增强混凝土）巴苏构件。巴苏构件不仅为传统藏式建筑的经典元素，同时还能起到挡雨遮阳的作用，在一定程度上遮挡太阳较垂直于地面的辐射，既丰富了立面造型，又达到了很好的节能效果。建筑外墙窗顶巴苏见图 2.4－8。

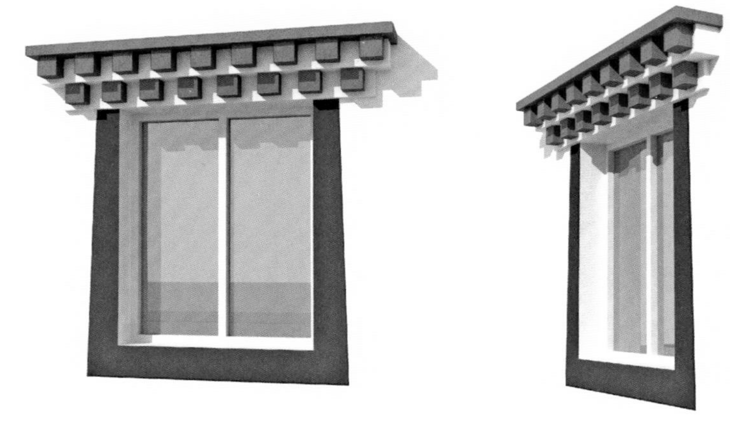

图 2.4－8　建筑外墙窗顶巴苏

（2）玻璃自遮阳技术。所有窗户的玻璃采用中空 Low－E 玻璃，把太阳辐射中的红外线反射到室外，起到隔热作用，而将热辐射较低的可见光引入到室内，满足遮阳需求。

（3）遮阳防晒膜。变电站内电气设备房间（如主控制室、电容器室等）不宜有太强的阳光照射。为尽量避免太阳辐射对电气设备的影响，应减少电气设备房间的日照强度，保留一定运维光照。在电气设备房间的窗户玻璃的室内侧粘贴遮阳防晒膜，可进一步减少太阳辐射对设备的影响。

## 三、小结

三个防太阳辐射策略包括：① 通过合理选择建筑朝向，回避不利日照及太阳辐射；② 合理选择建筑外装修材料，减少太阳紫外线对建筑的不利影响；③ 综合应用建筑遮阳技术，减少太阳辐射热对建筑的影响。上述三个防太阳辐射策略可满足高海拔地区建筑防太阳辐射的要求，提高了站内建筑的耐久性和可靠性，为高海拔地区变电站运维人员及电气设备提供了良好的建筑室内环境，让建筑更节能、更绿色环保。

## 第五节　建筑防寒保温设计

高海拔地区，由于其天气寒冷干燥，并且该地区多为地广人稀、交通运输不便之地，需要一定数量的运维人员长期值守，为提高建筑使用效率，体现人文关怀，在实际工程中，我们针对高海拔寒冷地区变电站进行了针对性的建筑防寒保温设计。

### 一、变电站建筑存在的问题

变电站站区布置多为分散布局，建筑单体空间布局较零散，体形系数大，尤其是单层建筑。

高海拔寒冷地区昼夜温差大，建筑物受到各种应力的作用，容易出现外墙涂料开裂、保温层渗水受冻及脱落现象，从而导致保温效果降低。变电站建筑可能面临构件（门窗、屋面）保温隔热性较差、气密性不良等问题。

### 二、方案设计与措施

#### （一）建筑平面布置与体形系数控制

对建筑平面布置进行优化调整，将建筑平面设计为规则几何形状，减小建筑体形系数。主控楼建筑层数多设置为两层，避免内部空间的浪费，以达到建筑节能的目的。

#### （二）建筑构造与保温构件（门窗、屋面等）的选用

（1）建筑对外出入口设置门斗。建筑对外出入口均设置门斗，使门斗成为进入建筑

内部空间的过渡空间，既可起保温作用，满足 DB45/T 392—2007《公共建筑节能设计规范》对保温的要求，又可阻挡风沙的侵入。某变电站工程内门斗示意图见图 2.5－1。

图 2.5－1　某变电站工程内门斗示意图

（2）采用节能窗。建筑外窗选用断热铝型材，高规格的 5＋12＋5（mm）Low－E 中空玻璃，大大降低了热工计算中的 *K* 值，从而提高建筑物的保温性能。

（3）控制外窗开启数量和尺寸。西藏地区变电站建筑物应尽量减少窗的开启扇数量和尺寸，对于必要的外窗可采用固定窗或减少外窗开启扇，同时窗扇开启扇的宽度不大于 600mm，框四周要增加防风密封毛条，从而尽可能降低渗漏点。

（4）屋面保温节能技术。设计采用倒置式保温屋面，使用隔热保温性能优异、持久的挤塑聚苯乙烯泡沫塑料板作为屋面保温材料。

## （三）墙体节能设计

（1）混凝土框架结构外墙外保温。混凝土框架结构墙体采用蒸压加气混凝土砌块，它具有良好的保温隔热、隔音、耐火、绿色环保等特点，广泛应用于工业与民用建筑墙体。高海拔地区的某变电站工程中，外墙统一选用 370mm 厚蒸压加气混凝土砌块，具有良好的节能效果。为了加强蒸压加气混凝土砌块外墙在严寒、寒冷地区中的保温性能，在自保温体系外增设外墙外保温，在外墙部分涂抹 40mm 厚聚苯颗粒保温砂浆分层抹面，增强外墙的保温体系。

（2）钢结构厂房装配式建筑外墙。高海拔芒康地区的某变电站工程中，GIS 楼钢结构建筑在标高 1.10m（相对室内地坪 0.00m）以下采用实体外墙，在标高 1.10m（相对室内地坪 0.00m）以上采用成品金属复合夹芯板外墙板。金属复合夹芯板采用 100mm 厚成品岩棉夹芯板（见图 2.5－2），钢板双面镀铝锌含量不低于 150g/m$^2$，屈服强度不低于 550MPa，内外层板厚均为 0.6mm，内层面层涂料为 PE，外层面层涂料为 PVDF。成品岩棉夹芯板安装工艺简单，安装质量易于保证，保温性能优越。

### （四）外墙面保温层防开裂措施

在保温涂层中增加纤维物质，内部形成纵横交错的网状结构，以抵抗涂料在干燥过程中的收缩应力。同时，在抗裂防护层中使用 5mm 厚聚合物抗裂砂浆并做出平整麻面（见图 2.5－2），以降低防护层的弹性模量，增大变形能力，并使用强度好的钢丝网为软筋，提高纵横双向抗拉强度，全面阻止开裂，增强外墙保温层抵御恶劣气候环境的能力。

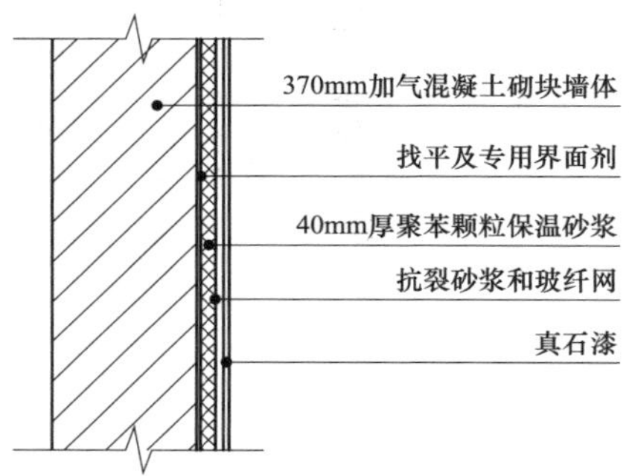

图 2.5－2　外墙构造层次示意图

## 三、小结

高海拔地区变电站建筑的防寒保温设计，应做好建筑平面布置与体形系数控制，采用可靠的建筑构造设计技术和高性能保温构件，做好围护结构的节能设计等细节。

# 第六节　超长连续构架温度效应控制

根据电气布置，变电站构架大多采用联合布置或者连续排架结构，出线门形构架长度超过 150m。超长连续构架在极端温度低、昼夜温差大的高海拔自然环境下运行，温度效应尤其显著，需充分考虑温度效应对构架安全性的影响。

## 一、温度对超长连续构架的影响

当变电站连续构架长度超过 150m，超过了规范规定的温度区段长度限值时，应考虑温度效应。由于高海拔地区昼夜温差大、极端低温天气多，构架为室外露天构件，其温度效应受环境温度影响较大。超长连续构架的温度效应显著，温度应力对承载力的影响不起控制作用，控制超长连续构架温度效应的主要工作是满足节点位移对变形的要求。同时构架梁承受具有动力荷载特性的导线风荷载，而构架柱、构架梁除用螺栓法兰连接外，均存在较多的焊接构件。在长期低温、大温差的工作条件下，钢材容易发生脆性破坏，需重视焊缝、螺栓连接等部位的冷脆不利影响。

## 二、设计方案及措施

### （一）优化结构体系

以西藏地区某 500kV 变电站的 220kV 出线构架为例，构架连续排架总长 168m，属超长连续排架结构。构架柱采用钢管人字柱，柱高 18m，构架两端人字柱设置端撑；构架梁采用三角形格构梁，单跨跨度 14m。西藏地区某 500kV 变电站超长连续构架见图 2.6－1。

图 2.6－1　西藏地区某 500kV 变电站超长连续构架

因构架柱对钢梁有一定的约束作用，构架柱与钢梁的表面温度并不一致，这种约束具有相对性，从变形和内力的整体趋势来看，构架柱与梁的连接点是温度应力的集中部位。针对这一部位采取有效构造措施，能较好地解决构架的温度效应。

根据上述分析，首先对构架结构型式进行了优化，整个构架连续排架结构从中部断开，设置 3m 宽的间距，增设一组人字柱，整个出线构架分成两排，每排构架长度缩短为 84m，控制在规范允许的连续排架长度范围内。同时构架横梁与构架柱之间采用铰接连接方式——螺栓连接。螺栓孔采用椭圆孔，螺栓与孔之间预留的滑移空隙可释放梁端产生的温度应力，减少节点的位移变形。

### （二）优化钢材选型

西藏地区冬季最低气温达到 –42℃。低温环境下，钢材的塑性和韧性随温度的降低而下降，在低温尤其是脆性温度转换区时韧性急剧降低，容易发生脆性断裂，因此对处于负温下工作的结构，特别是焊接结构，应选用质量较好和脆性转变温度低于结构工作温度的钢材。

变电站设备支架，因多承受静力荷载，可选用 Q235B 或 Q355B 钢材。

变电构架上避雷针、地线柱等承受较大动力荷载的构件，选用 Q355C 或 Q355D 钢材，以保证低温冷脆性能。

对于构架柱、构架梁等主材，选用力学性能较好、较为经济的 Q355B 钢材。

## 三、小结

对高海拔低温环境下超长连续构架的温度效应控制，可采取超长连续构架分段设置、构架梁柱采用铰接连接、优化钢材选型等措施。

# 第七节　轻型门式刚架厂房抗风设计

高海拔地区变电站建设，面临风力大、温度低、昼夜温差大等气候特点。由于环境条件较为恶劣，考虑运行维护的便利，高原地区变电站大多采用户内电气设备，需对设备厂房开展结构抗风优化设计。

## 一、风荷载对轻型门式刚架厂房的影响

门式刚架结构型式简单、传力明确、梁柱截面尺寸小、空间利用率高、施工周期短、抗震性能优越。但门式刚架房屋自重轻、刚度小，其抗风性能相对较差。由于屋面风荷载的不均匀分布，个别部位如檐口、角部等会产生较大的风吸力，围护结构在风吸力作用下被掀起，即风揭破坏。

## 二、设计方案及措施

### （一）增强结构整体性

以西藏地区某变电站为例，500kV GIS 室和 220kV GIS 室均采用门式钢架结构，柱底钢接、梁柱钢接，每榀门式钢架通过柱间支撑、系杆、屋面水平支撑、檩条连接为整体结构，山墙处设置抗风柱，增强结构抗风能力。500kV GIS 室柱间和室屋面支撑布置分别如图 2.7－1、图 2.7－2 所示。

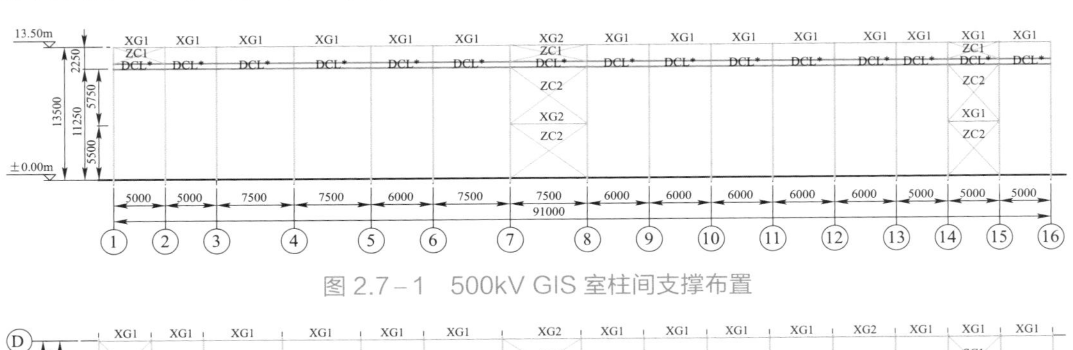


图 2.7－1　500kV GIS 室柱间支撑布置

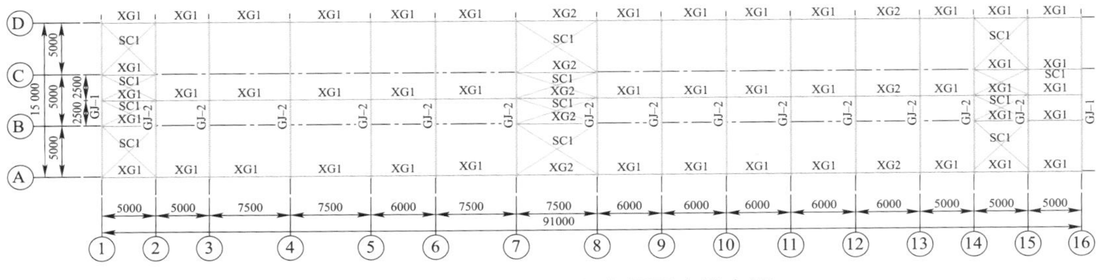


图 2.7－2　500kV GIS 室屋面支撑布置

### （二）设置温度伸缩缝

高海拔地区气温低，超过规范规定的温度区段。变电站 GIS 设备厂房长度较长，需设置温度伸缩缝，减少温度应力。温度伸缩缝采用设置双柱的方式。

### （三）优化墙架、支撑的设置

门式钢架结构的墙梁间距随墙板规格计算确定，同时兼顾门窗、雨篷等构件的设置。每个温度区段内都设置柱间支撑和屋盖横向支撑，组成横向不变体系，屋面转折处全长设置刚性系杆形成稳定的支撑体系。由于 GIS 设备室设置了吊车，在屋盖边缘还设置了纵向支撑桁架，且柱间支撑和屋面支撑均采用型钢支撑。

### （四）加强节点连接

钢柱与基础锚栓的连接采用双螺母，压型板与檩条采用自攻螺栓连接，屋面檩条与檩托采用永久螺栓连接，屋面支撑采用安装螺栓加焊接。柱脚连接大样见图 2.7－3。

### （五）加强屋面板、墙板固定连接

针对西藏地区风力大、极端天气多等特点，优选 GIS 室墙板和屋面板，在满足保温隔热要求前提下，加强屋面板、墙板的固定连接措施，增强抗风揭能力：

（1）屋面、墙面压型钢板的基材厚度统一，压型钢板采用长尺板材，以减少板长方向之搭接。

（2）压型钢板长度方向的搭接端必须与支撑构件如檩条、墙梁等有可靠的连接；搭接部位应设置防水密封胶带。

（3）屋面压型钢板侧向采用扣合式或咬合式等连接方式。在檩条上设置与压型钢板波形相配套的专门固定支座，固定支座与檩条用自攻螺钉或射钉连接，压型钢板搁置在固定支座上。两片压型钢板的侧边应确保在风吸力等因素作用下的扣合或咬合连接可靠。

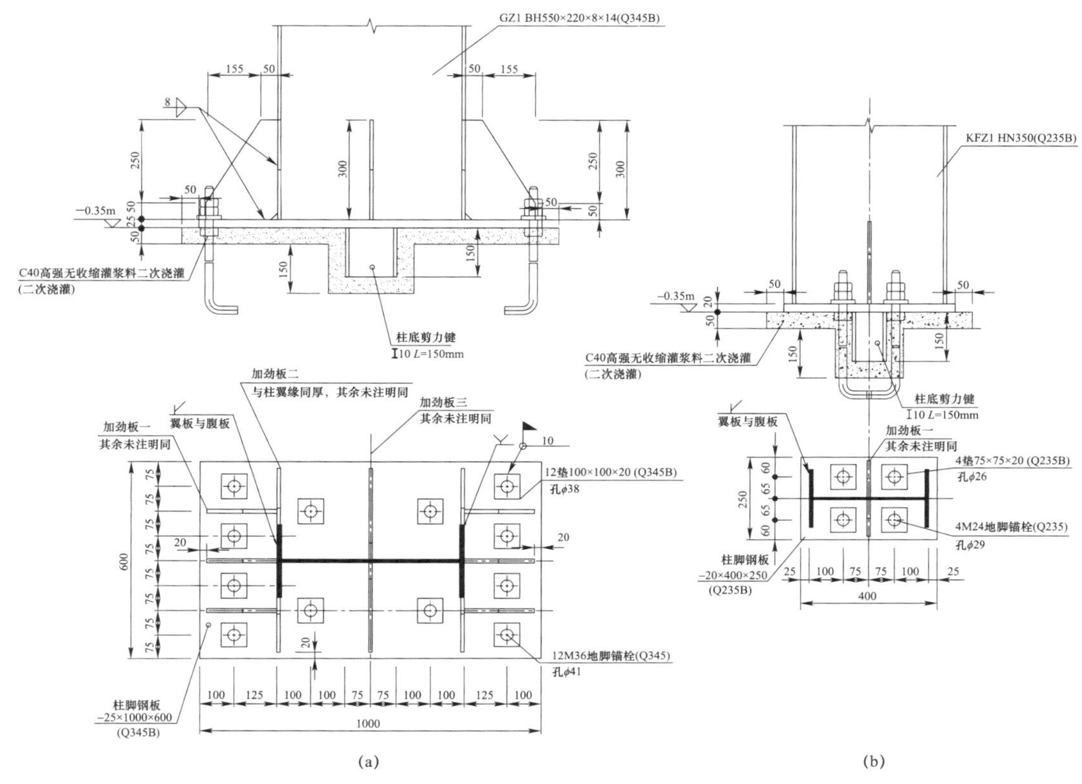


图 2.7–3　柱脚连接大样

（a）GZ1 柱脚节点大样；（b）KFZ1 柱脚节点大样

注：X 值放样确定

（4）在檐口、角部等较大的风吸力处，采取檩条间距加密处理方式加强抗风揭能力，即边上两道檩条间距不大于 600mm，脊部两道檩条间距不大于 900mm，同时加强边角处收边处理。

（5）墙面压型钢板之间的侧向连接采用搭接连接，通常搭接一个波峰，板与板的连接件可设在波峰，也可设在波谷。连接件采用带有防水密封胶垫的自攻螺钉。

## 三、小结

针对高海拔、大风地区的变电站轻型门式钢架设备厂房，从增强结构整体性，设置温度伸缩缝，加强屋面板、墙板与墙架及支撑的固定连接措施，加强节点连接等方面进行了抗风设计，有效提高了轻型门式钢架结构抗风揭能力，预防风揭破坏。

# 第八节　GIS 基础设计

GIS 的本体与分支之间采取硬连接，要求本体基础与分支基础之间不能有过大的差异沉降。高海拔地区地质条件复杂，冻胀土广泛分布，该不良地质条件下的基础变形需控制在规范允许范围内。

## 一、基础沉降对 GIS 的影响

GIS 本体、分支母线套管间为硬连接，对基础沉降及沉降差要求严格。若 GIS 基础沉降差过大，将对 GIS 造成严重的安全隐患。GIS 装有波纹管，波纹管可对母线水平方向的伸缩起到调节作用，但因地基不均匀沉降引起侧向或不规则扭矩时，则会造成母线筒螺栓松动、插接母线接触不良等现象，更严重者形成母线筒漏气和母线放电等事故。GIS 基础间纵横交错布置着各种管沟，将 GIS 基础分割成很多区块，影响了 GIS 基础的整体性。

高海拔地区冻胀土分布广泛，基础埋深需置于冻深线以下。GIS 基础若采用整板基础，存在基础埋深深、基础混凝土用量大的问题。

高海拔地区温差大，大体积混凝土基础易产生温差应力，导致混凝土表面开裂，影响基础使用性能。

## 二、设计方案及措施

设计采用孤岛式筏板型 GIS 基础方案。西藏地区某 500kV 变电站 GIS 基础采用整体筏板基础。筏板为 650mm 厚钢筋混凝土板。为满足电缆沟 1.0m 净空要求，将筏板整体下沉至顶面标高 –1.05m，二次浇筑面预留插筋，在筏板上二次浇筑 GIS 基础支墩。室内 GIS 基础支墩之间采用轻质混凝土回填至建筑面层。户外 GIS 分支母线基础支墩采用素土回填至室外地面，GIS 分支母线套管基础露出地面 0.4m。500kV 变电站 GIS

设备基础见图 2.8－1。

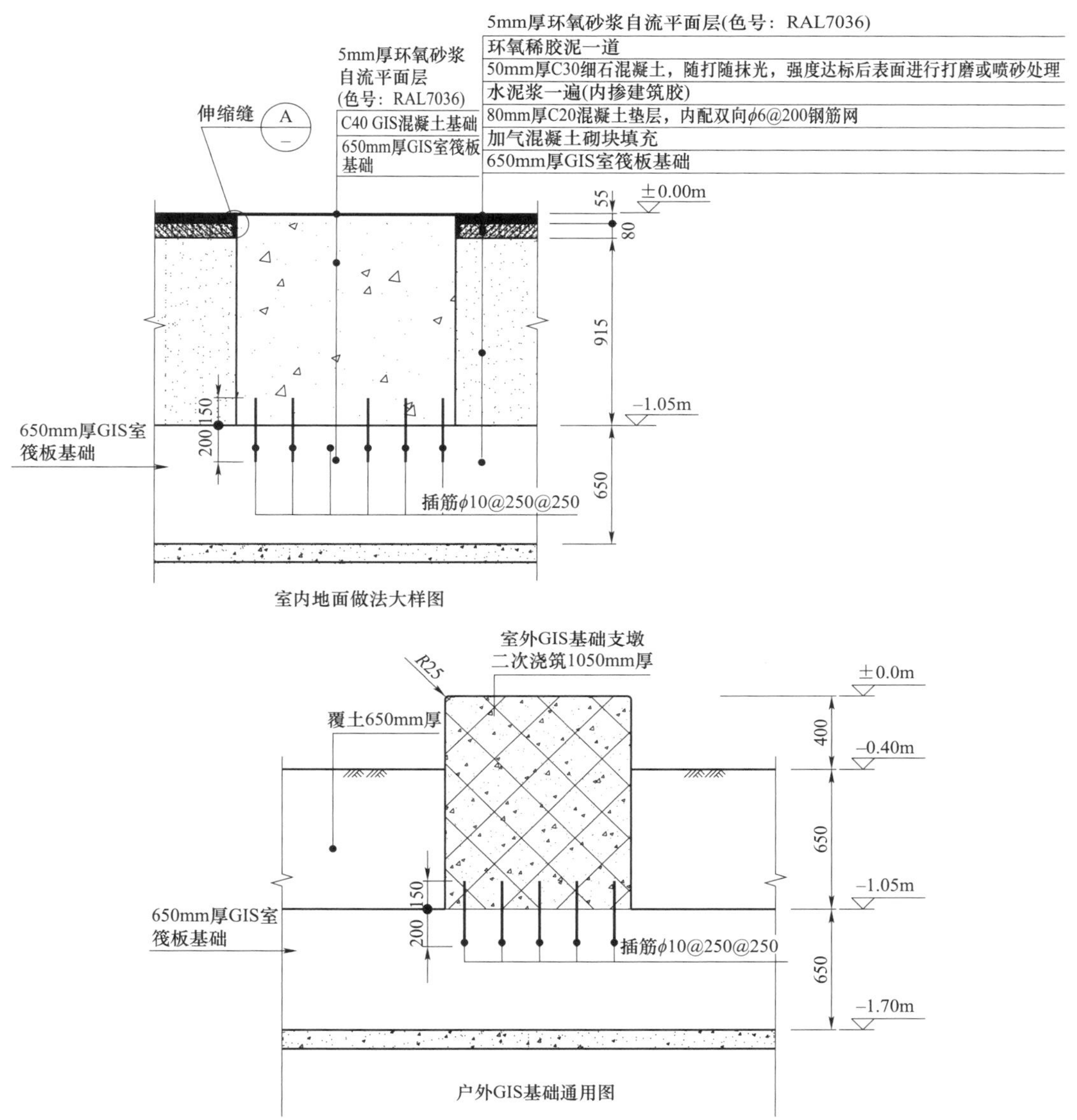


图 2.8－1　500kV 变电站 GIS 设备基础

孤岛式筏板型 GIS 基础先浇筑筏板，根据需要设置后浇带，再二次浇筑支墩，比大块式基础厚度减小，可有效减少混凝土用量及水化热，避免了温度应力裂纹。

远期 GIS 分支母线套管支架基础可直接在筏板上植入插筋后二次浇筑支墩，避免了近、远期间隔基础间的不均匀沉降。

## 三、小结

孤岛式筏板型 GIS 基础刚度大，二次浇筑减少表面裂纹的产生，设备位置通过植筋可灵活布置。在设备资料未定的情况下，能有效地解决基础先行施工和后期设备布置不一致带来的问题。

# 第九节　给排水管网系统防冻抗低温设计

在高海拔地区，昼夜温差大、极端温度低、环境条件恶劣，需要充分考虑给排水管网系统的抗低温防冻措施，以确保变电站的运行安全。

## 一、低温环境对给排水管网系统的影响

典型高海拔超高压变电站气象参数如表 2.9－1 所示。

表 2.9－1　　典型高海拔超高压变电站气象参数

| 气象参数 | A 站 | B 站 | C 站 | D 站 | E 站 |
|---|---|---|---|---|---|
| 海拔（m） | 4300 | 4128 | 3900 | 3200 | 3057 |
| 多年平均气压（hPa） | 636.8 | 642.0 | 632.8 | 685.8 | 707.1 |
| 多年平均气温（℃） | 3.6 | 4.4 | 6.5 | 9.4 | 8.7 |
| 历年极端最高气温（℃） | 26.1 | 27.9 | 28.2 | 32.5 | 31.4 |
| 历年极端最低气温（℃） | －42.0 | －23.0 | －20.3 | －16.6 | －15.3 |
| 最大积雪深度（cm） | 14 | 17 | 12 | 13 | 13 |
| 多年最大冻土深度（cm） | 200 | 100 | 16 | 60 | 13 |
| 多年平均降水量（mm） | 567.9 | 445.8 | 408.2 | 541.4 | 681.2 |

由表 2.9－1 可以看出，随着海拔的升高，历年极端最低气温也随之降低，最深冻土深度也随之加深，其中 A 站历年最低气温已达到－42.0℃，多年最大冻土深度已达到 200cm。

给排水管网系统内通常存储有大量液体介质，在极端低温条件下极容易冻结，堵塞

设备及管道，甚至爆裂，造成运行故障。另外，给排水设备控制箱内容易凝露和结冰，造成二次元件老化，使用寿命降低。

## 二、设计方案及措施

### （一）给排水设备保温措施

新建变电站主要使用的给排水设备有深井泵组、一体化生活给水设备、消防泵组、地埋式污水处理设备及合成型泡沫液储罐。针对各设备所处环境及运行特点，需对其进行保温设计。

（1）深井泵一般采用地下式。地下式深井泵坑内安装有深井泵出水管及出口阀门，并能满足深井泵的检修。其常见的布置图如图 2.9－1 所示。

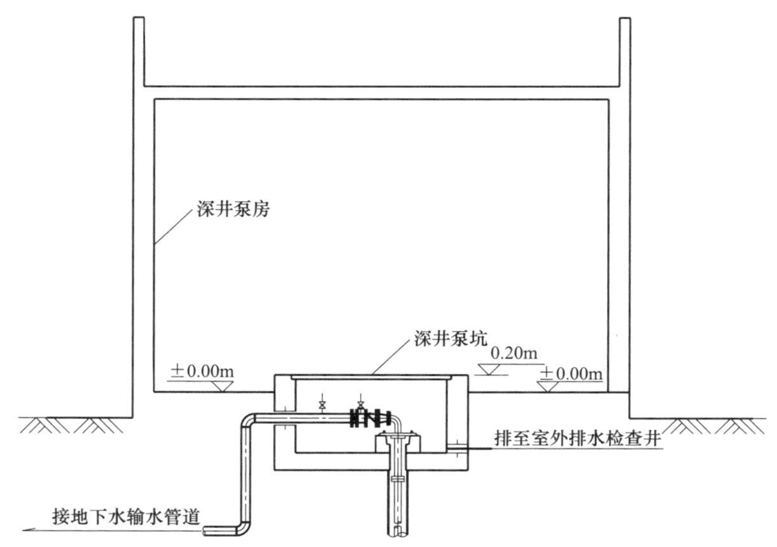


图 2.9－1　高海拔地区某变电站深井泵坑剖面图

深井泵位于深井内动水位以下，动水位所在地下含水层水为常年流动，且地下深度远大于冻土层厚度，不存在结冰的风险，因此不需要考虑深井泵的防冻措施。深井泵出水管管路和阀门也为地下式安装，为防止其在极端条件下结冰，需按照给水管道及设备保温方式进行保温。

（2）一体化生活给水设备、消防泵组及合成型泡沫液储罐多布置在房间内，这些设备的防冻保温方式主要有以下两种：

1）在设备房间内设置电暖气防冻。在消防泵组和一体化供水设备所在的综合水泵房内、合成型泡沫液储罐所在的泡沫消防间内，设置电暖器采暖装置。当冬季室内温度低于 5℃时，开启电暖器加热，向泵房及泡沫消防间内提供热量，确保室内整体温度不低于 5℃，室内的供水泵、供水管道和阀门及泡沫消防罐不被冻坏。

2）设备自带保温设施强化保温性能。为强化一体化供水设备的防冻性能，对供水机组所配置的水箱要求厂家在出厂时自带保温层或保温措施，以防止在电暖器故障或冬季短时断电条件下供水设备被冻坏。

地埋式污水处理设备多布置在室外，需调整设备的埋深，使其进出水管道位于冰冻线以下 0.15m。

## （二）给排水管道阀门系统保温措施

### 1. 给水管道保温措施

给水管道保温采用如下两种方式：

（1）将室外管道、阀门安装在冰冻线以下 0.15m。根据 GB 50013—2018《室外给水设计标准》和 GB 50015—2019《建筑给水排水设计标准》规定，给水管道最小覆土深度不得小于土壤冰冻线以下 0.15m。这是室外埋地敷设给水管道和阀门的基本防冻措施，凡是冬季室温在 0℃以下区域，管道均应埋设在室外冰冻线以下 0.15m。高海拔地区变电站均应将生活消防给水管道敷设在冰冻线以下，距冰冻线净距不低于 0.15m。

（2）采用保温材料或成品橡塑管保温。对于生活消防泵房室内明装管道或局部区域埋深在冰冻线以上的给水管道，采用在管道外面敷设保温层进行管道保温。对小管径管道或装修等级要求比较高的管道采用成品橡塑管进行保温。

塑料管保温和防结露的绝热层不应采用硬质绝热材料，因玻璃棉制品比重小、施工快捷、保温性能好等因素，采用玻璃棉制品对室外管道或大口径管道进行保温；采用岩棉制品对高温管道进行保温或对深井泵坑、阀门井室进行保温覆盖。

防潮层采用具有较好的防水性能和防潮性能的玻璃布，其吸水率不大于 1%，材料的燃烧性与绝热层的燃烧性能相匹配。其化学性能稳定、无毒且耐腐蚀，并对绝热层和保护层材料不产生腐蚀或溶解作用。

2. 给水阀门保温措施

室内安装或室外明装阀门的保温措施与所连接的给水管道保温措施相同。对于室外埋地管道上的阀门，除保温材料保温外，还应对阀门井设置防冻措施，常见的措施是采用双层保温井盖。

保温井口的常见做法如图 2.9－2 所示。根据不同的阀门井收口型式选择相应的井口做法。保温井盖材料选用水泥复合材料保温井盖。

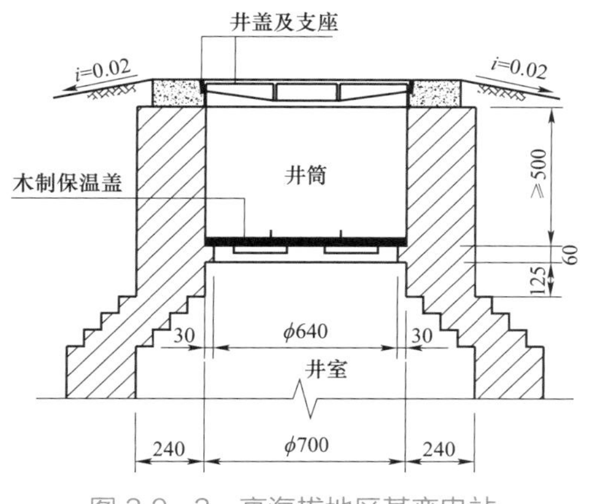


图 2.9－2　高海拔地区某变电站砖砌保温井口示意图

3. 排水管道防冻措施

变电站内排水管道分为雨水管道、生活污水管道和事故排油管道，均为重力流排水系统，非连续流排水。对于排水管道埋深，覆土厚度在人行道下不低于 0.6m，车行道下不低于 0.7m，宜敷设在冰冻线以下。事故排油管道排放的为非事故状态下系统自流汇入的少量雨水和事故状态下的废油，对于事故排油管道埋深，覆土厚度在人行道下不低于 0.6m，车行道下不低于 0.7m，宜敷设在冰冻线以下。

## 三、小结

给排水管网系统的正常运行直接影响到变电站给排水及消防系统的安全可靠，尤其是在高海拔严寒和寒冷地区，对给排水管网系统采取保温措施显得尤为重要，关系到给排水管网系统在高海拔严寒条件下安全可靠地运行。

# 第十节　站内引入光缆的抗紫外线和防水设计

高原地区日照强、风沙大、平均气温低、昼夜温差大，给户外施工和运维带来不便，对户外设备或装置的防护等级提出更高要求。站内引入光缆是线路侧光缆延伸至通信机房、与通信设备互连的纽带，是通信系统中重要的组成部分，需考虑可行的防护措施，保障其安全可靠的运行。

## 一、光缆接续方式的现状及存在问题

一般情况下，OPGW 通信光缆在站内龙门架 A 字柱引下后，余缆盘在 A 字柱支腿余缆架上，与站内引入光缆在安装于余缆架附近的接续盒内进行接续，然后站内光缆穿钢管进入站内电缆沟道，通过电缆沟道引入通信机房。引下光缆所穿钢管管口朝上，管口必须填充封堵泥进行封堵。封堵泥一般为普通有机材料，在恶劣气候环境中极易开裂、老化脱落；脱落后，雨水风沙、潮气盐雾等很容易进入管内和电缆沟道内，将浸泡、刮擦、侵蚀光缆及电缆，造成难以修复的损伤。同时余缆架、接续盒和光缆均暴露在恶劣气候环境中，高海拔地区强日照伴随强紫外线照射，将加速光缆外层的老化，导致光缆开裂，直至破断，如不采取防护措施，设备材料的寿命将大打折扣。通信光缆接续及引下示意图见图 2.10－1。

图 2.10－1　通信光缆接续及引下示意图

## 二、设计方案及措施

### （一）天馈线接头保护盒

在光缆引下穿管的管头处配置天馈线接头保护盒。天馈线接头保护盒原用于通信天馈线接头保护，保护盒采用特殊材料制作，具有抗拉伸、抗压扁、抗冲击、抗小幅振动、抗较低温冲击、抗紫外线、抗弱化学腐蚀、抗霉菌、抗龟裂等特性，其密闭性好，不浸水且不易变形，可为线缆提供很好的保护。以藏中电力联网工程为例，各新建变电站点均采用了定制规格的保护盒，安装在光缆引下进入钢管的管头处，保证管口防水密封工艺至少达到 IP55 级，防止雨水风沙侵入，对光缆进行可靠保护。接头保护盒外观及安装示意图如图 2.10－2 所示。

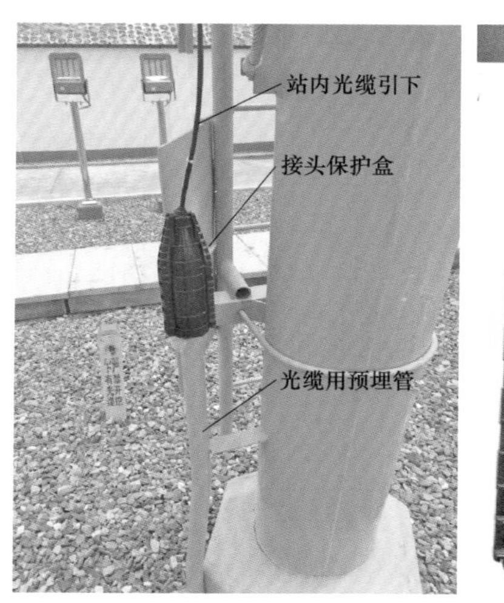

图 2.10－2　接头保护盒外观及安装示意图

## （二）落地式光缆余缆箱

在变电站内配置落地式光缆余缆箱，将余缆架、光缆接续盒、线路侧光缆和站内引入光缆的接续点，由门架人字柱支腿调整到可靠安全的箱体内，风沙、雨水等恶劣气候环境的侵害将被阻绝在箱体外，对箱体内设备材料和装置难以造成损害；箱体采用金属外壳，可抵抗日照，大大减低紫外线对光缆外层老化的影响。余缆箱安装示意图如图 2.10－3、图 2.10－4 所示。

在 A 字柱支腿附近设余缆箱土建基础，余缆箱通过预埋螺栓与基础固定，预埋接地扁钢用于光缆余缆箱接地。余缆箱至电缆沟宜预埋两根管道，一根用于站内光缆敷设，另一根用于余缆箱排水处理，用于光缆进出的钢管预埋高度应与电缆沟道内光缆槽盒高度持平，两端采用防火泥或防火套做防水封堵处理，用于排水的钢管应采取必要的防堵处理。落地余缆箱外观及结构示意图如图 2.10－5 所示。

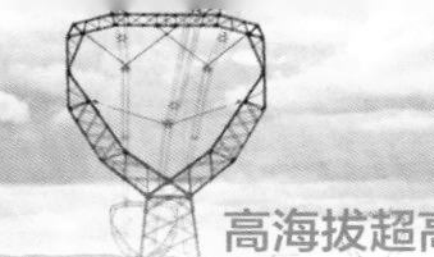



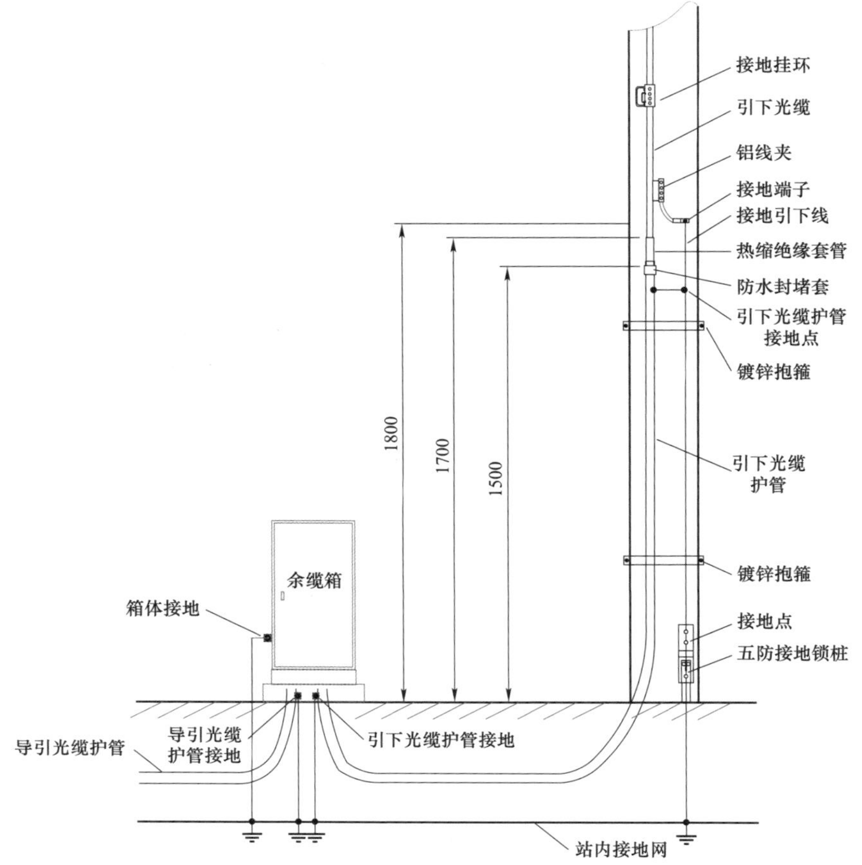


图 2.10－3　落地余缆箱安装示意图

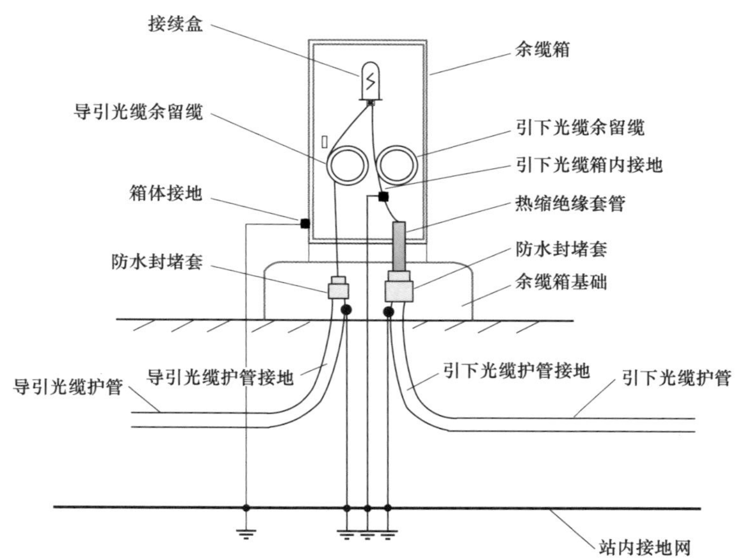


图 2.10－4　落地余缆箱光缆敷设示意图

图 2.10－5　落地余缆箱外观及结构示意图

## 三、小结

接头保护盒和落地式光缆余缆箱为 OPGW 光缆和站内引入光缆的引下及接续点提供保护，保障通信站内光缆及配套接续装置免受长时间日晒、雨淋、风沙的侵袭，抵抗强日照紫外线对光缆外层老化的损害，提高了通信光缆及其接续装置对高原气候的适应性及使用寿命，消除了站内引入光缆的薄弱环节。

# 第三章

# 变电站环境友好性设计

本章从500kV紧凑型隔离开关在高压并联电抗器回路的应用、500kV四分裂软导线的应用、单跨型软导线汇流母线应用、站前区集约化布局和建筑物联合布置、进站道路方案优化、防排洪设施设计、边坡防护设计、冲击成孔灌注桩的应用、降噪围墙选型以及供暖、通风空调设备的节能措施方面进行论述，提出了相应的设计方案及措施。

# 第一节　500kV紧凑型隔离开关在高压并联电抗器回路中的应用

高海拔地区由于存在海拔修正，变电站内电气设备外形尺寸普遍较平原地区大。对于一些具有特殊运行工况的设备，结合其运行工况采用紧凑化的结构设计，可有效减少配电装置占地。

## 一、500kV高压并联电抗器回路隔离开关应用存在的问题

高海拔地区500kV输电线路较长，通常在输电线路的两端装设高压并联电抗器（简称“高抗”），用于补偿线路的容性充电功率以及在轻负荷时吸收无功功率，控制无功潮流，稳定网络的运行电压。某些特殊运行方式下，高压并联电抗器故障或检修退出运行，而线路仍需要运行时，一般在高压并联电抗器与线路间设置一组隔离开关，以提高运行灵活性。

由于500kV线路高压并联电抗器是一个无源设备，当高压并联电抗器退出运行时，隔离开关断口仅承受线路侧运行电压，不存在来自高压并联电抗器侧的反向叠加电压，因此，在不考虑反向叠加电压的情况下，隔离开关断口间距可按经海拔修正后的500kV $A_1$值（带电导体对地距离）进行校验。

而工程中，为了满足外绝缘海拔修正，500kV高压并联电抗器回路隔离开关一般采用750kV定型隔离开关。这样导致高压并联电抗器回路隔离开关断口尺寸同步放大至750kV $A_2$值（≥7220mm），增加设备纵向占地。

## 二、500kV 高压并联电抗器回路隔离开关紧凑型结构设计

以西藏澜沧江 500kV 变电站为例，变电站海拔约 2900m，经海拔修正后的断口 $A_1$ 值为 4300mm。

如果采用 750kV 电压等级的定型隔离开关，隔离开关断口尺寸为 7220mm，柱间距为 8500mm，隔离开关打开状态的设备本体高度为 12 758mm，如图 3.1－1 所示。

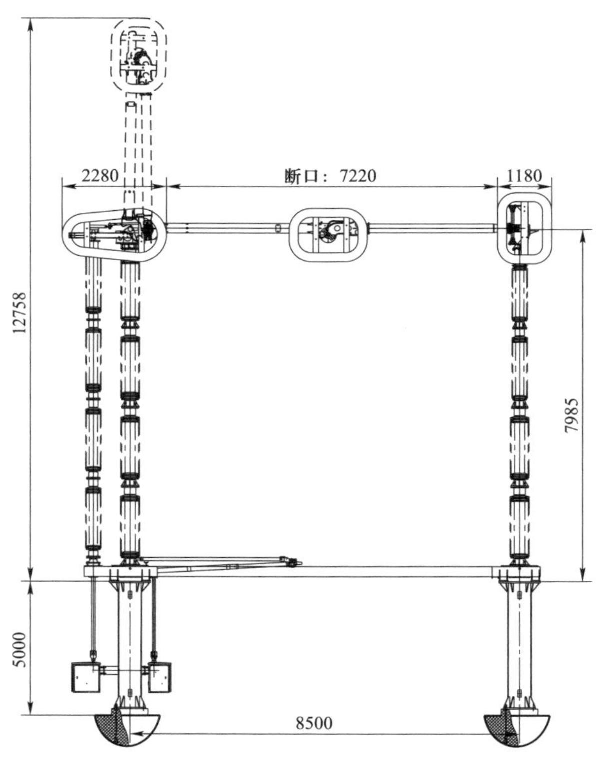


图 3.1－1　750kV 隔离开关外形尺寸图

如果结合高抗隔离开关的实际运行特性，隔离开关断口间距就可按经海拔修正后的 500kV $A_1$ 值（带电导体对地距离）进行设计。隔离开关断口尺寸为 5100mm，柱间距为 5900mm，隔离开关打开状态的设备本体高度为 11 430mm，如图 3.1－2 所示。

采用 750kV 电压等级的定型隔离开关，500kV 配电装置出线构架至围墙距离为 40.6m，示意图如图 3.1－3 所示。如果采用 500kV 高抗回路紧凑型隔离开关，500kV 配

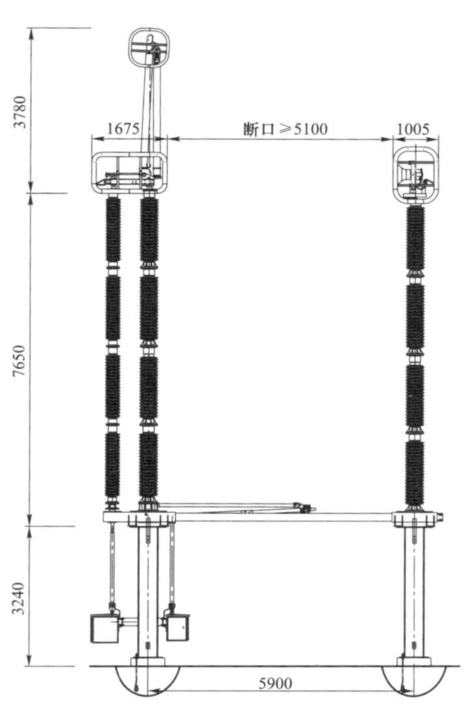


图 3.1－2　500kV 高抗回路紧凑型隔离开关外形尺寸图

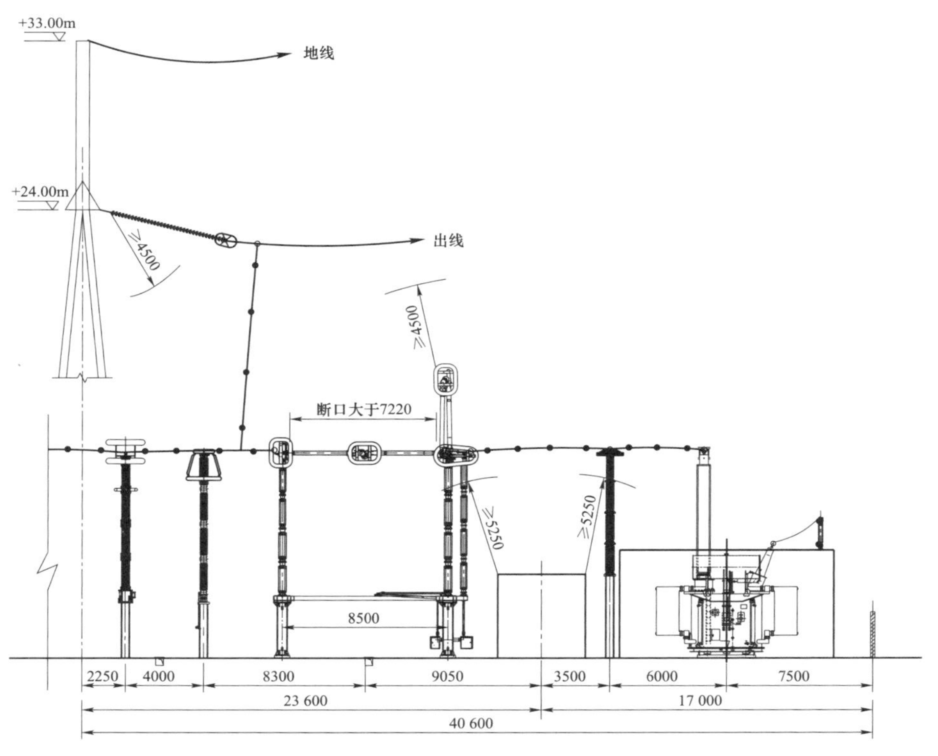


图 3.1－3　500kV 高抗回路断面示意图（采用 750kV 隔离开关）

电装置出线构架至围墙距离为 38m，示意图如图 3.1－4 所示。以澜沧江 500kV 变电站为例，500kV 高抗回路采用紧凑型隔离开关比采用 750kV 隔离开关节约围墙内占地面积约 1000m$^2$。

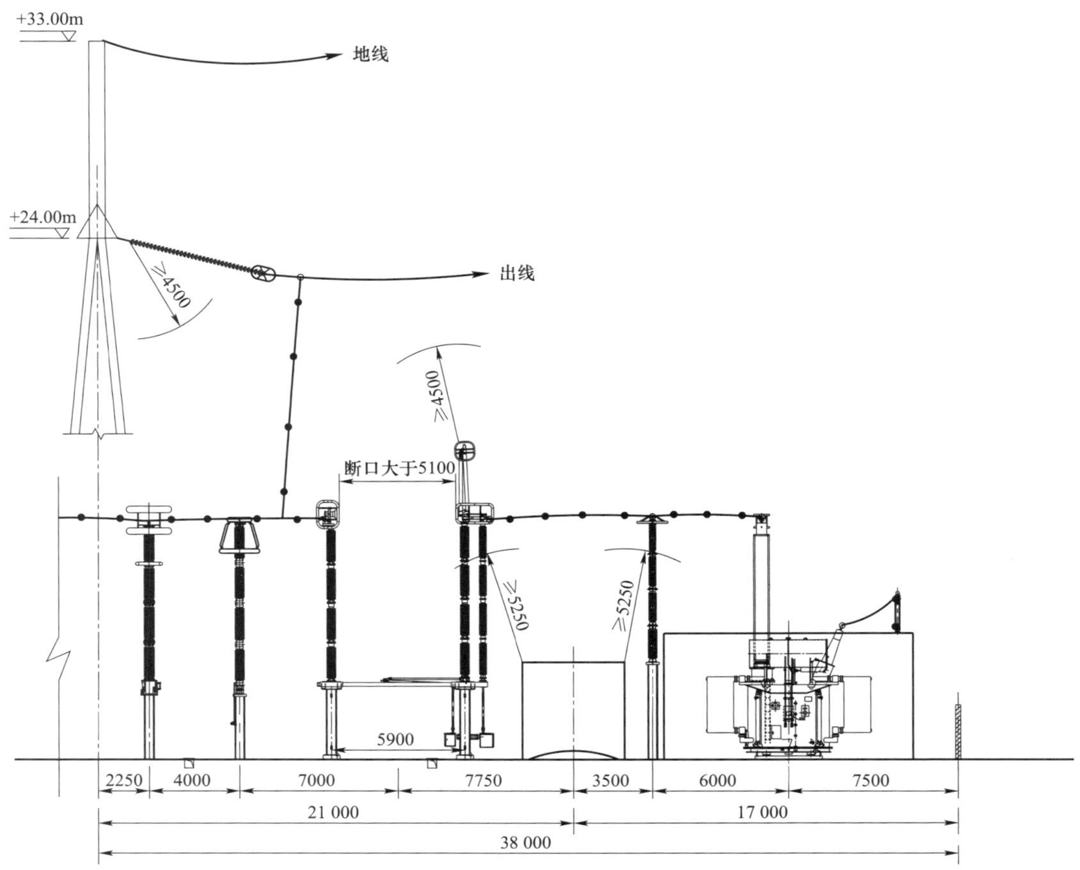


图 3.1－4　500kV 高抗回路断面示意图（采用 500kV 紧凑型隔离开关）

## 三、小结

结合高抗回路隔离开关的运行特点，在高海拔地区 500kV 变电站高抗回路采用 500kV 紧凑型隔离开关，可以显著节约占地。该紧凑型隔离开关已应用在西藏澜沧江 500kV 变电站，较采用常规 750kV 隔离开关方案，节约围墙内占地面积约 1000m$^2$。

# 第二节　500kV 四分裂软导线的应用

高原环境由于空气稀薄，导线容易出现电晕效应。电晕放电会产生无线电干扰、可听噪声、能量损耗、化学反应和静电效应等。合理选择导体截面及分裂形式可有效减小无线电干扰、可听噪声及电晕带来的能量损耗，有利于变电站往环境保护、生态友好型方向发展。

## 一、500kV 分裂软导线的选型

在 500kV 电压等级中，电晕和无线电干扰是选择导线截面及导线结构型式的控制条件。平原地区 500kV 电压等级一般采用 2×（NAHLGJQ－1440）双分裂导线，随着海拔升高，导线起晕电压逐渐降低，导致无线电干扰、可听噪声等参数难以满足周边环境要求。

## 二、500kV 四分裂软导线的应用

以西藏芒康 500kV 变电站为例，该变电站海拔 4300m。采用双分裂 2×（NAHLGJQ－1440）、双分裂 2×（JLHN58K－1600）、四分裂 4×（NRLH58GKK－600）三种导线的载流量、电晕、无线电干扰、可听噪声参数对比见表 3.2－1～表 3.2－4。

### （一）导线载流量

三种导线载流量见表 3.2－1。

表 3.2－1　　双分裂导线和四分裂导线载流量对比表

| 导线型号 | 最大持续工作电流（A）（修正值） | 回路电流（A） |
| --- | --- | --- |
| 双分裂 2×（NAHLGJQ－1440） | 5954（150℃） | 3118 |
| 双分裂 2×（JLHN58K－1600） | 6199（150℃） | 3118 |
| 四分裂 4×（NRLH58GKK－600） | 5477（120℃） | 3118 |

由表 3.2－1 可以看出，3 种型式的导线载流量均满足设计要求。

## （二）电晕

依据 DL/T 5222—2005《导体和电器选择设计技术规定》，3 种导线的电晕临界起始电压的计算结果如表 3.2－2 所示。

表 3.2－2　导线的电晕临界起始电压

| 导线型号 | 电晕临界起始电压 $U_0$（kV） | 最高工作线电压 $U_g$（kV） | $U_g/U_0$ |
|---|---|---|---|
| 双分裂 2×（NAHLGJQ－1440） | 464.4 | 550 | 1.184 |
| 双分裂 2×（JLHN58K－1600） | 575.2 | 550 | 0.956 |
| 四分裂 4×（NRLH58GKK－600） | 841.8 | 550 | 0.653 |

一般 $U_g/U_0$ 需限制在 0.9 以下。表 3.2－2 表明，双分裂 2×（NAHLGJQ－1440）导线电晕临界起始电压不满足要求。双分裂 2×（JLHN58K－1600）导线电晕临界起始电压满足要求但裕度很小。四分裂 4×（NRLH58GKK－600）导线电晕临界起始电压满足要求且裕度较大。

## （三）无线电干扰

变电站无线电干扰主要由电晕和火化放电产生，依据 GB/T 15707—2017《高压交流架空送电线无线电干扰限值》规定，无线电干扰应满足输电线路边相导线投影外 20m 处且离地 2m 高、80%时间、80%置信度、频率 0.5MHz 时的无线电干扰限值不超过 58dB（μV/m）的要求。干扰频率为 0.5MHz 时，无线电干扰为

$$E = 3.5G_{max} + 12r - 30 + 33\lg(20/D)$$

式中　$E$——无线电干扰场强，dB（μV/m）；

$G_{max}$——预估电力线的边相导线表面最大电场强度；

$r$——导线半径，cm；

$D$——被干扰点距导线的直线距离。

3 种导线无线电干扰值的计算结果如表 3.2－3 所示。

表 3.2－3　　导线的无线电干扰值

| 导线型号 | 海拔 4300m 时无线电干扰值［dB（μV/m）］ |
| --- | --- |
| 双分裂 2×（NAHLGJQ－1440） | 60.15 |
| 双分裂 2×（JLHN58K－1600） | 58.13 |
| 四分裂 4×（NRLH58GKK－600） | 57.94 |

表 3.2－3 表明，海拔 4300m 时，双分裂 2×（NAHLGJQ－1440）和 2×（JLHN58K－1600）导线的无线电干扰值均超出了标准限值，四分裂 4×（NRLH58GKK－600）导线的无线电干扰值满足标准限值。

## （四）可听噪声

导线可听噪声应满足距输电线路边相导线投影外 20m 处，湿导线条件下的可听噪声限值不应超过 55dB（A）的规定。

根据 BPA 公司（美国邦维尔电力局）的可听噪声预测公式，3 种导线可听噪声计算结果如表 3.2－4 所示。

表 3.2－4　　导线的可听噪声

| 导线型号 | 海拔 4300m 时可听噪声值 dB（A） |
| --- | --- |
| 双分裂 2×（NAHLGJQ－1440） | 57.25 |
| 双分裂 2×（JLHN58K－1600） | 52.09 |
| 四分裂 4×（NRLH58GKK－600） | 45.01 |

表 3.2－4 表明，双分裂导线 2×（NAHLGJQ－1440）的可听噪声水平超出了可听噪声限值，双分裂导线 2×（JLHN58K－1600）和四分裂导线 4×（NRLH58GKK－600）均满足可听噪声限值。

通过以上分析可看出，在海拔 4300m 情况下，如表 3.2－5 所示，仅四分裂导线 4×（NRLH58GKK－600）能同时满足载流量、电晕、无线电干扰及可听噪声的要求。

表 3.2－5　　三种导线满足载流量、电晕、无线电干扰、可听噪声要求情况

| 序号 | 载流量 | 电晕 | 无线电干扰 | 可听噪声 |
| --- | --- | --- | --- | --- |
| 双分裂导线 2×（NAHLGJQ－1440） | √ | | | |
| 双分裂导线 2×（JLHN58K－1600） | √ | √ | | √ |
| 四分裂导线 4×（NRLH58GKK－600） | √ | √ | √ | √ |

## 三、小结

除了载流量因素外，导线的选择还需同步校验导体电晕、无线电干扰、可听噪声等因素。在超高海拔（大于 4300m）区域，500kV 电压等级推荐采用四分裂导线 4×（NRLH58GKK－600）。

# 第三节　单跨型软导线汇流母线应用

青藏高原地区是世界上发生大陆内地震的主要地区，由于地震烈度大，在变电站设计中多采用软母线。单跨型汇流母线可在常规多跨型汇流母线方案基础上有效缩减占地面积，减少用钢量。

## 一、主变压器低压侧多跨型汇流母线常规设计方案

500kV 变电站中，受 500kV 主变压器宽度限制，主变压器低压侧汇流母线一般采用多跨布置方式（2～3 跨）。相邻两档跨线通过跳线连接，构架横梁宽度需考虑跳线相间以及边相跳线对构架柱安全距离。以某 500kV 变电站为例，如主变压器低压侧汇流母线采用常规多跨布置方式，构架横梁宽（2000＋2000＋2000＋2500＋2000）mm，即 10.5m，如图 3.3－1 所示。

基于主变压器低压侧汇流母线常规多跨设计方案，若将多跨方式优化为单跨可减少构架数量，缩减构架梁宽，减少构架占地面积。

## 二、单跨型软导线汇流母线应用

单跨型汇流母线方案是在图 3.3－1 所示的多跨型方案基础上，取消中间构架，将两

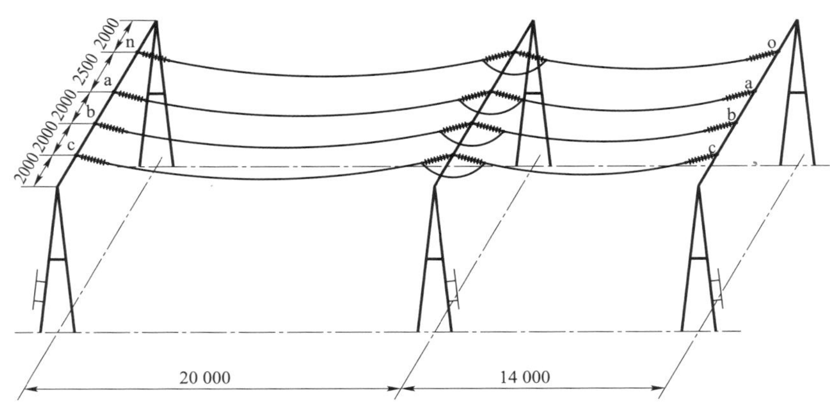

图 3.3－1　常规 35kV 多跨型软导线汇流母线布置（构架轴测图）

跨优化为一跨，并取消梁底跳线。单跨型汇流母线方案如图 3.3－2、表 3.3－1 所示，主变压器中性点 n 相和 35kV 汇流母线 a、b、c 相联合布置，边相挂点设置在 A 型人字柱封顶板上，构架横梁宽度由 10.5m 缩减为（2000＋2000＋2500）mm，即 6.5m，节省了汇流母线区域占地面积。

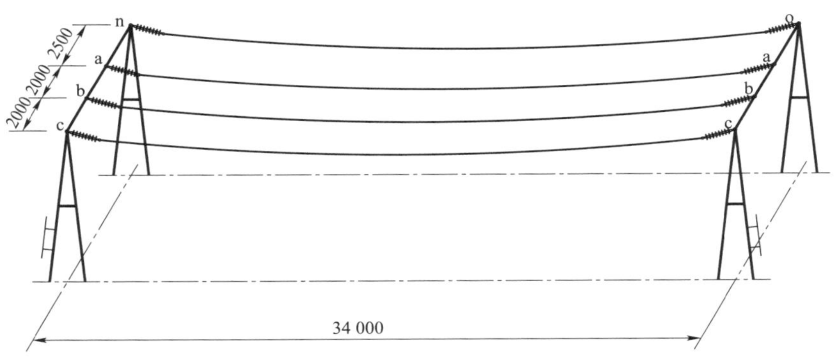

图 3.3－2　35kV 单跨型软导线汇流母线布置（构架轴测图）

表 3.3－1　导线选型和风偏计算表

| 35kV 汇流母线导线型号 | 2×NRLH58GJ－1400/120 |
|---|---|
| 计算相间距最小值（m） | 1.98 |
| 计算相地距最小值（m） | 1.27 |

西藏某 500kV 变电站 35kV 汇流母线布置见图 3.3－3。

图 3.3－3　西藏某 500kV 变电站 35kV 汇流母线布置

## 三、小结

采用单跨型汇流母线，可减少 1 组汇流母线构架，缩减构架宽度，在减少钢用量的同时可节省主变压器 35kV 侧配电装置占地面积。该方案已在西藏雅中 500kV 变电站中得到实际应用，在高海拔、高地震烈度地区变电站工程中具有一定的推广意义。

# 第四节　站前区集约化布局和建筑物联合布置

青藏高原地势险峻，可利用土地资源非常有限。变电站布置应结合地形地貌、周围环境，因地制宜，优化站前区布局和建筑物布置。

## 一、集约化布局的必要性

高海拔地区变电站面临空气稀薄、气候条件恶劣、交通运输不便等特点，为保证生产运维人员的正常生活，相比常规变电站需要增加诸如富氧设备间、水泵房、生活污水处理设施等生活辅助用房。高海拔地区变电站生活辅助用房多，占地面积大，合理优化站前区布置、联合布置功能相关建筑物，可有效节约用地面积。

## 二、设计方案及措施

### （一）站前区布置优化

以西藏地区某 500kV 线路开关站为例，站前区由北向南分别布置警卫室、主控通信楼、富氧设备间、综合水泵房、站用电室、污水提升泵房、生活污水处理设施和深井泵房。

运行人员主要活动区域为主控通信楼，富氧设备间紧邻主控通信楼设置。为避免因两栋建筑之间防火间距要求而增加占地，采用主控通信楼与富氧设备间联合布置。对消防水池、生活给水机组、深井泵等水工设施集成布置于综合水泵房中。

经优化，站前区东西向尺寸由 74m 减少为 52.5m，节约用地面积 1935m$^2$。

某 500kV 线路开关站优化后站前区平面布置见图 3.4－1。

### （二）GIS 室与继电器室联合布置

西藏地区某 500kV 变电站采用 GIS 室与继电器室联合布置方案。

#### 1. 500kV 继电器小室与 500kV GIS 室联合布置

500kV 继电器小室与 500kV GIS 室联合布置，取消 500kV 继电器小室与 GIS 室之间的检修道路，调整 GIS 布置方案，将继电器小室布置在 1、2 号主变压器进线套管之间。500kV 继电器小室与 500kV GIS 室联合布置图见图 3.4－2。

主变压器进线套管可在主变压器运输道路上进行吊装，结合 500kV 主变压器进线构架布置，将 500kV 继电器室设计成正方形，与 500kV GIS 室联合布置。该布置满足 GIS 设备的安装、检修及安全运行，压缩 500kV 配电装置区纵向尺寸 10m，节省占地面积约 2490m$^2$。

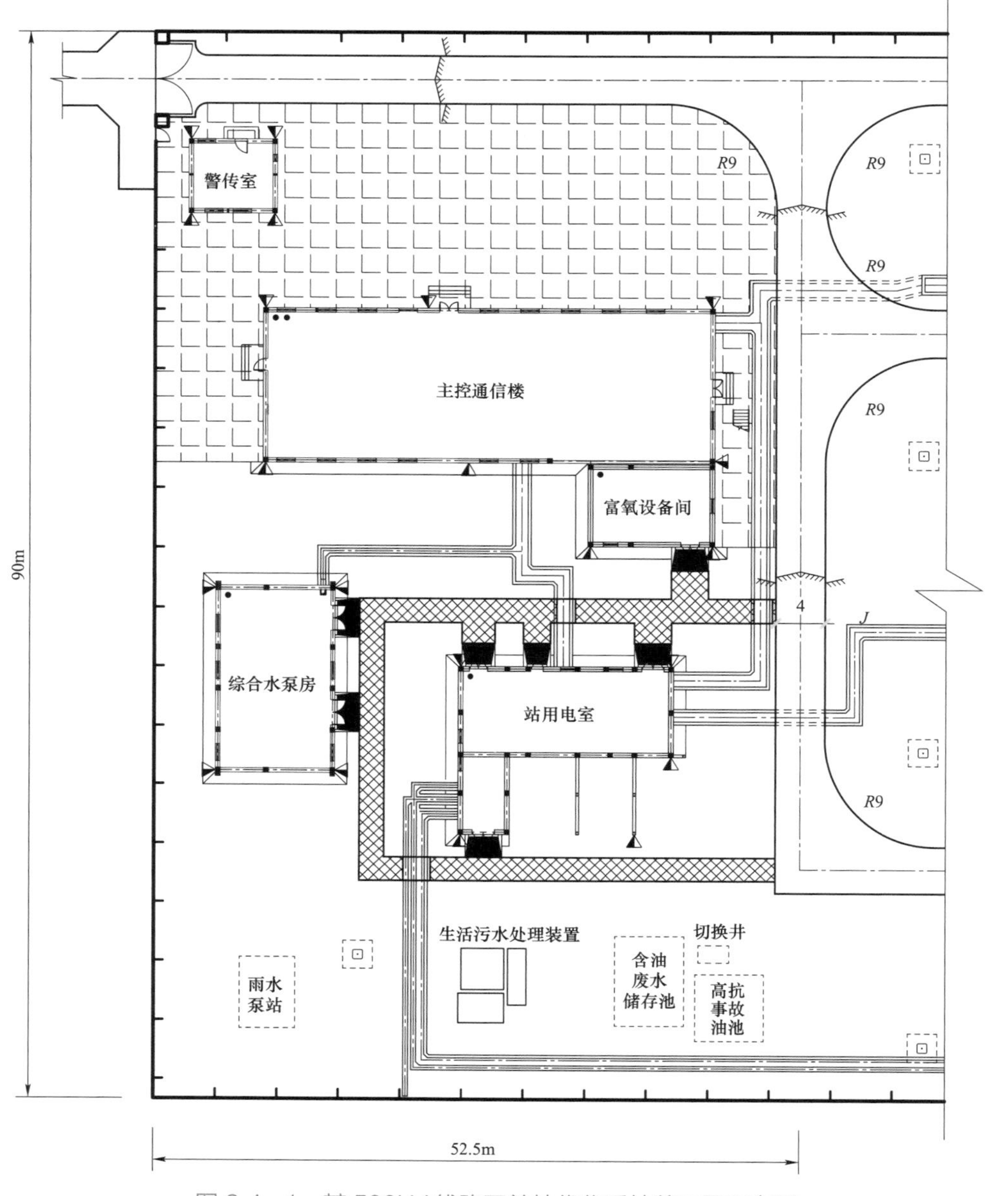


图 3.4－1　某 500kV 线路开关站优化后站前区平面布置

2. 主变压器室、220kV 继电器室、35kV 继电器室与 220kV GIS 室联合布置

主变压器室、220kV 继电器室、35kV 继电器室与 220kV GIS 室联合布置，取消继电器小室与 220kV GIS 室之间的检修道路，调整 GIS 布置方案将继电器小室布置在 1 号与 2 号主变压器进线套管之间。主变压器室、220kV 继电器室、35kV 继电器室与 220kV GIS 室联合布置见图 3.4－3。

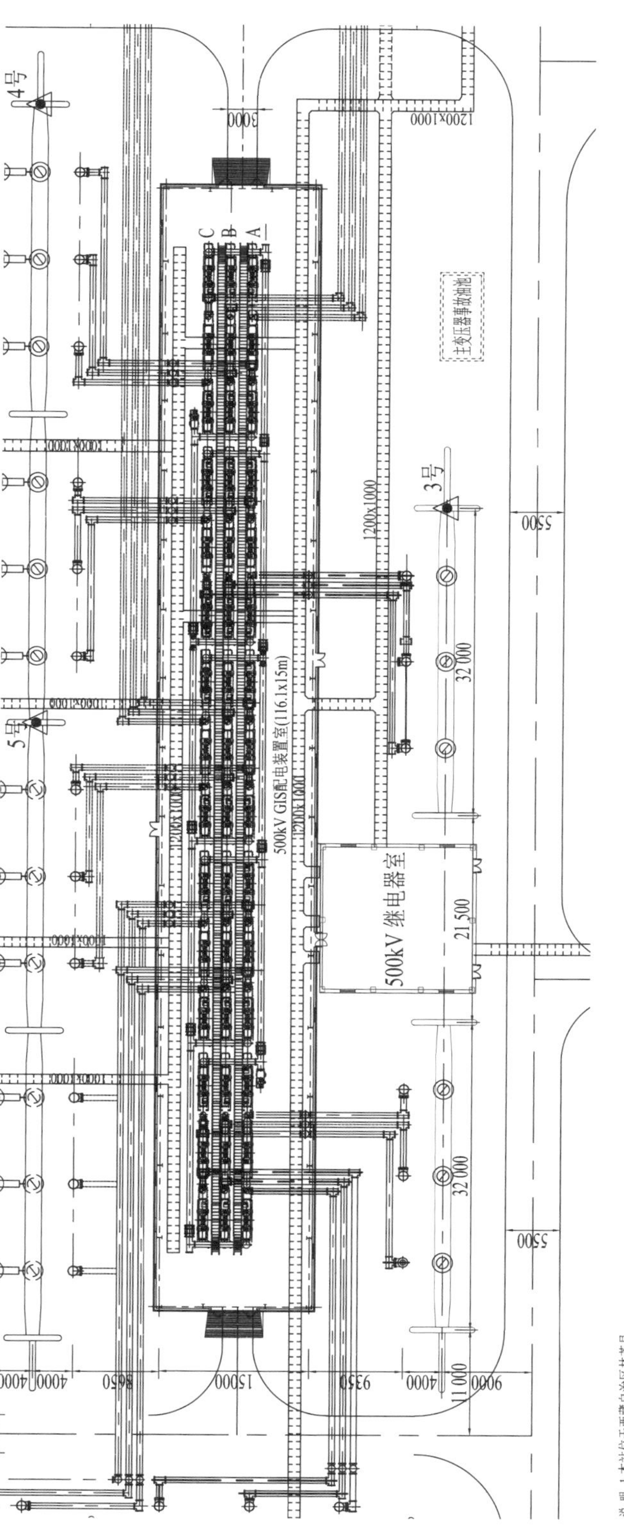


图 3.4－2　500kV 继电器小室与 500kV GIS 室联合布置图

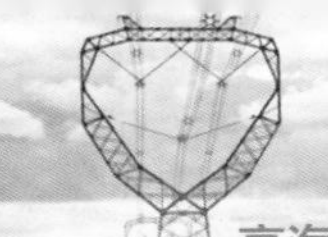

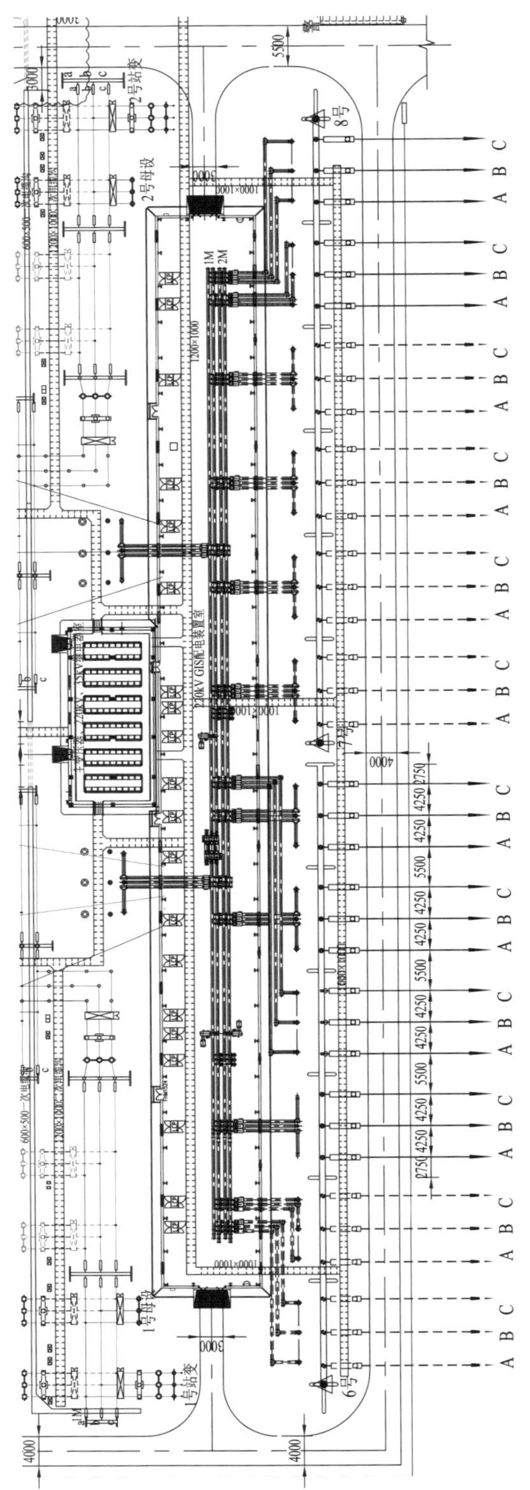


说明：
1.本站位于西藏自治区林芝县。
2.站区围墙内占地面积约3.934hm²。
3.图中实线部分表示本期工程，虚线部分表示远景工程。
4.500kV波密1、2出线侧远景预留串补位置。
5.图中尺寸单位：mm。

图 3.4-3　主变压器室、220kV 继电器室、35kV 继电器室与 220kV GIS 室联合布置图

结合 220kV 主变压器进线布置，继电器小室道路由主变压器道路引接，布置于两组主变压器之间，吊车可通过继电器小室道路抵达 220kV GIS 主变压器进线套管位置，对 220kV GIS 套管、避雷器及 TV 进行设备吊装。该布置满足 GIS 的安装、检修及安全运行，压缩 220kV 和主变压器区纵向尺寸约 10m，节省占地面积约 2040m$^2$。

### 三、小结

以西藏地区某 500kV 变电站为例，通过站前区集约化布局和建筑物联合布置，使功能相关联的建、构筑物集成布置，有效节约了土地资源，降低了工程造价，减少了对高原生态环境的影响。

## 第五节　进站道路方案优化

青藏高原高山大川密布，地势险峻，地形复杂，落差极大。高海拔地区变电站建设面临极大的交通运输困难。进站道路作为变电站与外界连通的唯一通道，承担着变电站物资运输、人员通勤及物资补给等重要功能。路径方案的优劣直接关系到变电站交通运输的安全可行性和经济合理性。

### 一、复杂地形下进站道路的特点

高海拔地区变电站进站道路具有道路长、高差大、汇水量大、地质条件复杂等特点，针对变电站进站道路路径选择、边坡支护、排水方案、安全防护等方面进行了优化设计。

### 二、设计方案及措施

以西藏地区某 500kV 变电站为例，站址海拔 3245m，进站道路从 306 省道引接处至变电站大门的高差约有 70m，局部段坡度大，地形落差大，进站道路设计主要采用以下几种优化措施：

（1）合理选择道路路径，采取路径规划随自然地形布置，控制道路标高与自然地形协调设置，盘山而上，缩短道路建设周期、降低工程投资。

（2）合理选择道路坡度，在局部地形高差大处采取大坡度，局部最大纵坡坡度达5.8%，控制路肩挡墙高度在6m左右，局部段道路边坡4～7m高，使边坡、挡墙、土石方工程量最小，减少道路用地。考虑气候对道路安全通行的影响，对坡度大于5%的路面采取刻痕防滑处理。

（3）合理选择道路转弯半径及路基超高、加宽过渡段，道路沿途设有两个大S弯，在转弯处按规范要求设置超高、加宽过渡段，最小平面弯曲半径为25m，最大加宽达2.5m，确保大件运输要求和安全通行。路基超高方式采用以行车道中线为旋转轴，设计时先将外侧行车道绕中线旋转，使之与内侧车道构成单向超高横坡后，整个断面一同绕行车道中线旋转，直至达到最大超高横坡值，平曲线半径小于150m时均应设置超高，并设置超高渐变段。加宽长度按照平曲线范围路段在内侧加宽，圆曲线上的加宽应设置在曲线的内侧。设置回旋线或超高过渡段时，加宽过渡段应采用在与回旋线或超高过渡段长度相同的数值；不设置回旋线或超高过渡段时，加宽过渡段长度应按渐变率为1:15且长度不小于10m的要求设置。

（4）由于道路阻断原自然地形散流的排水通道，造成道路边汇水面积大、汇水量大，采用分段排水设计方案，结合自然地形在适当位置设置5处钢筋混凝土过路排水涵洞，把路边汇水分段通过排水涵洞排出。分段排水可以减小路边排水沟断面、减小排水设施占地，降低工程投资。

（5）主要在高填方边坡及挡土墙路段、易发生交通安全事故的填方路段设置波形梁护栏。波形梁护栏具有结构简单、美观、防盗性能好、抗冲撞性能好的特点。

进站道路波形梁护栏见图3.5－1。

图3.5－1　进站道路波形梁护栏

## 三、小结

结合高海拔变电站所处的自然环境，对地形复杂的变电站进站道路，从路径选择、道路坡度、转弯半径及路基超高加宽、排水方案、安全防护等方面提出了优化措施。

# 第六节　防排洪设施设计

青藏高原山体陡峭、落差极大。雨季时，变电站附近山体的坡面汇水或天然冲沟，易对护坡、挡墙造成冲刷、浸泡，影响变电站的安全运行。需考虑变电站的所有山坡汇水或径流有组织安全排放。

## 一、山体汇水对变电站的影响

青藏高原季节性降水分明，夏季汛期易出现季节性洪水，严重威胁变电站安全运行。高原地区土壤贫瘠，植被不易存活，山体汇水极易造成变电站边坡水土流失，泥沙容易堵塞防排洪设施。

## 二、设计方案及措施

以西藏地区某 500kV 变电站为例，站址位于山坡上，西北高，东南低，最大高差 15m。站址处百年一遇洪峰流量 $2.0m^3/s$（其中北侧 $1.0m^3/s$，西北及西侧各 $0.5m^3/s$）。根据站址附近既有地势及排水条件分析，汇水主要在站址北侧，北侧与西北侧总流量为 $1.5m^3/s$，采用以下几种防、排洪措施：

（1）在站区北侧挖方边坡坡顶设置截洪沟，根据百年一遇洪峰流量确定截洪沟截面，满足安全水深不小于 0.2m。由于场地限制，挖方区高差较大而放坡距离较短，导致边坡水流通过坡度较陡、水头高差较大，需每隔一定距离设置跌水坎排至坡底的排洪沟，见图 3.6－1。

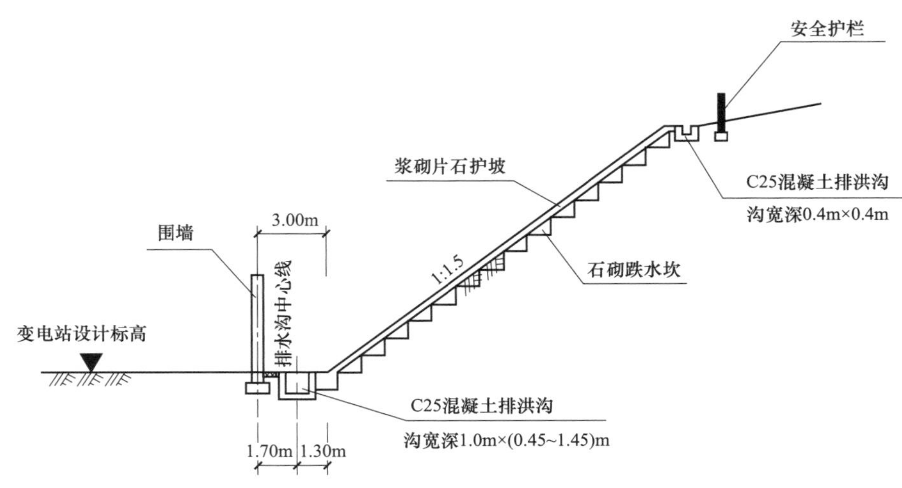


图 3.6－1　某 500kV 变电站站挖方边坡截洪沟断面图

（2）排洪沟适当位置设置沉砂池，定期清理泥砂，并在排洪沟终点或放坡较大的沟段，设置跌水井或消力池，有效减少洪水冲力，见图 3.6－2。排洪沟较深处设置沟盖板或防护栏杆，做好安全防护措施。

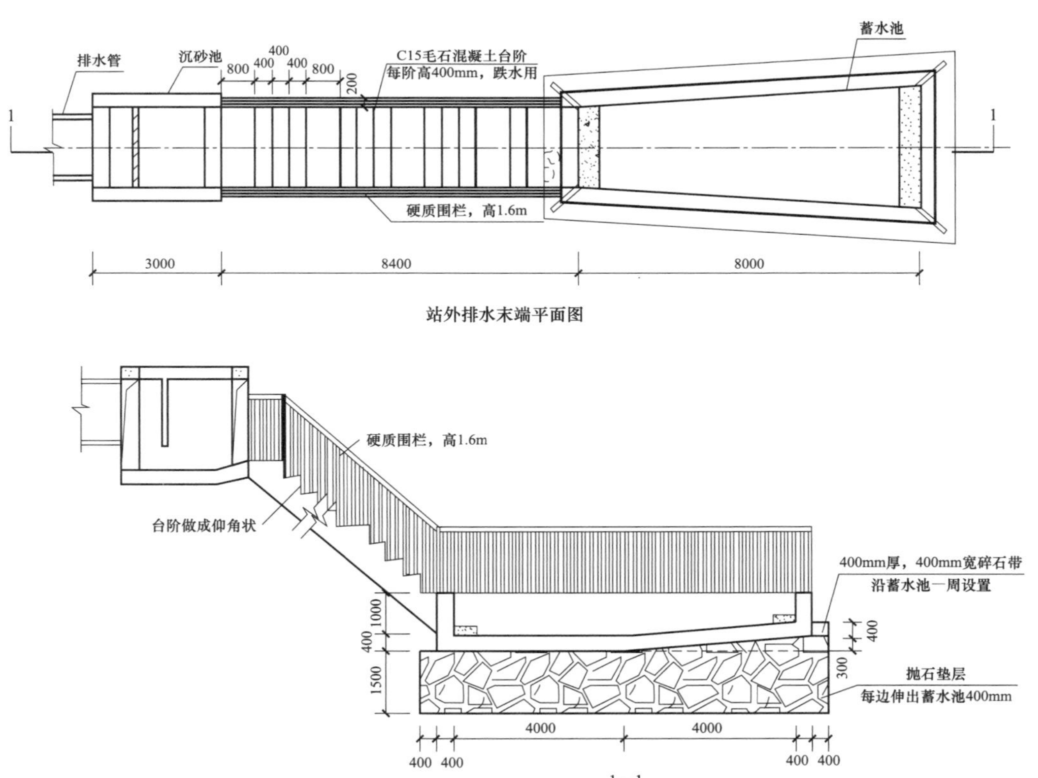


图 3.6－2　站外排洪沟末端消力池

（3）变电站西侧站外汇水较少、场地开阔，在西侧填方区设置挡水墙，见图3.6－3，与变电站挡土墙综合考虑，对坡面汇水进行导流。挡水墙顶标高高于百年一遇洪水位。

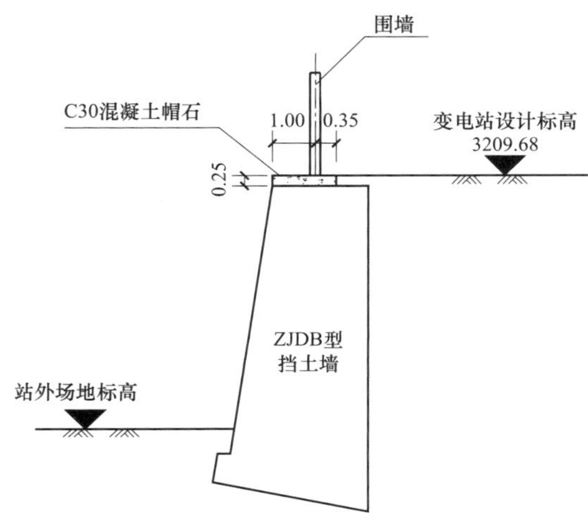


图3.6－3　变电站填方区挡土墙兼做挡水墙

## 三、小结

针对季节性雨水充沛、生态修复困难等特点，对变电站采取以下防排洪措施：

（1）根据洪峰流量确定截洪沟截面。

（2）合理设置沉砂池、跌水坎、消力池等辅助设施，减少截洪沟泥砂淤积、洪水冲刷。

（3）结合变电站挡土墙综合考虑设置挡水墙，并对坡面汇水进行导流。

# 第七节　边坡防护设计

青藏高原海拔高、气候条件恶劣、植物生长环境差。为确保变电站安全运行，需对变电站边坡稳定、坡面防冲刷、防动物践踏等方面进行综合考虑。

## 一、边坡的水土保持

青藏高原气候寒冷、风沙大、冻土层厚、卵石含量高、水土流失严重，植物不易存活，且有动物的践踏，对边坡安全性提出更高要求。

## 二、设计方案及措施

### （一）在海拔稍低、雨水比较充沛地区，采用骨架植草护坡

西藏地区某 500kV 变电站处于雨水比较充沛地区，地表以粉质黏土和残积土层为主，植物生长环境较好，边坡采用混凝土骨架植草护坡，见图 3.7－1。骨架净距 2～3m，采用本地格桑花等草种，满足环保、水土保持及生态要求。

图 3.7－1　混凝土骨架植草护坡

### （二）在海拔高、气候干燥少雨地区，采用满铺块石护坡

西藏地区某 500kV 变电站地表以砂卵石土层为主，站区挖方边坡最大高度约 9.5m，填方边坡最大高度约 8m，挖填方边坡均采用坡比 1:1.5 满铺 30cm 厚块石护坡，见图 3.7－2。块石护坡适用于地表为卵石层或其他不易生长植被的土层，增加边坡防冲刷

能力。在变电站周围设置封闭的防护栏，防止动物践踏破坏边坡。

图 3.7－2　满铺块石护坡

## 三、小结

针对高海拔地区的气候特点，因地制宜，对不同地区、不同气候条件下采取不同的边坡形式。骨架植草护坡施工简单，外观齐整，造型美观大方，具有边坡防护、绿化双重效果。满铺块石护坡，对于块石出产丰富的地方，有价格优势，而且施工技术难度不高，适用于不易生长植被的土质边坡。

# 第八节　冲击成孔灌注桩的应用

青藏高原场地表层土中含有大量大粒径卵石、漂石或块石。变电站深填方区灌注桩成孔工艺合理与否，不仅直接影响到桩基的施工质量、工期、成本，同时还影响着上部结构的安全。因此，应因地制宜合理选择灌注桩的成孔工艺。

## 一、桩基选型

填方区填土及场地表层覆土厚度较厚、持力层深度较深，一般采用的桩型有人工挖

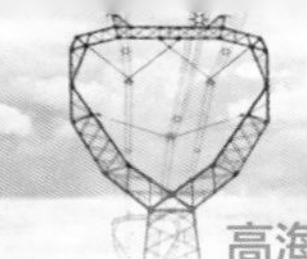



孔灌注桩、旋挖成孔灌注桩、冲击成孔灌注桩等。高海拔地区空气稀薄，氧气含量低，不适合采用人工挖孔桩。旋挖成孔灌注桩钻机钻进过程中，遇到大块石会移动，且无法穿透，此方案也不合适。

## 二、设计方案及措施

西藏地区某 500kV 变电站站址地势起伏较大，场地高差约 22m，西北低东南高，场平后最大填土厚度 14m。场地表层覆盖的耕植土或粉细砂厚度厚，且含有大粒径卵石、漂石或块石。

冲击成孔系用冲击式钻机或卷扬机悬吊冲击钻头（又称冲锤）上下往复冲击，将硬质土、块石或岩层破碎成孔，部分碎渣和泥浆挤入孔壁中，大部分成为泥渣，用掏渣筒掏出成孔，然后再灌注混凝土成桩。适用于填土层、黏土层、粉土层、淤泥层、砂土层和碎石土层；也适用于砾卵石层、岩溶发育岩层和裂隙发育的地层施工，而后者常常是回转钻进和其他钻进方法施工困难的地层。冲击成孔灌注桩所需设备简单，操作方便，不受施工场地限制，能够破碎大体积块石。该工程采用冲击成孔灌注。

## 三、小结

高海拔地区变电站根据站址地质条件，合理采用冲击成孔灌注桩作为深填方区的地基处理方案。该成桩工艺经过多年发展，已经成为一种相对比较成熟的技术，广泛应用于各类工程中。

# 第九节　降噪围墙选型

青藏高原海拔高、昼夜温差大、极端温度低、生态环境脆弱，为确保变电站噪声排放满足环保要求，需对围墙进行降噪设计。

## 一、高噪声设备降噪要求

变电站变压器和高压并联电抗器的噪声频谱较宽，降噪难度大。极端风速或地震等灾害可能导致降噪墙结构失稳。复杂环境可能加速降噪墙的老化，影响降噪墙使用寿命。

## 二、设计方案及措施

西藏地区某变电站降噪墙采用围墙+隔声屏障，隔声屏障的结构形式为：2.0mm 镀锌板+48kg/$m^3$ 玻璃棉+镀锌骨架+1.0mm 铝合金穿孔板，板材厚度进行极端风速和地震作用专项验算。板材表面防腐漆具备较强的自洁性和防灰尘吸附功能，防腐漆的耐久年限保证在 10 年以上，即保证在现场大气环境下 10 年内，彩色涂覆层均不产生明显褪色、色差、龟裂、剥落。对降噪设施的外表进行良好的防腐处理，使其整体维护寿命不低于 20 年。围墙上加隔声屏实景图见图 3.9－1。

图 3.9－1　围墙上加隔声屏障实景图

## 三、小结

对高海拔地区变电站降噪墙提出的优化设计方案，可显著减低高噪声设备导致的噪声，满足变电站的环保要求。

# 第十节 供暖、通风空调设备的节能措施

高海拔地区大部分都位于严寒或寒冷地区，建筑需考虑供暖措施，考虑到变电站周边无集中供暖措施且无其他可利用热源，一般采用电供暖和低温热泵型空调供暖。因此供暖能耗较高且空气相对压力较低，导致通风设备的功耗增加，变电站内供暖通风空调采用节能技术尤为重要。

## 一、高海拔条件下对暖通设备的要求

变电站常规供暖方式有对流式电暖器采暖、电热暖风机采暖两种形式。对流式电暖器采暖方式能耗较大，电热暖风机采暖温度分布的均匀性较差，垂直方向上的温度梯度大。

通风系统中的设备普遍存在噪声大、效率低、能耗高的问题，需要采用高效、低能耗的通风降温系统。

空调设备应选择节能高效，耐低温型的产品，要求达到国家二类能效等级及以上，达到降低能耗的要求。

## 二、设计方案及措施

### （一）采用远红外辐射式电暖器供暖

通过对比分析，选用远红外辐射式电暖器供暖，该电暖器模拟“太阳照射”原理，

通过内部的发热元件及特种铝合金等离子喷涂工艺，以红外辐射方式向外传递热量，电热转换率高达 99.9%，且采用辐射供暖方式，室内供暖温度可比设计要求低 2℃，同时辐射供暖热舒适性高。

红外辐射式电暖器选用国家节能型产品，并带温控器，当房间达到设定温度时自动停机，实现了变电站供暖的高效节能运行。

### （二）通风采用节能的措施

采用新型超低噪声轴流风机，其墙内外安装见图 3.10－1。该风机是高效、节能、低噪声的新型轴流风机。该风机采用了宽型前掠式叶片，减少了气流在叶片表面上的分离和气流漩涡的形成，降低了风机内气流的二次损耗，减少了声源的空气动力噪声，气流稳定，通过模型机制实验证明，风量、风压、噪声的性能指标在同类产品中处国内领先地位。该通风系统自动化程度高，运行安全可靠，最大程度降低了通风能耗。

(a)

(b)

图 3.10－1　新型超低噪声轴流风机墙内、外安装图
（a）墙内；（b）墙外

通风系统的自动控制功能除实现温度感应，事故排烟外，应与消防连锁。蓄电池室设置氢气检测装置，可远程实时检测房间的氢气浓度。当浓度达到限值远程自动开启事故风机排风，直至恢复正常运行浓度后自动关闭风机。实现风机能效最大化。

### （三）采用变频分体式节能空调

考虑到高海拔地区夏季温度不高，仅在重要的电气设备用房、人员较集中的场所和对温湿度的精度要求高的场所考虑空调系统，其他功能用房不设空调系统。

同时空调应选用能效比大于 3.5 的变频分体式低温型热泵节能空调。该空调能保证在－15℃的条件下高效运行，不衰减。具备新风自由节能功能和断电恢复供电后自动启动功能，实现“不停机运转”，从而保证环境温度的稳定，空调整体节能 30%以上。

## 三、小结

高海拔变电站根据当地的气候和环境特点，科学合理的选择供暖、通风、空调设备，通过自动控制原理，能有效降低设备能耗，达到节能减排的目的。

# 第四章

# 本质安全性深化设计

本章从 500kV 外绝缘水平和空气间隙距离修正、为牵引站提供双回电源的变电站电气接线设计、抽能高抗站用电源应用、薄弱电网升压过渡方案设计、谐波过电压抑制及保护措施、安全稳定控制系统配置、断路器电机电源及测控装置的供电回路优化方面进行论述，提出了相应的设计方案及措施。

# 第一节　500kV 外绝缘水平和空气间隙距离修正

在高海拔地区，随着海拔的不断增加，空气密度不断减小，空气中的电子自由活动加剧，导致相同空气间隙的绝缘水平（起始放电电压）不断降低。如何选择设备外绝缘水平、空气间隙和设备型式及参数是实现高海拔变电站安全运行、设计经济合理目标的一大关键。

## 一、高海拔外绝缘及空气间隙修正的现状

迄今为止，国内在 35～330kV 电压等级外绝缘及空气间隙的修正取得了成果，形成了相应的海拔修正规范，但对于 500kV 外绝缘及空气间隙的修正研究体系尚未完善，尤其对于海拔高于 3000m 甚至是 4000m 的情况有待深入研究。

## 二、500kV 外绝缘及空气间隙修正方案

本节结合藏中电力联网工程，依据相关标准、规程要求并参考邻近地区变电站工程运行经验，提出海拔 3400～4500m 的 500kV 外绝缘水平及空气间隙修正结果，为高海拔地区 500kV 变电站的设计与建造提供参考依据。

### （一）500kV 外绝缘修正

根据 GB/T 50064—2014《交流电气装置的过电压保护和绝缘配合设计规范》，不同海拔下，各种作用电压下外绝缘空气间隙的放电电压 $U(P_H)$按式（4.1－1）、式（4.1－2）

校正

$$U(P_{\mathrm{H}}) = k_{\mathrm{a}} U(P_0) \qquad (4.1-1)$$

$$k_{\mathrm{a}} = \mathrm{e}^{m(H/8150)} \qquad (4.1-2)$$

式中　$U(P_0)$——海拔 0m 时空气间隙的放电电压，kV；

$k_{\mathrm{a}}$——海拔校正因数；

$m$——系数；

$H$——海拔，m。

系数 $m$ 的取值应符合下列要求：

（1）对于雷电冲击电压、空气间隙和清洁的绝缘子的短时工频电压，$m$ 应取 1.0；

（2）对于操作冲击电压 $U_{\mathrm{cw}}$，$m$ 应按图 4.1－1 选取。

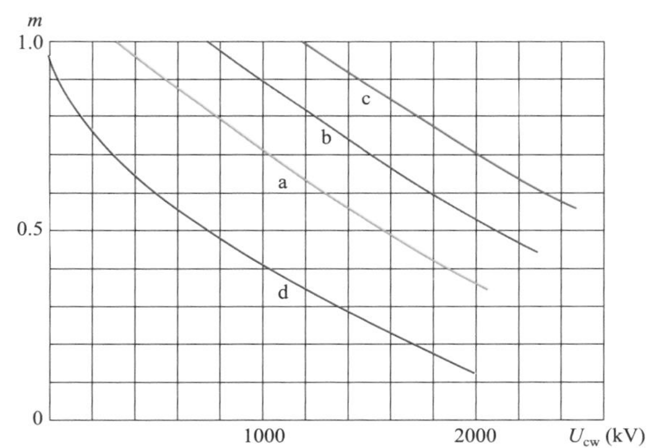


图 4.1－1　各种作用电压下的 $m$ 值

a—相对地绝缘；b—纵绝缘；c—相间绝缘；d—棒—板间隙（标准间隙）

先将 GB/T 50064—2014 规定的海拔 1000m 的外绝缘额定耐受电压换算到 0m 海拔的对应值，再分别计算出海拔为 3100、3400、4000、4200m 和 4500m 时所对应的数值，见表 4.1－1。

表 4.1－1　　　　　　不同海拔的 500kV 设备外绝缘水平

| 系统标称电压（kV） | 海拔 $H$（m） | 额定雷电冲击耐受电压（kV） | 额定操作冲击耐受电压（kV） | 额定短时工频耐受电压（有效值，kV） |
|---|---|---|---|---|
| 500 | 1000 | 1675 | 1175 | 740 |
| 500 | 3100 | 2168 | 1420 | 958 |
| 500 | 3400 | 2249 | 1457 | 994 |

续表

| 系统标称电压（kV） | 海拔 $H$（m） | 额定雷电冲击耐受电压（kV） | 额定操作冲击耐受电压（kV） | 额定短时工频耐受电压（有效值，kV） |
|---|---|---|---|---|
| 500 | 4000 | 2421 | 1535 | 1070 |
| 500 | 4200 | 2322 | 1561 | 1096 |
| 500 | 4500 | 2574 | 1672 | 1137 |

## （二）500kV 空气间隙距离修正

根据 GB/T 50064—2014 的式（4－1）、式（4－5）和式（3－1）、式（3－2）所用 *m* 值海拔修正系数法，计算得到表 4.1－2 所列不同海拔下的 500kV 变电站空气间隙放电电压要求。

表 4.1－2　不同海拔下的 500kV 变电站空气间隙放电电压值　kV

| 放电电压类型 | 电气距离 | 海拔（m） | | | | |
|---|---|---|---|---|---|---|
| | | 3100 | 3400 | 4000 | 4200 | 4500 |
| 工频 50%放电电压 | 相对地 | 1058 | 1097 | 1181 | 1210 | 1255 |
| | 相间 | 1701 | 1765 | 1900 | 1947 | 2019 |
| 正极性操作冲击电压波 50%放电电压 | 相对地（有风偏） | 1195 | 1227 | 1292 | 1314 | 1349 |
| | 相对地（无风偏） | 1380 | 1416 | 1491 | 1517 | 1557 |
| | 相间 | 2216 | 2283 | 2418 | 2465 | 2536 |
| 正极性雷电冲击电压波 50%放电电压 | 相对地 | 2004 | 2079 | 2238 | 2293 | 2380 |

根据 GB/T 50064—2014 附录 F 中变电站空气间隙的放电电压数据，计算得到表 4.1－3 所示不同海拔 500kV 电压等级相对地和相间空气间隙。

表 4.1－3　不同海拔 500kV 电压等级相对地和相间空气间隙　kV

| 放电电压类型 | 电气距离 | 海拔（m） | | | | |
|---|---|---|---|---|---|---|
| | | 3100 | 3400 | 4000 | 4200 | 4500 |
| 工频 50%放电电压 | 相对地 | 2.1 | 2.1 | 2.3 | 2.6 | 2.8 |
| | 相间 | 3.5 | 3.0 | 3.3 | 4.3 | 4.6 |
| 正极性操作冲击电压波 50%放电电压 | 相对地 | 4.3 | 4.5 | 4.8 | 5.0 | 5.2 |
| | 相间 | 6.0 | 6.2 | 6.7 | 7.0 | 7.2 |

续表

| 放电电压类型 | 电气距离 | 海拔（m） | | | | |
|---|---|---|---|---|---|---|
| | | 3100 | 3400 | 4000 | 4200 | 4500 |
| 正极性雷电冲击电压波 50% 放电电压 | 相对地 | 3.6 | 3.7 | 4.2 | 4.3 | 4.5 |
| | 相间 | 4.0 | 4.1 | 4.7 | 4.8 | 5.0 |
| 推荐值 | 相对地 | 4.3 | 4.5 | 4.8 | 5.0 | 5.2 |
| | 相间 | 6.0 | 6.2 | 6.7 | 7.0 | 7.2 |

## 三、小结

本节根据规范对高海拔变电站 500kV 电压等级外绝缘水平和空气间隙距离进行了修正计算，并给出计算结果，丰富了国内 3000m 及以上海拔地区 500kV 外绝缘与空气间隙修正方面的成果。以上成果已应用于西藏地区多个高海拔 500kV 变电站。

# 第二节　为牵引站提供双回电源的变电站电气接线设计

铁路牵引站从电网侧变电站获取电源，为电气化铁路提供电力供应。电网侧变电站的电气接线方式，对确保铁路沿线牵引站负荷的供电可靠性，继而保障铁路交通网络的安全、可靠运行，具有重要意义。

## 一、牵引站对电源的可靠性要求

根据 Q/GDW 11623—2017《电气化铁路牵引站接入电网导则》的要求，电力牵引负荷为一级负荷，由两路电源供电，当任一路故障时，另一路仍应正常供电。一般情况下，牵引站的两路电源取自不同电源点的两座电网变电站。

西藏地区地域广阔，电网多为长距离链式结构，变电站布点较少，部分区域铁路牵引站的两路电源不得不取自同一变电站，这种情况对变电站电气接线型式提出了更高的可靠性要求。

## 二、变电站电气接线设计

西藏地区变电站220kV配电装置多采用GIS，常用的接线方式有双母线接线、双母线单分段接线和双母线双分段接线。

采用双母线接线的GIS，当母线检修或耐压试验时，将造成双母线全停，两路牵引站电源同时停电。不能满足Q/GDW 11623—2017《电气化铁路牵引站接入电网导则》中一路电源故障（停电），另一路正常供电的要求。

采用双母线双分段接线的GIS，牵引站两路电源布置在母线分段断路器两侧。当母线检修或耐压试验时，将母线分段断路器打开，可以确保分段断路器一侧母线（一路电源）停电，另一侧母线（另一路电源）正常运行。因此可以满足Q/GDW 11623—2017《电气化铁路牵引站接入电网导则》中一路电源故障（停电），另一路正常供电的要求。

双母线单分段接线是介于双母线和双母线双分段接线之间的一种接线型式，其元件配置较双母线双分段接线少，投资省。下面就双母线单分段接线能否满足牵引站供电可靠性做详细分析。

220kV双母线单分段接线型式如图4.2－1所示。牵引站电源1和牵引站电源2分别布置在母线分段断路器两侧。

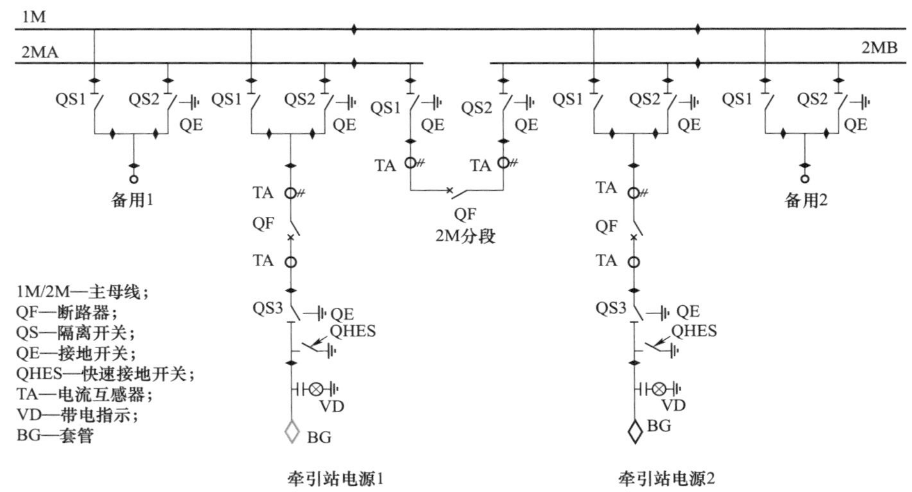

图4.2－1　220kV双母线单分段接线示意图

对 GIS 扩建段进行耐压试验时，考虑到试验电压与系统运行电压存在相位反向的可能性，一般要求耐压试验部分与正常运行部分间至少有 2 个可正常工作的隔离断口来承受反向电压。

以扩建备用 2 间隔为例，若该间隔母线及母线侧隔离开关前期未建设，在完成备用 2 间隔安装对接后，需要对备用 2 间隔内新增的 1M/2MB 母线段进行耐压试验。由于 1M 母线段与牵引站电源 1、2 间仅有 1 个隔离断口 QS1，1M 母线耐压试验将导致牵引站电源 1、2 同时停电。因此，对于采用双母单分段接线的 220kV GIS 配电装置，一期需要将备用间隔母线及母线侧隔离开关全部上齐。

若备用间隔母线及母线侧隔离开关前期已建设，对备用 2 间隔新安装部分进行耐压试验时，可将 2M 分段断路器打开，1M、2MB 母线停电，接于 1M 和 2MB 母线的牵引站电源 2 间隔停电。牵引站电源 1 间隔与 2M 母线间的母线侧隔离开关 QS1 打开，QS2 合上，牵引站电源 1 由 2MA 供带，单母线运行。

备用 2 间隔与运行母线 2MA 之间存在备用 2 间隔的 QS1、2M 分段间隔的 QS1 和 QS2 共 3 个隔离断口。备用 2 间隔与运行的牵引站电源 1 间隔之间存在备用 3 间隔的 QS1、牵引站电源 1 间隔的 QS1 一共 2 个隔离断口，均满足了耐压试验部分与正常带电部分间的隔离断口要求，确保了牵引站电源 1 正常供电。扩建示意图如图 4.2－2 所示。

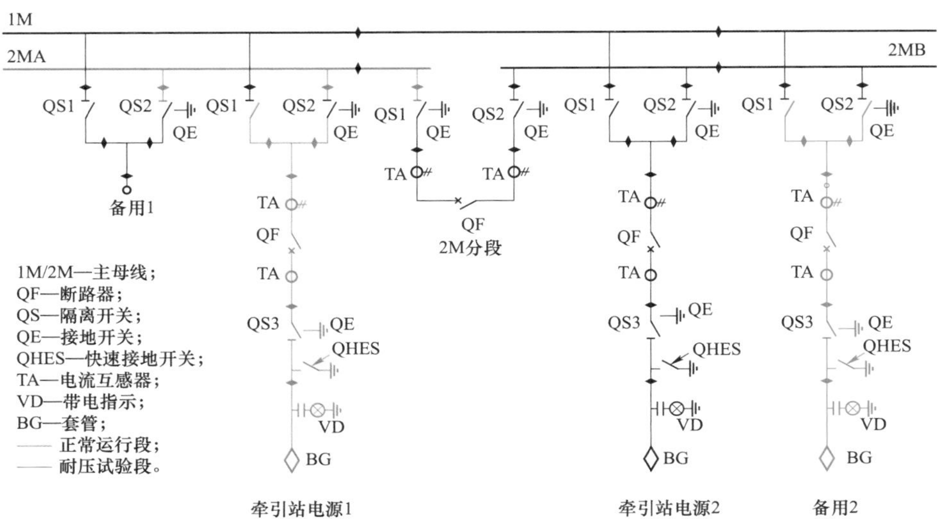

图 4.2－2　林芝 220kV 变电站 GIS 扩建接线示意图

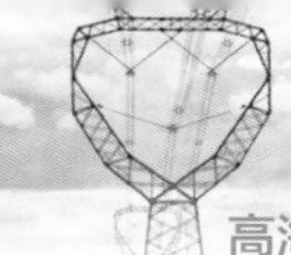



## 三、小结

本节分析了几种为牵引站提供双回电源的变电站电气接线方案。对于高海拔地区牵引站两路电源取自同一变电站的情况，当变电站的GIS配电装置采用双母线双（单）分段接线可以满足一路电源故障时，另一路电源仍满足正常供电的可靠性要求。对于双母线单分段接线，备用间隔母线及母线隔离开关需在一期工程上齐。

# 第三节　高抗抽能站用电源应用

近年来，随着“西电东送，全国联网”方针的大力实施，我国已形成青海、四川等西部地区向东南沿海经济发达地区大规模电力输送通道。输送通道中有一部分开关站建设在高海拔偏远山区，难以获取可靠的站用电源，且由于燃油获取及存储不便等因素，采用柴油机发电作为站用电源亦不合理。因此，站用电源成为困扰开关站建设的重要问题。

## 一、高抗抽能应用场景及需特殊考虑的问题

高海拔地区开关站多处于偏远地区，燃油获取不便且站内不具备存储大量燃油的条件，不适宜采用柴油发电机。此外，由于高原地区的低气压，空气稀薄，含氧量少，使进气量不足而燃烧条件变差，故柴油发电机的运行可靠性和稳定性均有下降。另外，柴油发电机需要定期维护，增加了运维人员的工作量。对于不适宜采用柴油发电机的开关站，可采用高抗抽能作为站用电源。

高抗抽能是利用站内高压并联电抗器设备增加一组抽能线圈引出站用电源。抽能高抗工程应用案例较少，没有专门的保护，500kV抽能高抗本体主绕组的保护一般采用与普通高压并联电抗器相同的保护方案。按双重化配置两套高压并联电抗器保护装置及一套非电量保护装置，另外增加一套复压过电流保护装置用于抽能绕组的保护。抽能高抗

的这种保护配置带来一些问题，需要开展针对性研究：

（1）抽能绕组采用角形或者星形不接地方式，若抽能绕组或连接导线发生单相接地故障，抽能绕组不出现零序电流，只有零序电压，需要加装独立的零序电压继电器检测接地故障。

（2）当抽能绕组出口或者抽能绕组与站用变压器之间连接回路发生相间故障时，抽能绕组过电流保护动作切除故障。由于抽能绕组过电流保护要考虑与站用变压器速断保护的配合，需考虑动作延时，因此不能快速瞬时切除故障。

（3）抽能绕组发生匝间短路故障时，高压并联电抗器电气量保护无法识别，只能由抽能电抗器本体非电量保护判断。

## 二、设计方案及措施

500kV 抽能高抗一般采用分相设备，三相抽能绕组通过单芯电缆形成角形或者星形接线，中性点不接地；每相抽能绕组通过单芯电缆连接站用变压器。因此抽能绕组及抽能绕组与站用变压器之间连接导体常见的故障主要为单相接地故障、连接导体相间故障、匝间短路故障。抽能高抗与站用变压器连接原理见图 4.3－1。

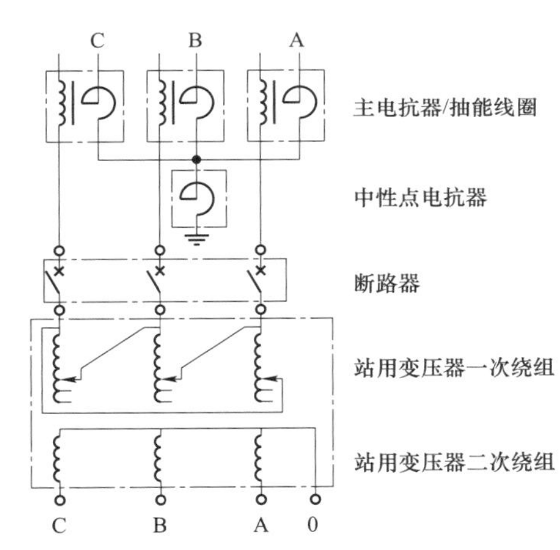

图 4.3－1　抽能高抗与站用变压器连接原理图

以西藏左贡 500kV 开关站为例，其 500kV 抽能高抗按双重化配置两套抽能高抗保护装置及一套非电量保护装置，抽能高抗保护装置集成了抽能高抗主绕组保护功能和抽能绕组保护功能。

抽能绕组保护功能配置了抽能侧绕组复压过电流保护、抽能侧过负荷保护、抽能侧零序电压告警，还配置了抽能侧小区差动保护、抽能侧匝间短路保护。

左贡开关站抽能高抗保护配置如图 4.3－2 所示。

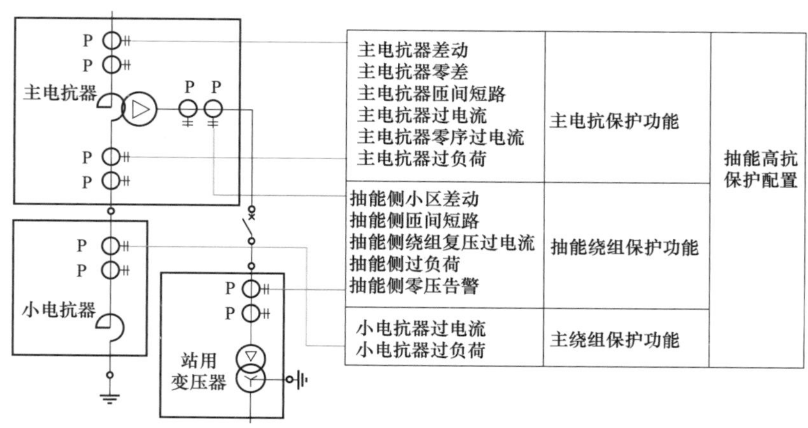


图 4.3－2　左贡开关站抽能高抗保护配置图

相比于常规电抗器保护，抽能高抗保护的主要特点有以下几点。

### （一）配置抽能侧小区差动保护

抽能侧小区差动保护原理与常规变压器所用的小区差动相同，均基于基尔霍夫电流定律构成的差动保护。抽能侧小区差动保护是由抽能侧三角形两相绕组内部 TA 和一个反映两相绕组差电流的外附 TA 构成的差动保护。该保护反映抽能侧绕组和抽能侧绕组至抽能侧外附 TA 引线的故障。

与抽能绕组过电流保护相比，抽能侧小区差动保护能够准确检测到抽能绕组和站用变压器之间连接回路发生的相间故障，实现保护快速动作，保护抽能高抗安全运行。

### （二）优化抽能侧匝间保护配置

抽能侧匝间保护利用抽能侧绕组发生匝间短路会产生零序电流的机理，采用抽能侧绕组零序电流作为动作判据；为了避免电抗器区外或者电抗器主电抗侧发生不对称性故障导致抽能侧匝间保护误动，同时利用抽能侧绕组发生匝间保护时主电抗首端零序电压及零序电流很小，区外及主电抗故障时零序电压及零序电流很大的特点，采用首端零序电压及零序电流或门作为闭锁判据。当首端零序电压或者零序电流较大时闭锁抽能侧匝间保护，防止保护误动。其保护逻辑如图 4.3－3 所示。

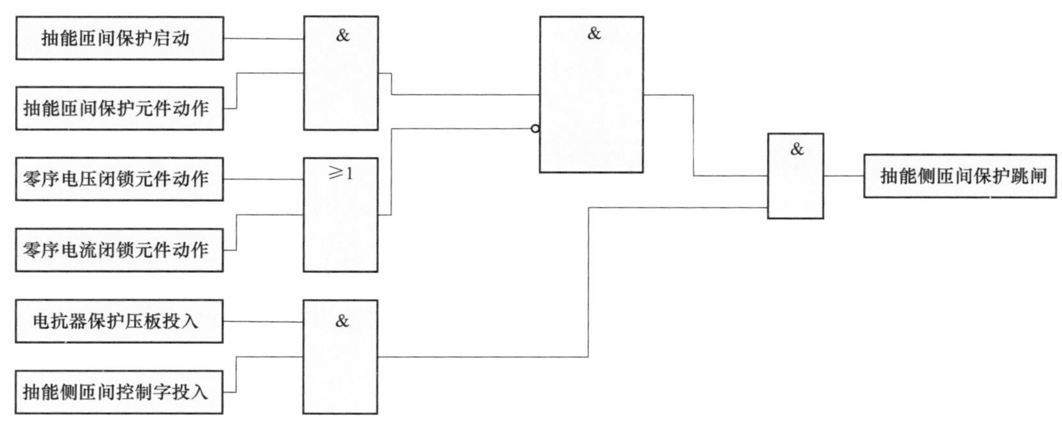


图 4.3-3 抽能侧匝间保护逻辑图

抽能侧匝间短路保护能够检测到抽能绕组的匝间短路，防止匝间短路故障切除时间过长造成故障范围扩大，保护抽能高抗安全运行。抽能侧零序电压告警后，能够在抽能侧发生故障后准确定位故障范围。

### （三）设备优化集成

抽能高抗保护装置集成了主绕组保护和抽能绕组保护功能，取消了独立的抽能绕组保护装置，设备集成度高。

## 三、小结

抽能高抗方案解决了偏远地区开关站站用电源的问题。针对抽能高抗，采用专用保护装置，集成了主绕组和抽能绕组保护功能，针对性配置了抽能侧小区差动保护、抽能侧匝间短路等专用保护，提高了各类故障动作快速性。

# 第四节　薄弱电网升压过渡方案设计

高海拔地区由于地广人稀，按高电压等级规划建设的网架结构，初期会按较低电压等级运行，后续随着地区经济建设和用电负荷的发展，再对原有电网网架进行升压改造，过渡到较高电压等级运行。

## 一、薄弱电网升压过渡方案的必要性

考虑到西藏地区电网多为链式结构，网架较为薄弱。为了保证地区的电力供应，减少施工停电时间，避免对电网造成冲击，一般需要开展过渡方案设计。

## 二、设计方案及措施

以西藏澜沧江 500kV 变电站为例。该变电站前期按 500kV 变电站规划，按 220kV 变电站建设运行。为了避免重复投资，澜沧江—巴塘 2 回线路按照规划的 500kV 电压等级建设，降压至 220kV 运行。昌都市 220kV 电网地理接线图见图 4.4－1。

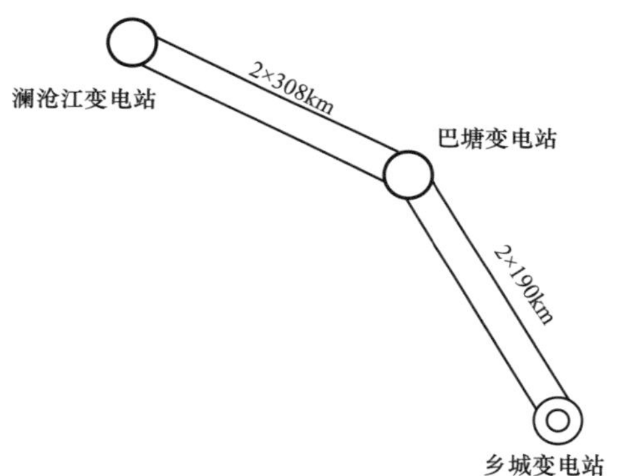


图 4.4－1　昌都市 220kV 电网地理接线图

澜沧江 500kV 变电站扩建的 500kV GIS 厂房、1 号主变压器构架位于塘澜一线站内转接跨线下方；2 号主变压器构架位于塘澜二线站内转接跨线下方。澜沧江变电站升压为 500kV 变电站建设过程中，500kV GIS 厂房吊装、1 号主变压器构架吊装需要塘澜一线停电，2 号主变压器构架吊装需要塘澜二线停电。

考虑到澜沧江 500kV 变电站周边电网较为薄弱，为保障施工期间昌都市电力供应，需采取临时过渡措施保障枯水期澜沧江—巴塘两回 220kV 线路均正常运行。澜沧江 500kV 变电站降压运行线路停电范围示意图见图 4.4－2。

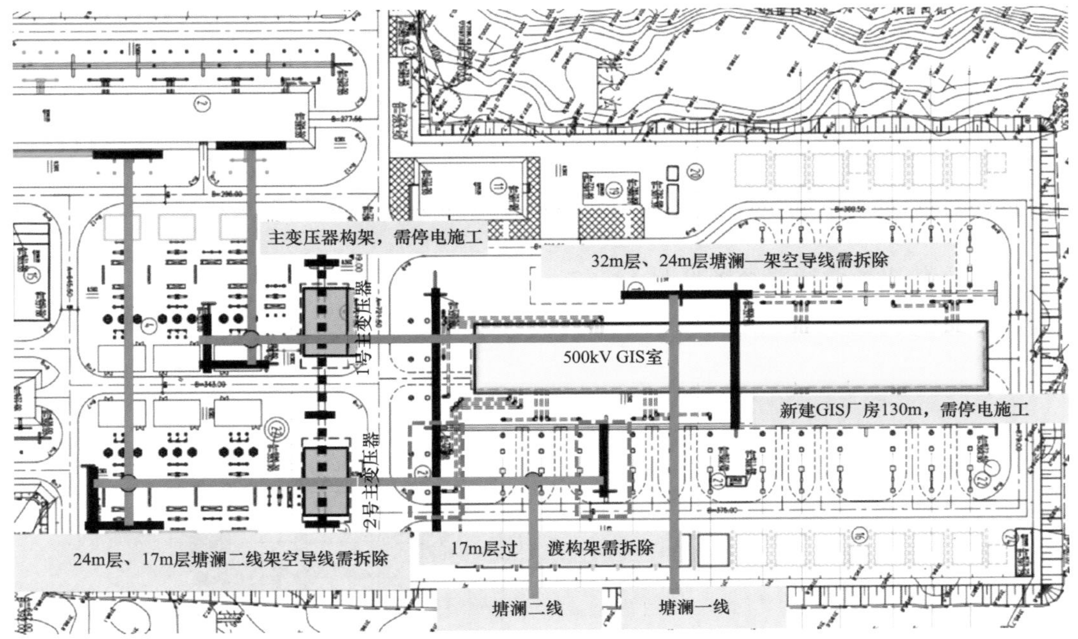


图 4.4－2　澜沧江变电站降压运行线路停电范围示意图

结合澜沧江变电站前期建设情况，升压建设期间采用电缆跳通临时过渡方案：从塘澜一线 500kV 配电装置场地现有 220kV 支柱绝缘子中间导线 T 接引下至电缆终端，电缆沿 500kV 配电装置往南，之后主变压器场地东侧围墙敷设，经 35kV 远期电容器场地至 220kV GIS 进线跨线下方，通过电缆终端引上接入 220kV GIS 进线跨线。

停电过渡方案共分三个阶段，详见表 4.4－1。通过采用电缆跳通临时过渡方案，可以保障昌都电网在第二阶段（冬季大负荷）运行期间的双线环网运行方式。

表 4.4－1　电缆停电过渡方案停电时序及各阶段施工内容

| 停电阶段 | 停电范围 | 澜沧江站工作内容 |
| --- | --- | --- |
| 第一阶段 | 巴塘双回全停 | （1）塘澜一线站内转接构架及跨线拆除。<br>（2）完成塘澜一线澜沧江站内电缆接入替代方案的实施，本阶段结束后替代电缆投入运行。<br>（3）500kV GIS 室钢结构厂房吊装 |
| 第二阶段 | 巴塘双回正常运行 | （1）500kV GIS 设备安装、35kV Ⅰ、Ⅱ母线无功补偿设备安装、1 号主变压器构架、1 号主变压器安装（不含套管安装）；<br>（2）二次屏盘安装、二次埋管、电缆敷设、二次接线及部分设备单体调试 |

续表

| 停电阶段 | 停电范围 | 澜沧江站工作内容 |
|---|---|---|
| 第三阶段 | 巴塘双回全停 | （1）拆除塘澜一、二线全部跨线及转接构架，拆除塘澜一线替代电缆。<br>（2）2 号主变压器构架及主变压器安装。<br>（3）完成 500kV TV、避雷器、软母线、主变压器套管安装。<br>（4）完成各系统调试验收等工作。本次停电结束后，乡城—巴塘—芒康—澜沧江双线 500kV 投入运行 |

巴塘一线电缆跳通路径图见图 4.4－3。

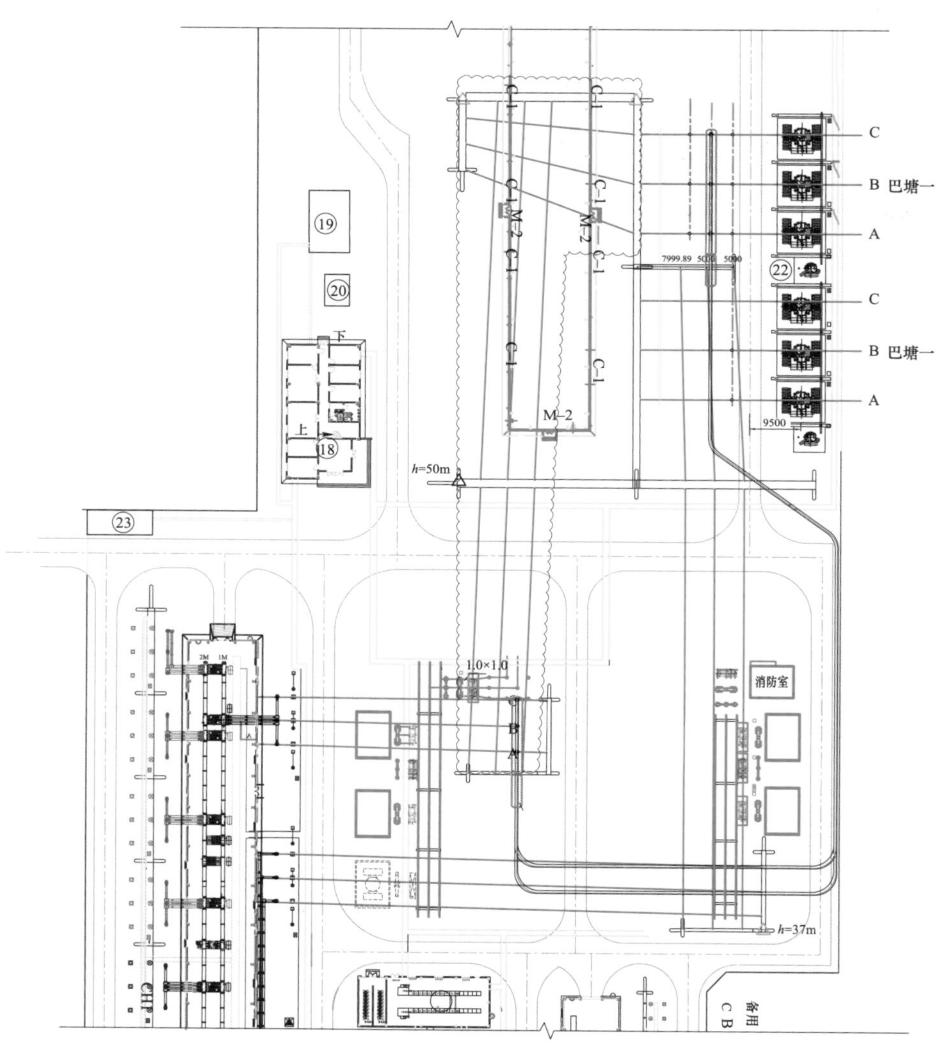


图 4.4－3 巴塘一线电缆跳通路径图

## 三、小结

对于薄弱电网，为了保证地区的电力供应、减少施工停电时间，升压过渡方案需结合系统需求及工程实际情况制订。其中，电缆跳通方式不失为一种具有普遍适应性的技术方案。

# 第五节　谐波过电压抑制及保护措施

以川藏电力联网、藏中电力联网等为代表的高海拔联网工程，普遍存在的问题是采用串供式长线路且仅通过弱联系与主网相连，主电网供电线路较长，电网结构简单，联络线潮流相对较轻，电网负荷中心缺乏大型稳定性机组支撑。故该类型电网具有“小机组、轻负荷、长线运行”的特点，电网在启动和今后运行中可能存在较多过电压问题，甚至引发设备与负荷的损毁，对电网的安全运行构成较大的威胁。因此，需要进行电磁暂态专题研究，为电网运行方式、设备选型、绝缘配合和保护配置提供指导和依据。

## 一、面临的风险及存在问题

### （一）空充变压器励磁涌流引发谐波过电压风险

根据 IEC 标准，暂时过电压波形范围为持续时间 0.02～3600s，频率 10～500Hz，其影响作用过程较长。此类过电压又分为工频过电压和谐振过电压两种。

工频过电压的频率为工频或接近工频，主要发生在故障引起的长线切合过程中。由于绝缘耐受能力的不同，此类过电压对 220kV 及以下电网的电气设备危害较小，但对 330kV 及以上的超高压电网影响很大。

谐振过电压即电网中的电感、电容等储能元件在一定电源的作用下，受到操作或故障的激发，使某一自由振荡频率与外加强迫频率相等，形成周期性或准周期性的剧烈振荡，电压幅值快速上升而产生的。

变压器空载合闸谐波谐振过电压是在变压器接入电网充电时，由于变压器铁芯的非线性，空载合闸时将产生幅值较高的励磁涌流，其中含有各次谐波电流，流入交流电网。随着电网结构的增强，励磁涌流对系统电能质量的影响逐渐减小，但是在局部弱联系的电网，或者黑启动恢复初期的电网中，特别是经长距离、高电压输电线路的电容效应放大形成谐振而建立起各次谐波电压，并与基波电压进行叠加产生畸变率较高的过电压，故励磁涌流的影响不容忽视。

在谐波频率下，系统多处存在感性、容性元件的并联放大效应。在电网末端产生较高的非工频过电压，从而造成线路绝缘的击穿及设备损坏。

### （二）谐波分流能力弱

上述分析表明，在电网薄弱地区，长距离送电线路存在谐波放大作用。在系统中进行空载变压器合闸操作时，容易在长线末端出现幅值较高的谐波，引发较高过电压，对设备绝缘产生危害或对直流输电等造成影响，威胁电网安全运行。

川藏电力联网、青藏电力联网、藏中电力联网等工程均存在着线路较长、网络参数处于谐波放大点、系统末端存在谐波叠加的特点。若在系统内进行主变压器空充操作，由于励磁涌流产生的谐波电压在空长线的末端放大，存在着较严重的谐波过电压风险的问题，需要重点开展研究。藏中电力联网工程电网接线示意图见图 4.5－1。

对于谐振过电压并无相关标准规定限值，也需要进行重点研究，为设备运行部门提供参考。

### （三）谐波过电压保护设备和相关技术标准不完善

目前国内针对谐波过电压保护装置的行业技术标准尚不完善，设备制造、设计、施工、调试及运行管理依据不充分；同时，由于谐波过电压装置要求的采样频率比常规过电压装置的采样频率高 4 倍，无法通过常规装置更改软件功能实现。

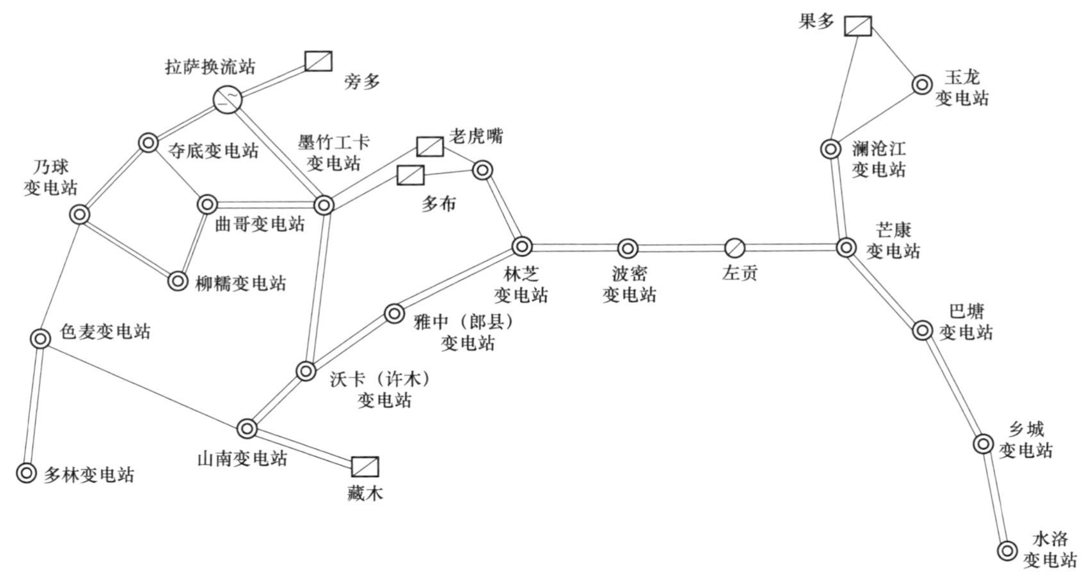


图 4.5－1　藏中电力联网工程电网接线示意图

## 二、抑制谐波过电压技术方案

在藏中电力联网工程中开展了针对启动过程、过渡过程、全接线及检修方式、昌都电力联网等多种方式下出现的谐波过电压、励磁涌流、操作过电压及抑制措施进行专项研究。研究结果表明，限制谐波过电压可以采取改变谐振发生条件、增加阻尼或避免大幅涌流而产生谐波电流的方法，提出了高海拔、弱联系谐波过电压的抑制策略，形成了调整运行方式、加装合闸电阻或选相合闸与谐波过电压保护结合的综合防控方案。

### （一）合理安排启动路径

启动路径应避免可能出现的最严重的谐波情况，以藏中电力联网工程为例，启动路径主要包括由东往西、由西往东、东西双侧充电等多种方式，经过综合分析比较，采用双侧充电方案，即巴塘—芒康—澜沧江—昌都电网—左贡—波密，沃卡—雅中—林芝，最后在林芝—波密并列，从 220kV 侧对沃卡主变压器充电。充电路径图如图 4.5－2 所示。

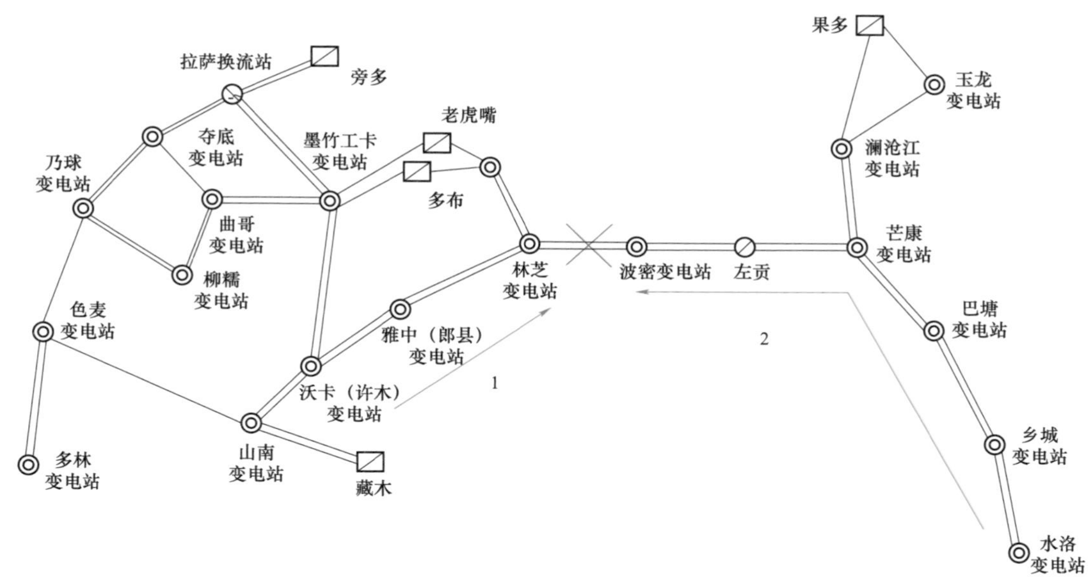


图 4.5-2　藏中电力联网工程充电路径示意图

该方案除了避开产生谐波最严重的方式，还具有工期安排较灵活，试验工期短，调试进程容错率较高等优点。

### （二）调整运行方式

考虑空载变压器合闸产生的谐波过电压对联网各变电站不超过 1.3p.u.标准，通过研究，在不采取任何措施的情况下，澜沧江和波密变电站的谐波过电压超过标准值，均处于二次谐波谐振点，应调整运行方式，避开二次谐波谐振点。如藏中联网启动过程中，空充澜沧江变电站主变压器时，500kV 芒康—澜沧江双回线路仅以单回线路运行，可降低谐波过电压超标风险；空充波密主变压器时，若先对澜沧江变电站充电并与昌都电网合环，则可降低谐波过电压超标风险。若不对澜沧江变电站进行充电，则芒康—左贡—波密双回 500kV 线路均仅以单回线路运行，可降低谐波过电压超标风险。

### （三）主变压器 500kV 侧、220kV 侧装设选相合闸装置和合闸电阻

当运行方式无法避开二次谐波谐振点，则采取安装选相合闸，或选相合闸 + 合闸电阻方案。

加装合闸电阻和选相合闸装置是抑制励磁涌流的主要技术手段，合闸电阻是在断路

器上装设并联电阻，在主断口（灭弧室）合闸前的几个毫秒投入，在主断口合上若干毫秒后自动切除，投入时间普遍为8～12ms。合闸电阻的投入不仅有助于增大暂态过程励磁回路阻抗，限制励磁涌流，也可增大系统阻尼，加快励磁涌流衰减。选相合闸是在磁通过零点进行合闸，以防止暂态磁通的产生，避免了空载合闸冲击电流的产生。如果能够在最佳时刻合闸，励磁涌流和谐波过电压都能得到有效抑制。但是该方法由一个明显的缺点，就是对合闸开关的精度要求非常高，合闸时间偏差要求在±1ms，较短的延时就会错过合闸的最佳时刻，因此仅使用选相合闸策略无法保证彻底消除励磁涌流。

藏中电力联网工程的7个500kV变电站（除左贡开关站以外）：巴塘、沃卡、雅中、林芝、波密、澜沧江、芒康变电站的主变压器500kV侧装设选相合闸装置，合闸时间偏差±1ms。对于谐波过电压较严重的波密、澜沧江、巴塘、芒康4个变电站，除装设选相合闸装置外，主变压器500kV侧再加装1500Ω合闸电阻，这样接入时间大于10ms。

### （四）500kV线路配置谐波过电压保护

谐波过电压存在破坏电气设备绝缘的风险，在线路两侧配置常规过电压保护装置的基础上，增加谐波过电压保护功能，配置在线路两侧，作为合闸电阻、选相合闸等防止谐波过电压技术措施的后备保护功能，能有效地提高电力系统高压电气设备的安全。通过现场试验结果显示，长距离、弱联系电网具有较大能量最高为6次谐波，故工程谐波过电压监测控制装置标准需能测量7次及以下谐波分量的电压。谐波过电压频率含工频和谐波分量，谐波过电压基于峰值比较，为满足测量基波叠加7次及以下谐波分量的电压量的需求，装置的采样频率为4800Hz、每周波采样96点，较常规过电压保护每周波采样24点精度高4倍。装置基波过电压与谐波过电压采用或逻辑，任一过电压元件动作时，过电压保护场动作。在电压满足整定条件时，动作跳闸。

藏中电力联网工程在500kV沃卡—雅中—林芝—波密—左贡—芒康—澜沧江双回线路、500kV巴塘—芒康双回线路两侧均按双套配置谐波过电压保护装置。

## 三、小结

针对高海拔超高压电网长距离、弱联系的特点，通过在相关的500kV变电站装设选相合闸装置、合闸电阻以及在 500kV 线路装设谐波过电压保护装置等措施，有效地避免了系统中进行空载变压器合闸操作时，在长线路末端出现幅值较高的谐波过电压对设备绝缘产生的危害。

## 第六节　安全稳定控制系统配置

高海拔地区电网，特别是藏区电网地处偏远，地广人稀，同时资源布局分散，水电、光照资源充足，往往容易形成主网相对薄弱，众多小水电及光伏电站构成独立小电网供带分散用户的“以大带小、大小结合”的供电局面。主网输电距离长、网架结构薄弱等特征导致系统安全稳定问题突出。

### 一、高海拔地区电网安全稳定运行面临的主要问题

#### （一）大机小网，长距离输电

高海拔地区电网通道，有着输电距离长，电网呈现链式结构的显著特征。给结构单一和长距离输电带来了电网安全稳定性差的问题，当链式供电系统出现 $N-2$ 故障时，会导致大量电能无法外送，产生功率不平衡情况。同时，长链式的交流联网通道静稳极限很低，两端电网内部故障形成的潮流转移容易导致联络线的潮流突破静稳极限，造成联络线解列。

#### （二）容易形成电磁环网

高海拔地区电网网架较为薄弱，常呈现链式结构，全线通道上变电站布点比较单一，容易存在两个站点之间多电压等级线路连接的情况，这样就容易存在高低压电磁环网。高压线路在发生故障时，向低压潮流转移时容易引起低电压和线路过载等稳定问题，且该地区负荷量小、分布广、微小的功率波动或不平衡都容易影响系统频率和电压。

### （三）孤网运行情况普遍

高海拔地区电网系统通道上往往缺少稳定的电源或调相机等动态无功支撑，受入和送出的静稳能力较低。且由于负荷相对较小，分布广，线路长期处于长距离、低功率运行，使充电无功富裕，对电压控制提出了较高要求。因长链型输电、联网系统结构薄弱的特征，导致联网通道上的任一个断面中断，会形成不同的孤网形态，使控制措施复杂。

青藏电力联网工程、川藏电力联网工程、藏中电力联网工程、阿里电力联网工程在系统运行方面均存在上述共性问题。

## 二、安全稳定运行解决方案

对于高海拔地区联网工程，为解决网架结构和外部环境带来的不利因素，需要对系统运行工况和可能存在的问题进行计算分析，以解决问题为导向，制订安全稳定控制策略，配置安全稳定控制装置。

藏中电力联网工程是目前已投入运行的海拔最高的长距离联网电力工程。该工程通过两回长约 1400km 的 500kV 交流线路与四川电网相连，途经许木、朗县、林芝、波密、左贡、芒康、巴塘七个变电站。横跨昌都、林芝、拉萨几个地区，平均海拔 3000m 以上，为长距离、高海拔链式网架结构，具有典型的高海拔电力系统特点。本节以藏中电力联网工程为背景，分析研究安全稳定控制系统方案。

### （一）安全稳定主要问题分析

藏中电力联网工程安全稳定问题与前述高海拔地区电网共性问题基本相似，一是长链路主通道上任一断面发生 $N-2$ 故障，西藏电网与主网解列，西藏孤网出现较大不平衡功率问题；二是山南—林芝 500/220kV 电磁环网的形成，以及墨竹工卡 220kV 变电站直供铜矿负荷的迅猛增加，会造成局部电压稳定问题；三是林芝—朗县（雅中）—许木（沃卡）各双回 500kV 线路，或许木—墨竹工卡—换流站各双回 220kV 线路分别发生 $N-2$ 故障，均会导致藏中电网电压失稳；四是芒康—澜沧江双回 500kV 线路发生 $N-2$ 故障，导致昌都电网与主网解列，孤网频率失稳。藏中联网接线示意图如图 4.6－1 所示。

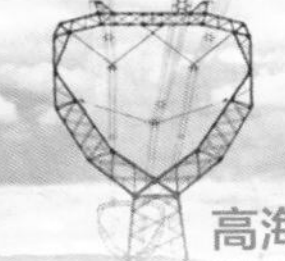



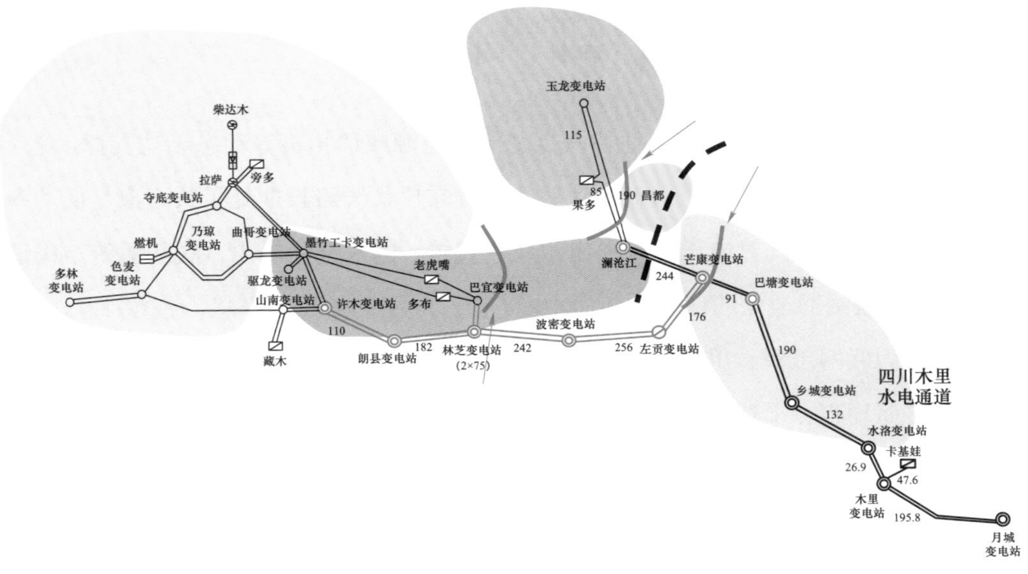


图 4.6－1　藏中电力联网工程接线示意图

由此可见，藏中电网长链式输电、联网系统结构薄弱的特征十分明显，联网通道的任一个断面中断，都会形成不同的孤网形态，控制措施复杂。

## （二）安全稳定控制系统设计方案

根据安全稳定问题分析，藏中联网安全控制的重点解决的问题是：一是要进行电网孤网与局部孤网的判别；二是明确直流调制或切机切负荷的关系；三是联网通道断开后，藏中电网切机切负荷量需按照孤网策略分配。

基于上述的安全稳定问题，藏中联网稳控系统新增了 500kV 联网稳控系统，并与已投运的拉萨换流站、其他变电站稳控系统进行衔接配合，旨在通过合理安排切机、切负荷方式，保持整个藏中联网工程与四川电网、青藏联网工程形成联合控制机制，保障整个电网系统稳定运行。

新建 500kV 联网安全稳定控制系统在逻辑层次上分为故障检测和控制决策层，主要设备及策略配置如下。

（1）决策层。

1）在林芝变电站为西南分调新增双重化的稳定控制装置，作为藏中联网安全稳定控制系统主站，用于决策芒康—林芝联网通道、林芝—沃卡电磁环网故障导致的系统稳定问题。措施包括：联解芒康—左贡—波密—林芝线路；与拉萨换流站交流侧稳定控制装置通信，与青藏联网工程稳控系统形成联合控制机制。

2）在芒康变电站为西南分调新增双重化的稳定控制装置，作为区域稳控主站，用于决策芒康—巴塘断面故障导致的系统稳定问题。措施包括：切除本地负荷；分别与澜沧江（西南分调）、林芝（西南分调）稳定控制装置通信，向其分配所需的切机、切负荷量。

3）在左贡、波密、雅中、沃卡分别新增双重化的稳定控制装置作为子站，检测芒康—左贡—波密—林芝—雅中—沃卡线路运行工况，并由芒康（西南分调）、波密、沃卡（西南分调）稳定控制装置将相关信息发送至林芝（西南分调）决策层稳定控制装置，由后者统一决策。

（2）故障检测层。

1）在林芝变电站为西藏中调新增双重化的稳控装置，用于检测林芝—巴宜线路运行工况，并发送至林芝（西南分调）稳定控制装置，由后者统一决策。巴宜变电站现有稳定控制装置新增与林芝（西藏中调）稳定控制装置通信，用于辅助判断林芝—巴宜线路运行工况。

2）在芒康变电站为西藏中调新增双重化的稳控装置，用于接收芒康（西南分调）稳定控制装置下发的切负荷命令，并转发嘎托、如美、旺达 110kV 变电站执行。

3）对已有的墨竹工卡 220kV 变电站现有稳定控制装置进行改造，增加根据墨竹工卡—换流站线路故障切除铜矿负荷功能；新增检测沃卡—墨竹工卡线路运行工况，并经林芝（西藏中调）稳定控制装置转发至林芝（西南分调）稳定控制装置，由后者统一决策；沃卡变电站为西藏中调新增双重化的稳定控制装置，与墨竹工卡稳定控制装置通信，用于辅助判断沃卡—墨竹工卡线路运行工况。

4）山南变电站现有稳定控制装置检测山南—藏木电站线路运行工况，新增与林芝（西藏中调）稳定控制装置通信，将上述线路运行工况经林芝（西藏中调）稳定控制装置转至林芝（西南分调）稳定控制装置，由后者统一决策。

5）山南变电站现有稳定控制装置还新增检测山南—沃卡线路运行工况，在本侧判断后直切藏木机组；新增与沃卡（西藏中调）稳定控制装置通信，由后者辅助判断山南—沃卡线路运行工况。

（3）改造安全稳定控制系统。藏中电网和昌都电网频率稳定问题在藏中联网前一直存在，基于该问题构建的安全稳定控制系统在联网工程投运后继续发挥作用。在藏中联网工程中，澜沧江变电站为西南分调新增双重化的稳定控制装置，用于决策澜沧江—芒康 500kV 线路故障，拉萨换流站交流侧稳定控制装置仍保留为主站，与林芝（西南分调）稳定控制装置通信，统一负责西藏电网的切机、切负荷、提升直流功率等措施。

## 三、小结

安全稳定控制系统解决了长链路联网通道故障导致的孤网频率不稳定问题，同时解决了藏中 500kV/220kV 电磁环网故障导致的电压失稳和线路过载问题。当高低压电磁环网发生，负荷向低压线路转移造成线路过载时，采取主动解列 500kV 线路和切机控制措施，保证电磁环网不对安全稳定性造成影响。

# 第七节　断路器电机电源及测控装置的供电回路优化

对于高海拔地区变电站而言，优化二次回路，简化繁复逻辑，规范回路编号，尽可能减少故障点，能显著提高保护控制设备可靠性和运维安全性，从而提升变电站整体本质安全。

## 一、变电站二次回路设计优化

虽然输变电工程技术历经多年快速发展，各专业技术领域已基本趋于成熟，但变电站二次回路还是存在一些优化提升的空间。

一是断路器电机电源采用直流电源还是交流电源，这两种应用方案均广泛存在。二是测控装置供电方式，是以测控装置为单位单路供电，还是以柜体为单位采用双路切换供电。在常规地区变电站，这些问题也许很细小，不足以影响全站运行安全。但对于高海拔地区变电站而言，通过细节优化提高变电站安全可靠性，是十分必要的手段。

## 二、高海拔地区采取的回路优化措施

### （一）断路器电机电源统一采用直流供电

以建设坚强电网为目标，经过多年的建设发展，我国大部分电力系统已形成非常坚强的网架结构，基本不存在某个变电站跳闸造成区域电网大面积停电的现象。基于此大背景下，在常规海拔地区变电站中，断路器电机电源多采用交流电源供电。

但对于高海拔地区，特别是藏区电网来说，电力设施等基础建设略显滞后，网架结构相对薄弱。单个站点故障对整个系统影响因素较大，一个变电站的电源进线跳闸会造成全站失电。如果断路器电机采用交流供电，如遇全站交流失电故障，很难在故障消除后及时恢复供电，导致整站断路器无法恢复正常运行。对于变电站来说，直流电源可靠性更高，在全站失电的情况下，变电站直流系统仍可可靠运行 2h。断路器电机采用直流系统供电，可有效避免交流失电情况下全站断路器全部退出运行的风险。虽然直流供电系统接地故障相对难以查找，但其接地故障率与交流系统没有差别。总体来说，高海拔地区断路器电机电源采用直流供电，依然能显著提升变电站整体安全性。

### （二）采用以测控柜为单位的双路供电

500kV 变电站中 220V 直流系统一般由三套充电装置 + 二组蓄电池组成，配置三套高频开关电源充电装置，采用两段单母线接线，两段单母线间设分段断路器。

500kV 变电站中 220kV 电压等级及以上配置双重化保护，需采用不同直流母线段供电，但测控装置的电源并未明确。一般设计中，测控装置按单装置供电，两套测控装置组柜的情况下，两路直流电源分别供带一台测控装置。任意一台测控装置本身空气开关或直流屏空气开关故障情况下，均需要更换空气开关才能恢复该测控装置供电；如若在供电电缆故障的情况下，需重新敷设电缆才能恢复供电。

考虑高海拔地区变电站运维不便利，同时为进一步提高监控系统运行可靠性，测控屏采用双电源供电方案，每面测控屏提供两路直流电源，串接空气开关后同时为两台测控装置供电，无论是空气开关故障还是电缆故障，在其中一路电源失去的情况下，可立刻切换至另一回路供电。考虑双路电源空气开关同时失电或两回电缆同时故障的概率非常小，相比以测控装置为单位单电源供电形式来说，此方案测控装置恢复供电的时间大大缩短，在一路电源故障情况下，可保障两台测控装置均不会长时间失电，提高了设备可靠性。

## 三、小结

考虑高海拔地区网架薄弱、运维不便等问题，提出了相应的二次回路优化方案以适应该类地区变电站的运维需求，提高供电可靠性。在类似工程中有一定推广意义。

# 第五章 变电施工运维便捷性设计

本章从三相一体现场组装变压器的应用、智能照明控制系统设计、智能辅控系统设计、调度程控交换机的远程监控、通信机房空间布局及布线、主控通信楼功能布局、富氧系统设计和防坠落装置的应用进行论述，提出了相应的设计方案及措施。

## 第一节　三相一体现场组装变压器的应用

主变压器作为变电站内最重要的电气主设备，其选型要综合考虑电网规划、站址位置、生产制造、设备运输、运行检修、工程投资等各项因素。高海拔地区变电站一般地理位置较为偏远，交通运输条件受限，给变压器的运输带来了极大挑战。

### 一、运输条件对变压器选型的影响

目前，500kV 及以上电压等级主变压器广泛使用单相变压器。单相变压器产品成熟可靠，运行经验丰富，检修更换便利。

但在高海拔地区，尤其是西藏部分地区，铁路运输难以到达。即便是采用公路运输的形式，桥墩强度、隧道尺寸、山区道路承载能力和路段交通拥挤情况都是制约公路运输的主要问题。峡谷、桥梁、涵洞众多，某些地区的山区道路和桥梁难以满足单相变压器运输尺寸和质量的要求。在这种情形下，三相一体现场组装变压器成为一种可行的方案。

### 二、三相一体现场组装变压器的应用

以西藏波密 500kV 变电站为例，若采用单相变压器，其运输质量达到 138t。主变压器运输途中需通过川藏公路迫龙沟特大桥见图 5.1－1。此桥的承重量仅为 100t，无法满足变压器的运输质量要求，因此采用三相一体现场组装变压器。

图 5.1－1　川藏公路迫龙沟特大桥照片

三相一体组装变压器是在工厂完成组装和试验后，将变压器各主要部件进行分解运输，到达工程现场后再进行装配。现场需搭建主变压器防尘室（见图 5.1－2），变压器各组件在防尘室内组装完毕后，还要进行真空注油及各项试验。

图 5.1－2　主变压器防尘室

由于采用了分解运输，使变压器对沿线道路运输要求大大降低。波密变电站 500kV、750MVA 三相一体现场组装变压器分解运输参数见表 5.1－1。

表 5.1－1　　三相一体现场组装变压器分解运输参数

| 序号 | 名称 | 数量 | 外形尺寸（长×宽×高，m×m×m） | 运输质量（t） |
|---|---|---|---|---|
| 1 | 上节油箱运输箱 | 1 | 13.2×4.8×3.6 | 55 |
| 2 | 下节油箱运输箱 | 1 | 12.9×4.3×1.4 | 41 |
| 3 | 铁芯运输箱 | 4 | 4.4×3.3×2.8 | 50 |
| 4 | 线圈运输箱 | 3 | 4.9×4.7×4.2 | 55 |
| 5 | 上铁轭运输箱 | 2 | 6.8×2.5×2.3 | 25 |
| 6 | 地屏运输筒 | 1 | $\phi$2.1×3.3 | 5 |
| 7 | 其他散件设备 | | 普通货物 | 100 |
| | 合计 | | | 616 |

通过表 5.1－1 可以看出，采用三相一体现场组装变压器方案，其分解运输的本体单元最重约 55t，能够满足运输要求。

布置上，与单相变压器相比，采用三相一体现场组装变压器不需要设置低压侧汇流母线，单台主变压器占地面积可节省约 300m$^2$。500kV 单相变压器与三相一体现场组装变压器布置比较见图 5.1－3。

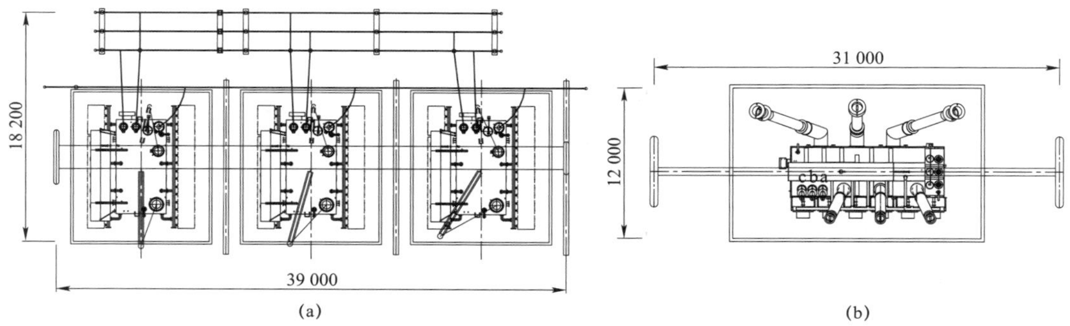


图 5.1－3　500kV 单相变压器与三相一体现场组装变压器布置比较图

（a）单相变压器；（b）三相一体现场组装变压器

## 三、小结

在西藏高原、云贵高原等高海拔山区，当大件运输条件难以满足单相变压器运输尺寸和质量时，采用三相一体现场组装变压器，可大幅缩减单体运输质量和尺寸，降低变压器的运输成本，使变压器的运输变得更加灵活。

# 第二节　智能照明控制系统设计

照明在变电站日常运行维护中有着非常重要的作用。较之传统照明控制方式，智能照明控制具有便于运维等优势。

## 一、高海拔环境下传统照明控制方式的局限性

传统照明控制利用设置在灯具配电回路中的开关来控制回路的通断。运行维护人员必须在就地进行一对一操作，无法实现远程控制。在高海拔缺氧环境以及高寒地区，这种方式将给运行人员巡视、维护工作带来不便。

## 二、智能照明控制系统设计

智能照明控制系统采用具备可操作性、开放式、全分布式的现场总线控制系统，实现全站照明系统的远程智能控制。

目前常见的照明控制总线有 I－Bus 总线、C－Bus 总线、CAN－Bus 总线等。以西藏林芝 500kV 变电站采用的 CAN－Bus 总线控制系统为例，其系统结构如图 5.2－1 所示。

CAN－Bus 总线智能照明系统硬件组成大体分为三个部分，即系统单元、输入单元、输出单元。

（1）系统单元：主要包括供电单元、系统控制模块，功能是为 CAN－Bus 系统提供控制电源、系统时钟和信号载波。

（2）输入单元：包括液晶显示触摸屏、遥控器、控制面板、传感器，功能是将外界的控制信号转换为系统信号在总线上传播，并作为控制依据。

（3）输出单元：包括灯光控制模块、开关量控制模块、单元控制模块，功能为接收总线上的控制信号，控制相应的负载回路，实现照明控制。

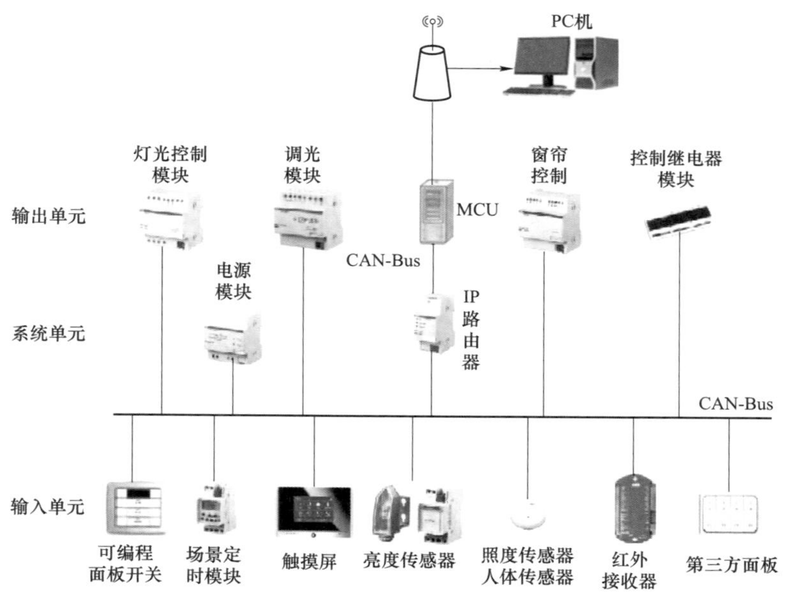


图 5.2-1 CAN-Bus 总线控制系统的结构示意图

PC 监控软件可对整个照明控制系统进行图形化的监视、控制和管理，实现监控灯光状态、工作电流及远程灯光控制、场景控制、功能配置等。

CAN-Bus 总线智能照明系统可实现如下功能。

## （一）远程集中控制

变电站主控室内配置照明控制系统液晶触摸显示屏，显示全站各照明回路开关状态及其他运行参数，并实现对变电站各区域照明灯具的远程集中控制。林芝 500kV 变电站照明远程控制系统示意图见图 5.2-2。

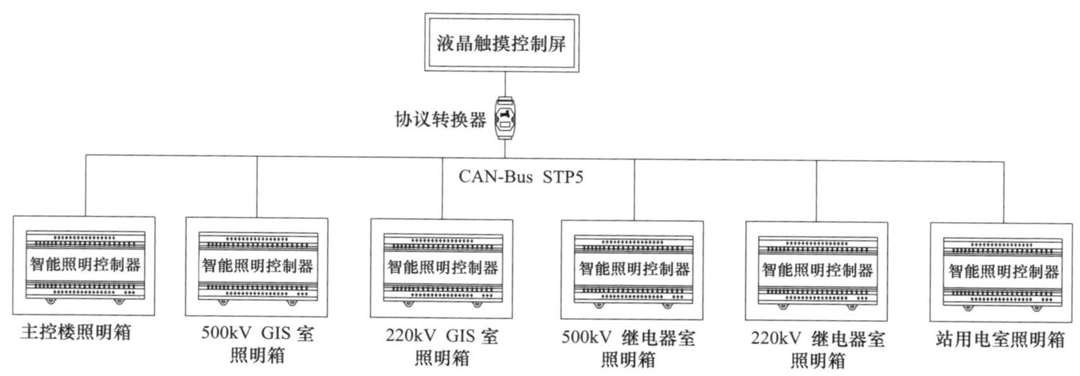


图 5.2-2 林芝 500kV 变电站照明远程控制系统示意图

## （二）就地手动控制

变电站各建筑内的照明配电箱内置照明控制模块，并连接至室内触摸感应面板。运行人员可通过操作触摸感应面板的按钮，以启动对应的照明回路。就地手动控制系统见图 5.2－3。

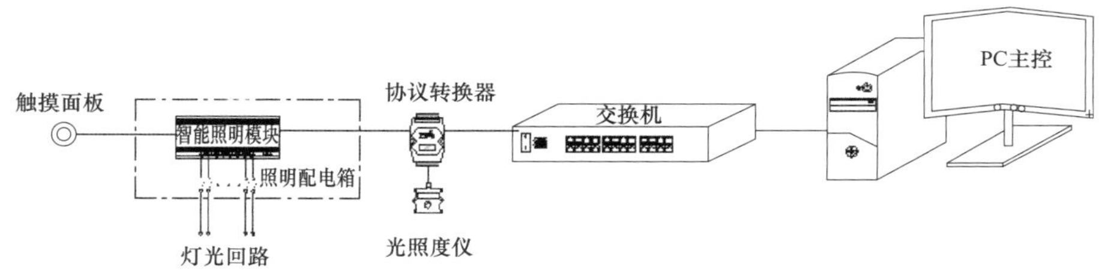


图 5.2－3　就地手动控制系统图

## （三）自动控制

户外照明箱设置照明控制器，该控制器可接收光传感器的光线强弱信号，也可通过手动预设时间，以自动控制户外灯具的开启。

## （四）联动控制

站内智能照明控制系统主机可与智能辅助控制各子系统实现联动。如接收到消防信号，即可依要求打开特定灯具，为火灾发生区域提供应急照明。

照明智能控制与智能辅助系统联动示意图见图 5.2－4。

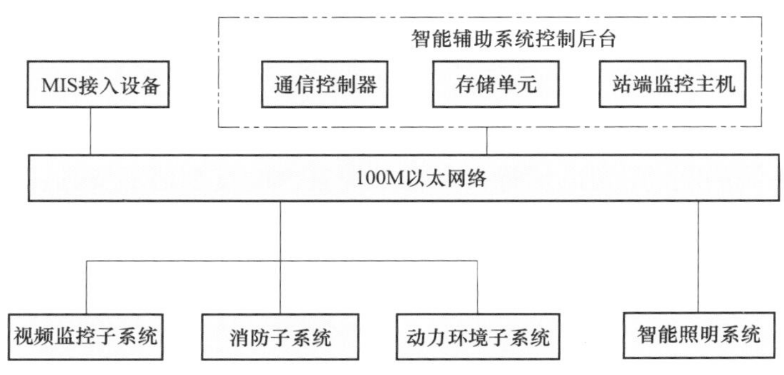


图 5.2－4　照明智能控制与智能辅助系统联动示意图

### （五）辅助灯光功能

辅助灯光可与视频监控系统联动，对摄像机的黑夜摄像进行光线补偿。系统可通过就地与远程两种方式对辅助灯光进行开启与关闭的控制。

在触碰电子围栏时，摄像头自动转向该区域，由发生警情电子围栏发出联动信号，与之设定成联动关系的警号响起，补充灯光开启白光源；摄像头在高亮度白光源辅助照明条件下，能够采集到色彩鲜艳、清晰度高的报警现场图像，并将相关信息发至监控中心。辅助灯光与视频监控系统联动示意图见图 5.2－5。

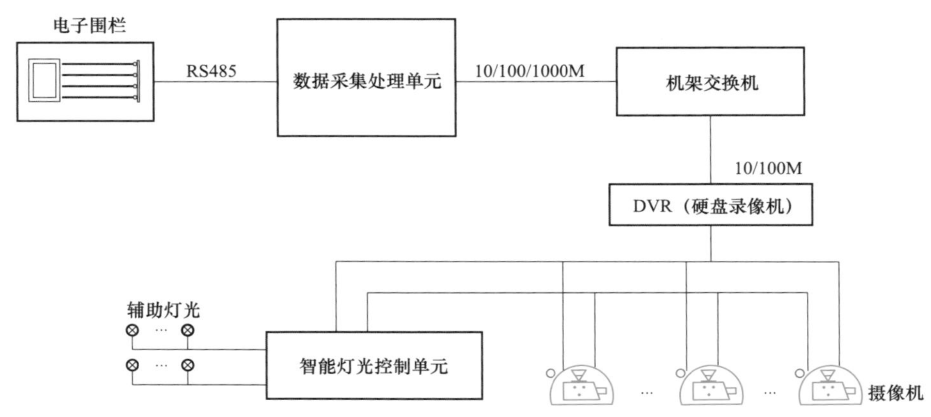


图 5.2－5　辅助灯光与视频监控系统联动示意图

## 三、小结

智能照明控制系统可实现对变电站照明回路的集中、就地及自动控制，并与智能辅控系统联动，帮助运行人员在主控室内实现对全站照明的远程和就地控制。并且通过与辅助控制各子系统的联动，帮助运行人员在主控室内能直观地了解到各配电装置区设备的运行情况。可以显著改善高海拔地区运行人员工作条件，减少了运行人员户外巡视的工作量。

# 第三节 智能辅控系统设计

高海拔地区空气稀薄、气候恶劣，交通不便，所处环境的变电站设备运行环境差，运维人员条件异常艰苦，这就对设备在极端环境下运行可靠性和运行监视提出了更高的要求。随着超高电网的建设，电网规模进一步扩大，生产人员人力资源紧张和巡检工作量增长之间的矛盾日益突出。传统的人工现场巡检、操作模式难以适应高海拔电网发展的需求。需要采用新技术、新手段改变运维模式。除提高变电站监控系统的自动化水平外，还需配置适合与高海拔变电站的智能辅助控制系统，提高“远程巡检、远程操作”的智能巡检水平，有利于改善运行环境，降低运维成本及运维人员的工作强度，显著提升运检工作质效，有效解决电网规模日益增长与运检人员配置不足的矛盾。

## 一、高海拔地区辅助控制系统的现状及存在问题

相较于低海拔变电站，高海拔地区电网技术基础薄弱，变电站所处自然环境恶劣、地理位置分散、运维交通不便，超高压变电站巡视任务点多、人员作业风险较高。目前很多高海拔地区变电站未充分考虑高海拔地区特殊性，配置的照明控制、风机控制、火灾报警、环境监测、视频监控等辅控系统主要用于变电站安防，布点不足，清晰度较低，无法实现主变压器等重点设施监视的全覆盖，且辅控系统各功能均为独立系统，缺乏信息横向、纵向交互，难以实现信息共享和功能联动。

## 二、设计方案及措施

充分考虑高海拔地区变电站特别是超高压变电站的特点，智能辅助控制系统按照“远方控制、智能联动、方便运维”的原则设计，统一接入视频监控子系统、安全警卫子系统、环境监测子系统（包括温度、湿度、风力、水浸、$SF_6$浓度、液位等环境信息）、火灾报警子系统、智能控制子系统（包括空调、风机、水泵等设备的控制）、智能照明

系统等各子系统信息，对变电站各类辅助系统运行信息进行集中监管和智能控制，实现数据共享和设备联动，全面提升辅助控制系统智能化水平。

### （一）视频监控子系统

超高压变电站视频监控子系统利用视频监控技术、信息集成技术、信息安全技术及智能分析技术构建。由前端感知设备（室内外摄像机）、站端视频处理单元和网络设备构成。摄像机接入视频处理单元，即可实现视频信号存储、传输以及云台镜头控制。视频监控子系统对变电站重点设备、消防设施及变电站安防进行监视，能与变电站内的安防子系统、消防子系统、智能控制子系统、计算机监控系统等进行视频联动、录像、报警，具备设备状态图像智能分析功能。

同时应考虑高海拔地区气候恶劣，温差较大的特点，在重要设备在主变压器、高压并联电抗器等区域设置足够数量的摄像机，实现多角度，多维度全覆盖的重点远程巡视监控，与站内计算机监控系统信息交互联动，具备适应无人值班的远程监视功能。对于有人值班变电站，运维人员既可在监控室也可在远方集控中心实现对全站设备和环境的实时监视。

### （二）安全警卫子系统

安全警卫子系统的主要作用是“事前防患于未然、事中寻求帮助”。针对视频监控子系统的不足，组建多类型传感器系统感知网络，实现目标识别、多点融合和协同感知。具备报警及与摄像机、灯光的联动功能。当接收到周界安防报警装置发出的侵入信号时，能及时发出报警，并联动摄像机、灯光进行录像，警告可疑人员；当入侵目标强行翻越围墙时，启动电子围栏击退入侵目标，电子围栏可远程设定投退。高原地区变电站宜采用四防区电子围栏，该方式有效提高电子围栏灵敏度，并可在围墙遭入侵时精确定位入侵点，保障变电站安全运行。

### （三）环境监测子系统

高海拔地区气温变化大，日照光线强烈，环境监测系统对运维人员了解设备运行时外部环境情况有很大帮助，能帮助运维人员提前预警判别设备是否存在安全隐患。环境监测子系统负责实时采集、处理站内温度、湿度、风速、水浸、$SF_6$浓度、液位等环境信息，并由环境数据采集单元将采集的环境信息通过网络上传到辅助系统综合监控平台。

### （四）火灾报警子系统

火灾报警子系统以物联网技术理念集成现有成熟产品，通过读取感烟感温传感器的信号，结合图像识别环境温度等信息，实现对变电站火灾的智能检测、报警；实现对各种消防设备的状态检测与故障警报；实现火灾时与空调、风机的闭锁联动。可根据当地消防部门的要求，适时将消防子系统纳入智能辅助控制系统中，实现智能消防联动。

考虑到高海拔变电站的特殊地理条件，站内火灾探测器应具备防潮、防渗水功能，推荐采用电子编码，功耗低、抗干扰能力强。

对于主变压器及高压并联电抗器等大型油浸式设备的火灾报警系统，由于其设备本体温升较高，器身线性感温探测器采用138℃感温电缆，防止系统因温升较高产生误报警。

### （五）$SF_6$气体泄漏监控报警系统

$SF_6$气体泄漏监控报警系统，是对含$SF_6$设备室环境中$SF_6$气体泄漏情况和空气中含氧量进行实时监测，并可与风机进行联动，自动排风，保障运维人员安全。

高海拔变电站环境条件严苛，为保障设备正常运行，各电压等级一般采用户内GIS配电装置，每个GIS室内配置$SF_6$气体泄漏监控报警系统，在监视设备是否存在漏气情况的同时，最大限度保障现场运维人员人身安全。

### （六）智能控制子系统

高海拔地区温湿度变化较大，通过温湿度传感器，准确监测室内外的温湿度情况，根据室内温湿度状况对空调、排风机的温度、风向等进行控制。根据室内外的温湿度情况，自动控制通风系统和空调系统的切换运行，保证设备正常运行。

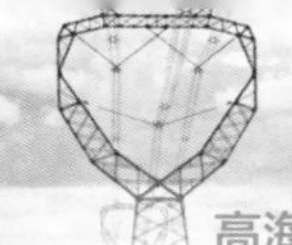



## 三、小结

随着输变电工程智能辅助控制系统全面推进和智能电网建设加速发展，设备状态监测及故障诊断技术将得到广泛应用，输变电设备状态监测系统的安全性、可靠性、稳定性以及测量结果的准确性直接影响状态检修策略的有效开展，以及智能电网设备状态可视化功能和状态有效监控。合理运用在线监测及故障诊断等辅助控制技术，对高海拔地区电力工程运行安全可靠性提升有显著影响，同时能极大提高运维便捷性，值得在高海拔地区推广应用。

# 第四节　调度程控交换机的远程监控

电力调度交换通信系统在处理电力系统各种紧急事件和抗灾救灾、应急指挥过程中发挥着核心作用。变电站配置调度程控交换设备，除用于组建调度交换系统外，也可兼做站内行政电话交换设备，为站内运维人员提供行政通信需求。而高海拔地区气候恶劣，交通不便，超高压站点位置较为偏远，人员奔赴现场进行故障处置、调试配置和日常运维的条件十分艰苦，需考虑优化现有设备的管理方式，提高运维效率，减少运维成本。

## 一、调度交换机管理方式的现状及存在问题

一般情况下，变电站配置的调度交换机大多数采取本地管理方式，管理包括设备的运维、调试和配置。日常工作过程中，若无人员在现场，就无法实时监视设备运行状态，准确对设备进行故障定位；在调度交换系统网络或通信需求发生变化时，也无法及时对设备进行运行调试和配置更新。高海拔地区地广人稀、交通不便，为现场运维带来了诸多困难。以西藏地区为例，还存在站与站之间相距甚远的情况，现有调度程控交换机管理方式将威胁到电力系统通信网络安全稳定运行。

# 二、设计方案及措施

## （一）设备配置及连接

在电力调度端配置集中式远程监控终端，在调度交换站点的程控交换机设备上增配网络管理类板件。远程监控终端通过以太网专线通道或者数据通信网（电力信息内网）连接各节点程控交换机网络管理板件的网口，实现程控交换机的远程监视、操作配置、运行调试和运维管理。设备的连接方式示意图如图 5.4－1 所示。

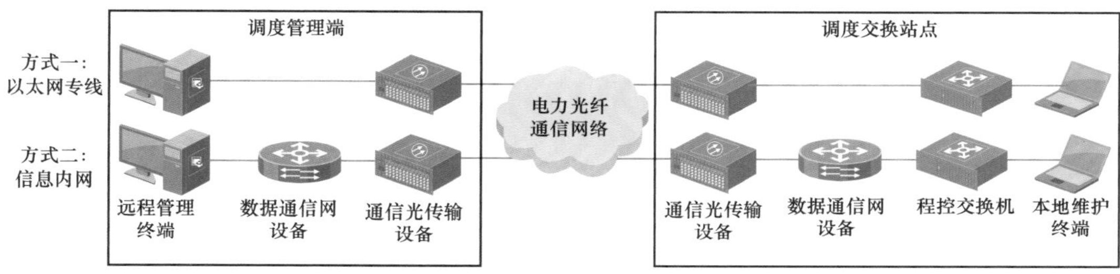


图 5.4－1　调度程控交换机的远程监控设备连接示意图

远程监控终端即计算机设备，包括主机、显示器等；程控交换机网络管理类板件应具备获取设备各类运行状态和配置信息的功能，并至少有 1 个标准网络接口，传输的数据采用 IP 数据包方式封装，无须进行协议转换或二次接口开发。以藏中电力联网工程为例，在西藏区调信通公司配置了 1 套远程管理终端（硬件配置：标准台式机，8 代 6 核处理器 I5 8500/4G/1T/DVDRW/27 寸显示器），9 个调度交换站点共 9 套程控交换机设备均配置 ICFU 网络多功能板，采用以太网专线通道，实现了调度交换系统的远程数据配置和运维管理，同时保留本地维护终端，作为监控的补充手段，用于调度交换机的现场运维。

## （二）远程监控功能

调度程控交换机的远程监控功能主要有配置管理、性能管理、故障管理、拓扑管理及监控、安全管理。

（1）配置管理：对调度交换系统各节点进行远程指令维护和数据配置管理，如设备板卡配置、链路配置、拓扑管理、修改分机号、服务等级、配置管理中继站点等。终端设备和被管理节点设备实时进行自动数据交互，保证两端数据的一致。

远程监控配置管理功能操作界面示意图，见图 5.4－2。

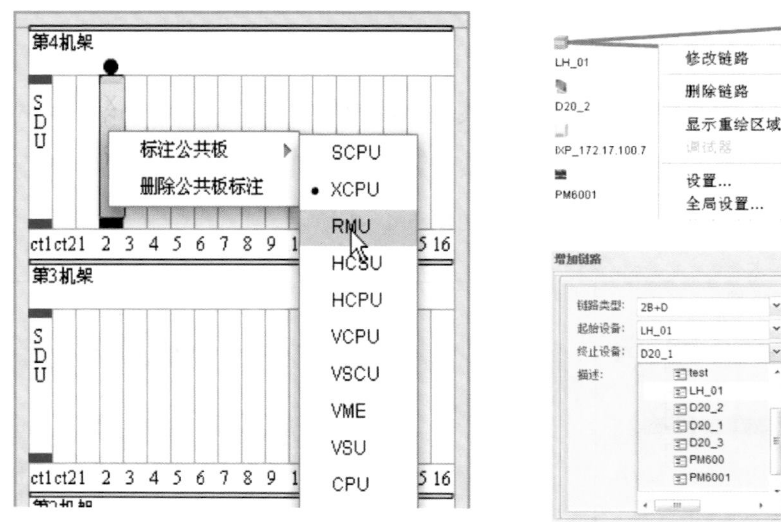

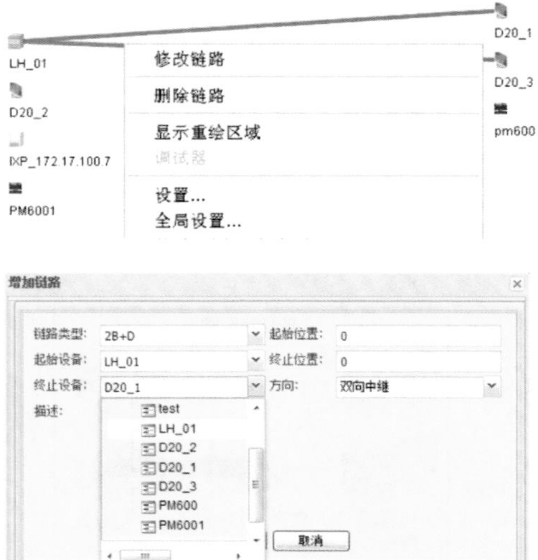


图 5.4－2　远程监控配置管理功能操作界面示意图

（2）性能管理：对调度交换网络和各节点设备的各种动态性能指标进行监控及查询，如实时查询业务量负荷、QoS、阻塞率、呼叫等资源可用度性能指标等。同时，定期对历史数据分析，采用性能、摘要、日志等基本分析方法，产生统计报表，并进行更高层次的分析，如性能的容量、异常和历史分析等。远程监控性能管理功能操作界面示意图，见图 5.4－3。

设备名称：LCC

| 参数类型 | 参数名称 | 参数值 | 产生时间 |
|---|---|---|---|
| SOS | 系统超载情况下新呼叫统计数(优先级1) | 0 | 2013-01-22 09:05:00 |
| SOS | 系统超载情况下已处理的呼叫计数(优先级1) | 0 | 2013-01-22 09:05:00 |
| SOS | 系统超载情况下拒绝的呼叫统计数(优先级1) | 0 | 2013-01-22 09:05:00 |
| SOS | 系统超载情况下新呼叫统计数(优先级0) | 0 | 2013-01-22 09:05:00 |
| SOS | 系统超载情况下已处理的呼叫计数(优先级0) | 0 | 2013-01-22 09:05:00 |
| SOS | 系统超载情况下拒绝的呼叫统计数(优先级0) | 0 | 2013-01-22 09:05:00 |
| SOS | 系统超载情况下新呼叫统计数(正常) | 0 | 2013-01-22 09:05:00 |
| SOS | 系统超载情况下已处理的呼叫计数(正常) | 0 | 2013-01-22 09:05:00 |

拓扑视图　同组历史　设备性能

图 5.4－3　远程监控性能管理功能操作界面示意图

（3）故障管理：管理调度交换网络和各节点设备发生的异常，包括故障监视及故障检测和测试，告警管理，故障恢复、纠正或复障，故障定位及故障报告。

远程监控故障管理功能操作界面示意图，见图 5.4－4。

最近五条致命与错误级别告警

| 编号 | 产生时间 | 恢复时间 | 告警等级 | 设备名称 | 处理状态 |
|---|---|---|---|---|---|
| 309 | 2013-03-28 15:40:41 | 2013-03-28 16:41:16 | 错误 | D20_1 | 未处理 |
| 300 | 2013-03-25 16:15:48 | 2013-03-25 17:16:57 | 错误 | D20_1 | 未处理 |
| 279 | 2013-03-22 15:16:38 | 未知 | 致命 | D20_1 | 未处理 |
| 277 | 2013-03-22 15:16:29 | 2013-03-22 16:18:19 | 错误 | D20_1 | 未处理 |
| 274 | 2013-03-22 15:16:08 | 2013-03-22 15:16:26 | 错误 | D20_1 | 未处理 |

图 5.4－4　远程监控故障管理功能操作界面示意图

（4）拓扑管理及监控：通过网络拓扑的显示，准确反映被管理的节点设备之间的关联和层级关系，监控整体网络和设备框、架、槽、卡、端口等关键部件的运行状态，实时反映被管理资源的告警级别。远程监控拓扑管理功能操作界面示意图，见图 5.4－5。

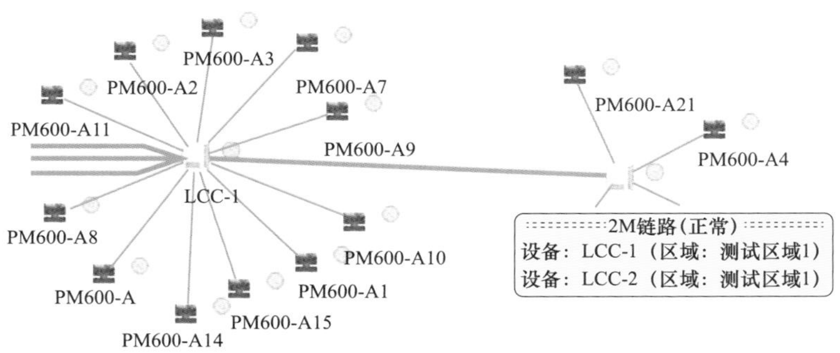


图 5.4－5　远程监控拓扑管理功能操作界面示意图

（5）安全管理：包括所管理的节点设备及系统安全策略的布置与实施，防止无权用户肆意使用监控系统，对部分资源进行准入控制。远程监控安全管理功能操作界面示意图，见图 5.4－6。

## 三、小结

通过配置远程终端管理设备、增配网络管理类板卡，利用电力系统通信传输网络开

组名称: UserCurrency

组描述: 普通用户权限

全选

组权限

| | | | |
|---|---|---|---|
| 首页 | 账户组查看 | 账户组管理 | 账户查看 |
| 账户管理 | 在线账号查看 | 在线账户管理 | 本账户信息 |
| 系统日志查看 | 系统日志管理 | 告警处理查看 | 告警处理管理 |
| 告警映射查看 | 告警映射管理 | 告警统计 | 告警历史查询 |
| 告警通知查看 | 告警通知管理 | 行政区域查看 | 行政区域管理 |
| 拓扑视图查看 | 拓扑视图管理 | 设备资料查看 | 设备资料管理 |
| 链路查看 | 链路管理 | 设备托管查看 | 设备托管管理 |
| 号码资源查看 | 号码资源管理 | 设备升级 | 设备性能查看 |
| 同組监控查看 | 同組配置查看 | 同組配置管理 | 同組历史查询 |

图 5.4－6　远程监控安全管理功能操作界面示意图

设远程监控通道，实现调度交换设备和系统的远程监视、数据配置、运维调试等管理，极大地提高了站点设备运维的便利性、时效性和安全性，进一步保障了电力调度交换系统的安全可靠。

## 第五节　通信机房空间布局及布线

通信机房是变电站放置各类信息通信设备的独立房间，尽管信息通信设备本身智能化程度较高、大量运维服务可实现远程集中实施。但因为信息通信技术快速发展、设备本身更新换代周期较短，高海拔地区交通不便、大多数变电站未设置专业运维中心等一系列客观情况。在进行高海拔地区变电站通信机房设计时，相比低海拔地区变电站的通信机房更有必要提前规划布局、方便运维。

### 一、通信机房建设存在的问题

通信技术发展日新月异，通信设备的全寿命周期较变电站其他设备（如电气一次设备）短很多，更新换代频繁。通信机房是关系到通信设备安全稳定运行的重要场所，不合理的机房将可能引起设备/系统故障或性能下降、屏位预留不足等问题，因此机房建设已引起相关运维单位人员的重视。已建成的或投运时间较长的通信机房目前主要存在着以下几个方面的问题：

（1）物理空间：在变电站通信机房初期建设时，对设备布局预见不足、规划不合理，给今后的设备升级改造及屏柜扩容带来一定难度。

（2）布线规范：许多通信机房由于初期线缆布放不规范（比如活动地板下方强弱电线缆未通道走线），当设备增加到一定程度时，各类设备的线缆纵横交错、标识混乱，给后期运维带来了相当大的困难，同时也存在着一定的事故隐患（鼠患、火灾等）。

高海拔地区变电站通信机房的设计从设备布局、线缆布放两个方面进行深入优化，使通信机房达到美观整洁、运维方便、安全可靠的实用性目的。

## 二、采取的方案及措施

### （一）设备布局优化设计

变电站通信机房设备种类较多，传输设备、电话交换设备、数据通信网设备、配线设备、通信电源、保护稳控通信接口柜、其他辅助设备（如动环监控、同步网）等均安装在通信机房内。为了便于运行维护及屏柜扩展，机房宜结合通信规划，按设备功能分区统一规划、集中布置。设备机柜尺寸除数据通信网设备机柜按600mm（宽）×1000mm（深）×2200mm（高）考虑外，其余设备（含通信、电源及保护通信接口柜等）机柜尺寸统一为600mm（宽）×600mm（深）×2200mm（高）。由于机柜深度不统一，因此按功能分区集中布置时，应考虑列内安装的机柜规格尽量统一，避免设备间距不等，影响美观，浪费机房空间，同时造成防静电活动地板的施工困难。为方便防静电活动地板的铺装，结合运维通道规划要求，宜选取从机房一角开始按 600mm×600mm 的模数定位机柜。通信机房功能分区平面布置示意图见图 5.5－1。

结合线缆最短的原则，通信机房内的设备按功能合理分区：从左至右，第 1 列用途为通信电源及动环设备区域；第 2～3 列用途为传输设备及配线设备区，一/二级通信网部署 1 列，三级网 A/B 网和光配系统部署 1 列，其中光纤配线设备靠近机房电缆出口；第 4 列用途为程控电话交换及业务接入网络设备区；第 5 列用途为备用区；第 6 列用途

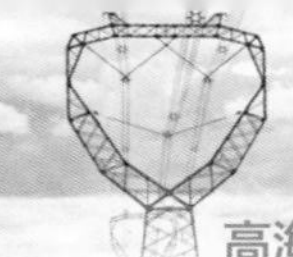



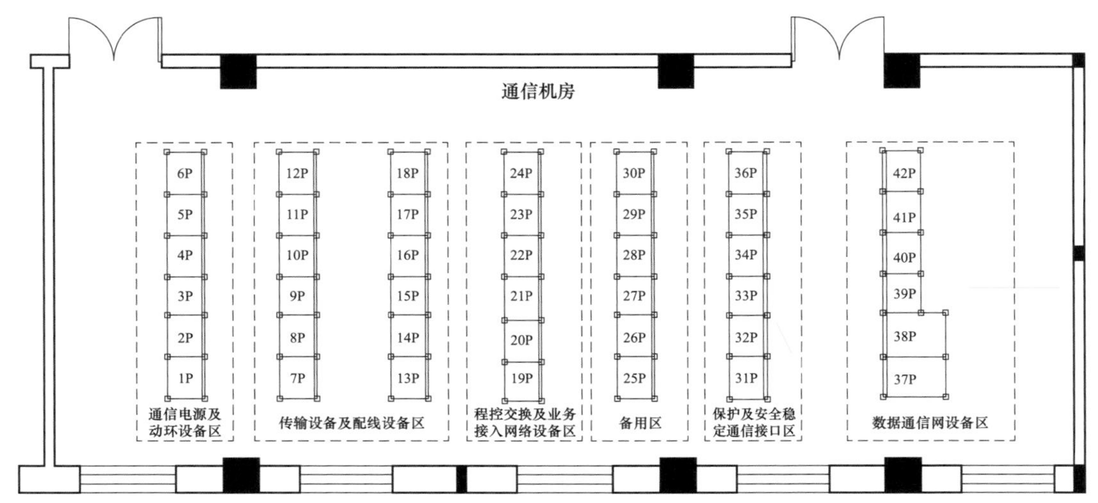


图 5.5－1　通信机房功能分区平面布置示意图

为保护及安全稳定通信接口区；第 7 列用途为数据通信网设备区。

按上述原则部署的通信机房分区较为合理，后期系统功能扩展较强、方便维护管理。

### （二）线缆布放优化设计

当机房内通信设备增加到一定程度时，如果各类设备的线缆不区分布放，将造成后期运行维护困难，同时也存在着一定的事故隐患。为消除事故隐患和方便运维，通信电缆、线缆的布放采用强弱分离、分层分区布放的原则。通信机房活动地板下方设开放式金属电缆桥架，根据缆线数量和密度，采用分层式的桥架（机房电缆桥架的选型，需满足缆线固定绑扎的要求，并统一设计机房预留屏柜的走线桥架）。进出通信机房的强、弱电缆线桥架采用“目”字形设计、分开/分层敷设，出入口不少于 2 处。走线桥架也需与接地网相连。机房每列机柜的进线通道考虑强、弱电分开敷设（如屏柜的正面走弱电，屏的背面走强电）。同时，进入机房和进入屏柜时要用防火材料进行封堵，全站通信线缆防火封堵系统耐火极限大于 2h，且应方便安装，易于后期线缆增加或更换。

图 5.5－2 为高海拔地区某 500kV 变电站的通信机房强弱电桥架平面布置示意图，按照强弱分离、分层布放的原则设计，机房内的桥架采用开放式网格桥架，方便后期电缆变动。

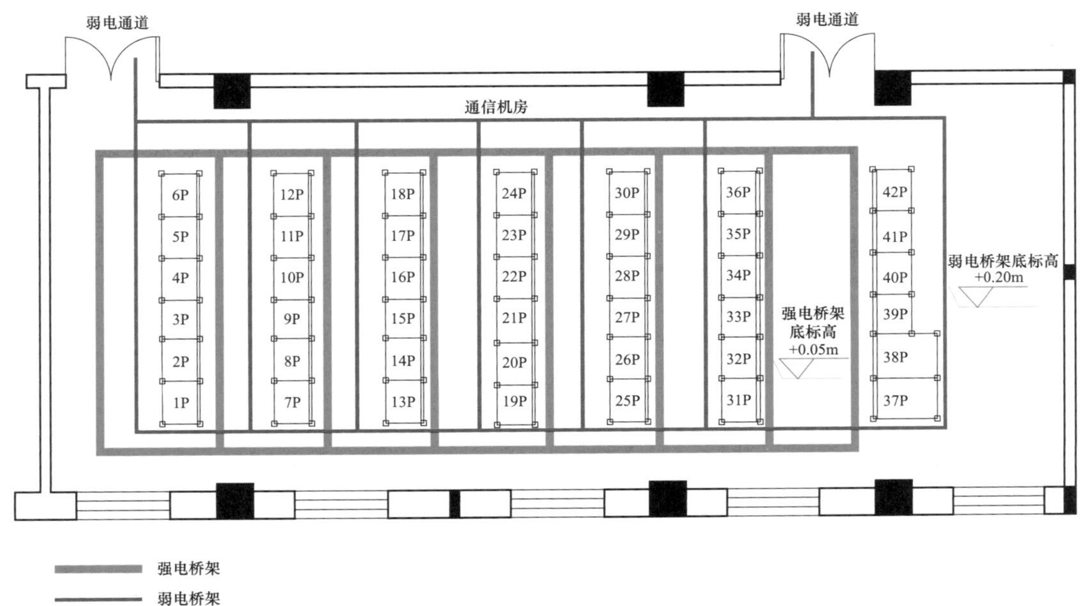


图 5.5－2　通信机房强弱电桥架平面布置示意图

## 三、小结

通信设备安全稳定运行是保证电力系统各类信息稳定传送的基础，而通信机房建设是提供这一基础的必要条件。高海拔地区变电站通信机房的优化设计方案能提高通信机房的有效使用面积、降低建设成本、减少事故隐患和设备故障处理时间。

# 第六节　主控通信楼功能布局

高海拔地区，因电网结构薄弱、气候条件恶劣，地广人稀，交通运输困难，需要一定数量的运维人员长期值守。为保证运维的安全性，为生产、运行创造良好的工作、生活环境，需要对主控通信楼房间的布置进行优化设计。

其次，主控通信楼为变电站最为重要的建筑物，在满足生产、运行要求的前提下，充分体现以人为本的思想原则，按照“两型三新一化”要求，优化平面功能，可提高建筑面积使用率。

主控通信楼由生产设备用房、办公用房、食宿用房三个功能部分组成见图 5.6－1。各部分之间要求紧密联系又要相对独立，需合理有效地解决各部分之间功能分区、动静分区的问题，体现以人为本的设计思想。

图 5.6－1　主控通信楼的功能分区设计

## 一、设计方案及措施

主控通信楼底层警卫室和主入口靠近进站道路入口广场，通信机房、交直流电源间、蓄电池室等主要设备用房布置在东侧，直面全站设备区，可方便电缆走向、节约电缆长度。主控室位于通信机房上部，向设备区开设观察窗，对站区设备有良好的通视条件，方便巡视、观察。值班休息室布置在西侧，相对安静。餐厅及厨房各具有自己单独的出入口，相对于其余功能房间独立布置，并且通过门斗位置与其他功能用房相连。整个平面功能分区明确、布局合理、紧凑，各部分既相互独立，又紧密联系。

高海拔地区各变电站多属于寒冷地区，具有海拔高、昼夜温差大、气温低等特点。主控通信楼中休息室、办公室等有人活动的房间尽可能布置在南向，设备用房尽可能布置在北向，体现以人为本的设计理念。

主控通信楼一层布置有通信机房、蓄电池室、通信蓄电池室、交直流电源室、安全工具间、门厅、厨房、餐厅等，见图 5.6－2；二层布置有主控室、计算机室、会议室、资料室、办公室等，详见图 5.6－3。

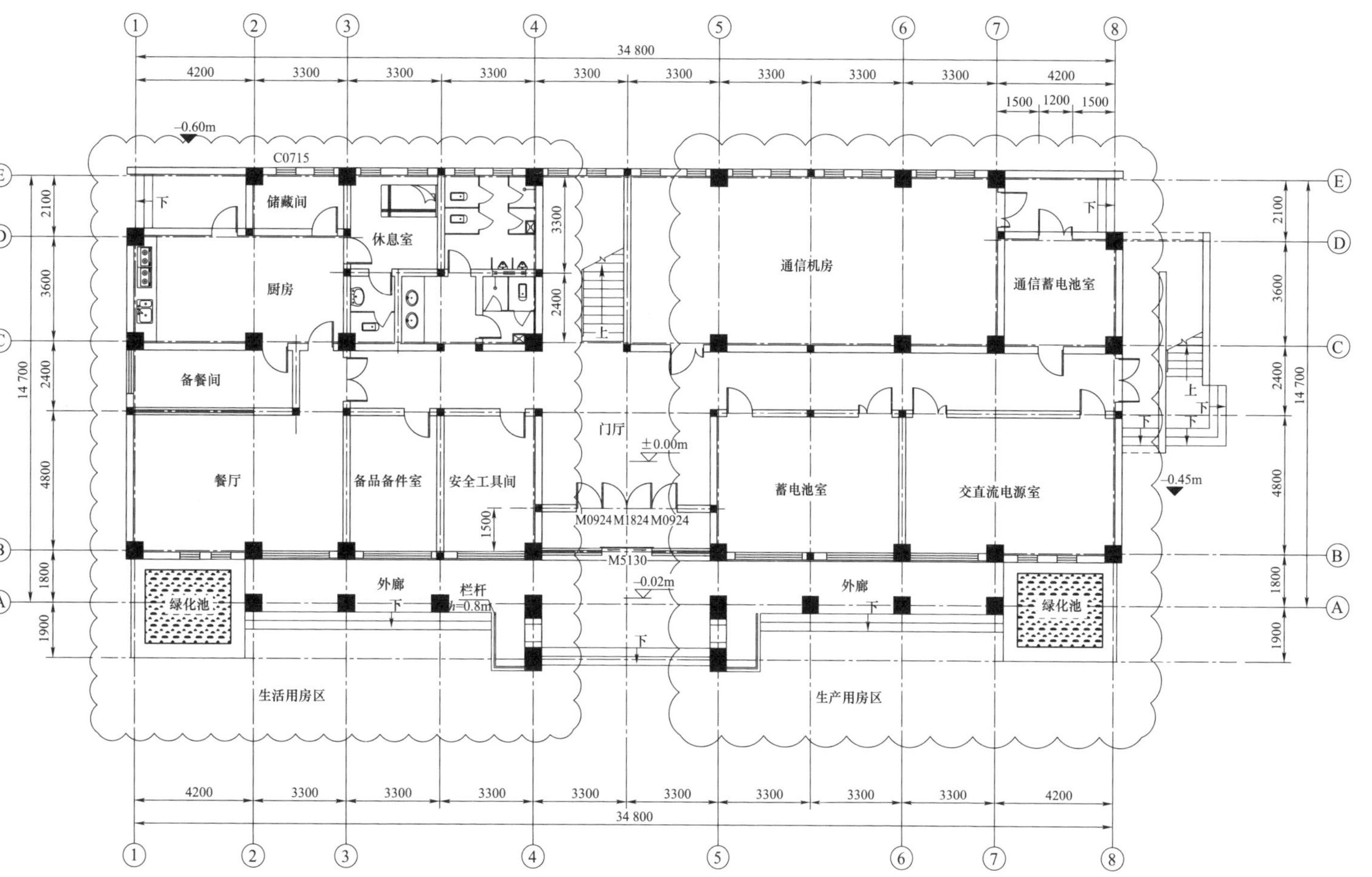


说明：1. 比例为1:100。
2. 本层面积458.7m²，总建筑面积944m²。

图 5.6-2 波密 500kV 变电站主控通信楼一层平面图

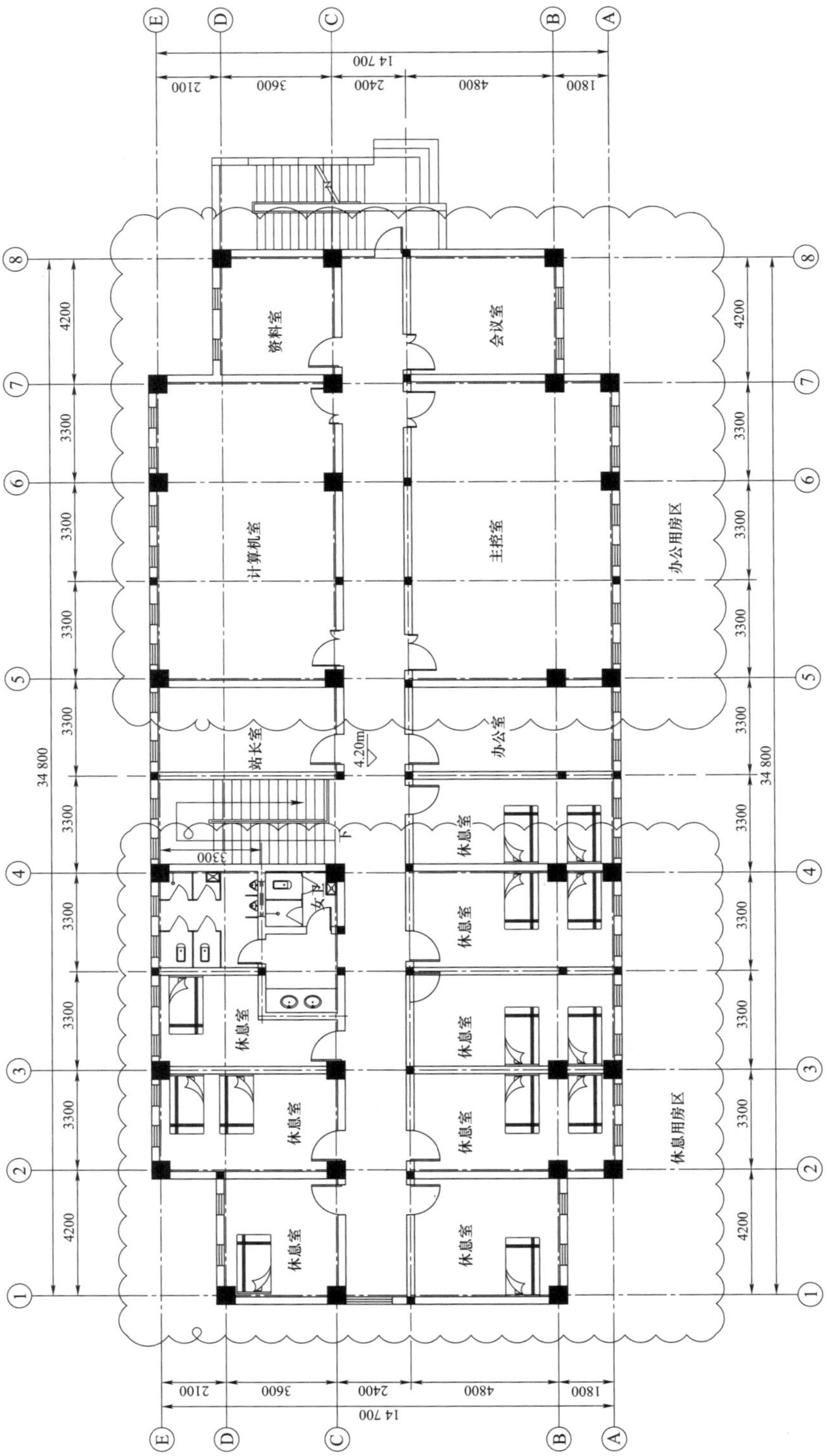

说明：1. 比例为1:100。
2. 本层面积485.3$m^2$，总建筑面积956$m^2$。

图 5.6-3 波密 500kV 变电站主控通信楼二层平面图

## 二、小结

主控通信楼功能分区设计应在满足生产、运行要求的前提下，体现以人为本的思想原则，结合高海拔地区气候环境的特点以及地理位置的特殊性，优化平面功能，为生产、运行创造良好的工作、生活环境。

# 第七节　富 氧 系 统 设 计

医学上把海拔 3000m 以上的地区称为高海拔地区，海拔越高，氧气分压力越低，含氧量越低，缺氧严重影响人们的生命健康和工作效率。建设高海拔地区富氧环境，是确保变电站工作人员适应和应对高海拔地区恶劣自然环境的有效途径之一。

## 一、设置富氧系统的必要性

随着海拔的不断提升，大气中的氧含量和大气压也相应下降，人体的自然反应随之剧烈，造成如心率加快、反应迟缓、情绪急躁、免疫力下降等人体伤害，如出现头痛、腹胀、脱发、呼吸困难、精神不振、睡眠质量不高、记忆力减退等不适症状。

随着科学技术和工业革命的飞速发展，大气中维持人体生命的氧含量呈逐渐下降趋势，加之部分长期生活在高海拔地区人群因缺氧和低气压原因，最终呼吸到血液中的氧含量也出现相对减少，影响人体机能作用的正常发挥，使人整天处于亚健康状态，严重影响高海拔地区人群的生命质量和工作效率。

为保证电网运行维护人员的身心健康，提高工作效率，切实解决藏区高海拔地区特殊地理环境下，因高寒缺氧对人体机能产生不可逆影响，需要在高海拔地区变电站内设置富氧系统，以达到有效预防和缓解高原反应及高原症的目的。

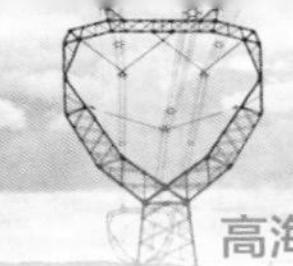



## 二、设计方案及措施

富氧系统的基本原理和思路是：通过建设中心供氧机房向局部空间增氧，提高局部空间环境的氧气浓度，从而营造模拟状态下的低海拔地区自然环境，实现和达到人在高原，享受在平原甚至海平面的氧气环境。因此提出在各变电站内设置一套富氧综合环境系统，保证主控楼及警卫室内人员密集房间的氧气环境，可以显著降低由于就医不便而引起的高原性疾病的发病率，对保障人员身心健康，降低高原缺氧反应，减少高原疾病发生具有重要作用。

目前国内主要的制氧方法有变压吸附法、深冷法、薄膜法、水电解法、化学法，或者采用液氧作为氧源。对于变电站来讲，由于地理位置关系，液氧和深冷法制氧都不合适；水电解和化学法成本太高，而膜制氧由于其氧气浓度低，供给房间的氧气流量大，这样因为气体流动而损失的氧气也随之增大。而且随之而来的问题是进气压力要求至少为 0.6MPa，一般采用 0.8MPa 或 1.0MPa 的空压机，实际能耗变高；当然由于环境富氧所需的氧气量是一定的，因此气体流量要比氧气浓度为 93%的气体大 2.5～3 倍。在氧气输送速率一定时，管路直径必须增大，管路中零件如阀门等尺寸变大，成本提高，并且造成供氧管路复杂，安全性降低，所以膜制氧的方法也不是最佳的。

通过经济性和适用性比较，变电站选用技术成熟、规模灵活、能耗低、氧浓度适中的变压吸附技术制氧是最为适合，可直接制取符合医用标准的氧气。变电站制氧方法推荐采用变压吸附法。

变压吸附工艺流程如图 5.7－1 所示。

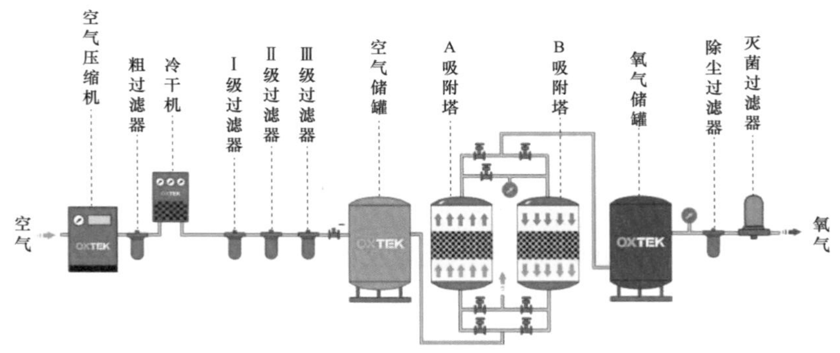


图 5.7－1　变压吸附工艺流程图

富氧系统主要由三大部分组成，制氧系统、管路系统、末端控制系统。制氧系统通过变压吸附制氧方法生成氧气；输氧系统将制取的氧气输送到需要的房间和场所；末端控制系统通过末端设备智能控制出氧口的速率，随时动态检测房间内氧气浓度的变化，防止氧气浓度超过房间界定值。

## 三、小结

高海拔变电站设置富氧系统环境可以改善职工生产、生活条件，避免了恶劣气候条件和缺氧带来的不利影响，及时有效的氧疗可以显著降低由于就医不便而引起的高原性疾病的发病率，对保障人员身心健康、降低高原缺氧反应、减少高原疾病发生具有重要作用。

# 第八节 防坠落装置的应用

青藏高原空气稀薄、含氧量低、环境条件恶劣。为确保变电站运维安全，需对全站构架爬梯开展相应的优化设计。

## 一、登高作业防护的必要性

高海拔地区检修人员登高作业存在一定安全风险，需采取防护及警示设施，避免人员受电击及坠落伤害。

## 二、设计方案及措施

变电站内各电压等级的构架爬梯常用的防护措施有护笼和防坠落装置两种。爬梯护笼由于尺寸较大，可能造成带电距离不够，且不美观。高海拔变电站构架爬梯选择 T 形刚性导轨式防坠落装置，导轨的安装孔间距为 1500mm，导轨与构架联板厚度为 8mm，材质为 Q345。爬梯第一阶设置爬梯门，可防误爬、降低坠落风险，保障人身安全，防坠落装置如图 5.8－1 所示。

图 5.8－1　构架爬梯防坠落装置

## 三、小结

高海拔地区变电站构架爬梯设置防坠落装置和爬梯门，简洁美观，保障人身安全，在藏中电力联网工程，阿里电力联网工程中普遍应用。

# 第六章 抗（减）震防灾设计

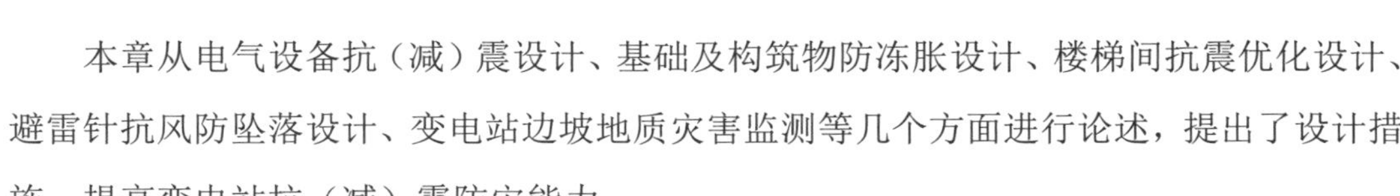

本章从电气设备抗（减）震设计、基础及构筑物防冻胀设计、楼梯间抗震优化设计、避雷针抗风防坠落设计、变电站边坡地质灾害监测等几个方面进行论述，提出了设计措施，提高变电站抗（减）震防灾能力。

# 第一节　电气设备抗（减）震设计

为提高设备抗（减）震能力和水平，本节从电气设备选型、设备安装方式两个方面提出具体方案，以达到“小震不坏，中震可修，大震不倒”的设防要求。

## 一、地震对电气设备的影响

地震可造成电气设备移位、倾斜和倾倒，导致高压电器和高压电瓷产品的瓷件折断或开裂，引起咬合部分松脱、继电保护误动作、通信中断，造成电网事故。地震对电网造成损害见图 6.1－1。

图 6.1－1　地震对电网造成损害

## 二、电气设备抗（减）震设计

### （一）电气设备选型及材料选择

根据 GB 50260—2013《电力设施抗震设计规范》、DL/T 5352—2018《高压配电装置设计规范》等要求，8 度及以上地震区的配电装置，不宜采用高型、半高型及双层屋内配电装置，亦不宜采用支柱式管形母线，宜采用 GIS 配电装置。

在设备外绝缘材料选择方面，常用的有瓷质和复合绝缘两种。瓷质绝缘材料的阻尼比较小，地震作用下的放大效应明显，基本上无延展性。一旦形成裂缝，将迅速扩展并破坏。复合绝缘材料具有阻尼比大、延展性好、质量轻、抗震性能好、防爆性能好、憎水性好、耐污性能优、运输安装方便等诸多方面的优势。在高地震烈度地区，选用具有较高阻尼比的外绝缘材料，可以降低设备对地震作用的动力反应放大系数，可采用复合绝缘材料。考虑到复合绝缘材料在低电压等级设备中应用性价比不高，综合造价、稳定性方面等因素，8 度地震烈度地区的 500、220kV 设备推荐采用复合绝缘套管，见图 6.1－2；110kV 及以下设备推荐采用瓷套管。

图 6.1－2　复合绝缘照片

### （二）设备安装方式

变压器、高压并联电抗器、GIS 宜直接安装在基础平台上，设备底座与基础预埋件焊接固定。在场地允许的情况下，基础平台应尽量加宽，降低设备在地震水平位移时发生倾倒的可能性。在高烈度地震地区，可考虑在底座加装隔震、减震装置，见图 6.1－3。

敞开式断路器、隔离开关、电流互感器、电压互感器、避雷器和支柱绝缘子等，因设备本体细长，阻尼比小，一旦发生共振，动力反应放大系数很大，使作用在设备上的

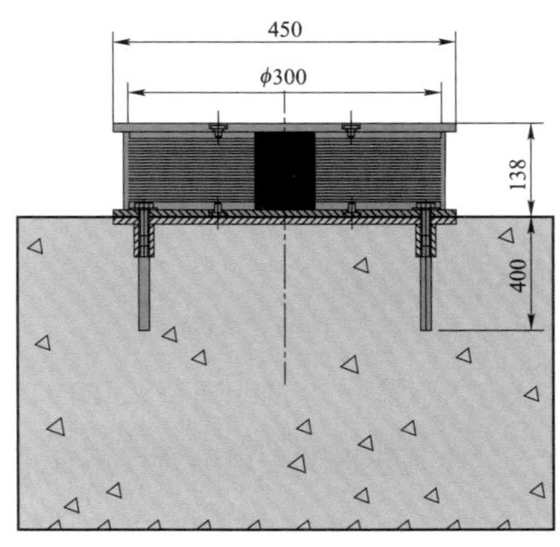


图 6.1－3　变压器减震装置示意图

地震荷载增加。对于此类设备的安装，设备支架可采用格构式，并尽量降低支架高度。设备底座法兰与支架采用螺栓连接，螺栓选用高强度钢材。

### 三、小结

高地震烈度地区的变电站，在设备选型及安装方式上采取一系列抗震、减震的方案及措施，可有效提高设备抗震能力。

## 第二节　基础及构筑物防冻胀设计

青藏高原是我国三大冻土分布区之一。青藏高原季节性冻土具有显著的年内变化特征，季节性变化明显，地表土体存在着冬季冻胀、夏季融陷的现象。土体性质的变化直接影响着上部建筑物的稳定性，引起房屋裂缝、倾斜及变形现象。为确保变电站在冻土环境下安全运行，需开展相应的特殊设计。

### 一、冻土的危害

随着冻土区温度周期性地发生正负变化，冻土层中水分相应地出现相变与迁徙，沉积物受到分选和干扰，冻土层发生变形，产生冻胀、融陷和流变等一系列复杂过程，称为冻融作用。冻融循环使建筑物产生不均匀下沉和开裂，危害较大。

## 二、设计方案及措施

### （一）结构措施

根据 GB 50007—2011《建筑地基基础设计规范》规定，在冻胀、强冻胀、特强冻胀地基上，地下水位以下的基础，可采用桩基础、自锚式基础（冻土层下有扩大板或扩底短桩），也可将独立基础或条形基础做成正梯形的斜面基础。

根据 JGJ 118—2011《冻土地区建筑地基基础设计规范》的规定，对强冻胀性土、特强冻胀性土，基础的埋置深度宜大于设计冻深 0.25m；对不冻胀、弱冻胀和冻胀性地基土，基础埋置深度不宜小于设计冻深；对深季节冻土，基础底面可埋置在设计冻深范围之内，基底允许冻土层最大厚度可按 JGJ 118—2011 附录 C 的规定进行冻胀力作用下基础的稳定性验算，并结合当地经验确定。

西藏地区某 500kV 变电站场地覆盖层为第四系人工成因（Q4ml）耕植土，冲洪积成因（Qal+pl）含黏性土卵石、卵石、含卵石粉质黏土，残积成因（Qel）粉质黏土，下伏基岩为三叠系上统阿堵拉组（T3a）的页岩、石英岩屑砂岩。场地平整后主要出露含黏性土卵石、卵石，地基承载力较高，满足建（构）筑物基础受力要求，因此本站建（构）筑物基础选择浅基础，结合规范要求，确定采用埋置在冻土层下的独立基础或大板基础。变电站建（构）筑物基础最小埋置深度按计算冻深考虑，取 2m。

### （二）地基处理措施

为克服埋置在计算冻深范围内的基础侧壁切向冻胀力、地基梁的法向和切向冻胀力、道路和电缆沟的法向冻胀力，采取架空法和隔离法。

架空法是指将整个建筑物或部分结构架空，在基础底留有足够的冻胀土变形空间，从而回避了基础面上的法向冻胀力作用。具体措施如图 6.2-1 所示。

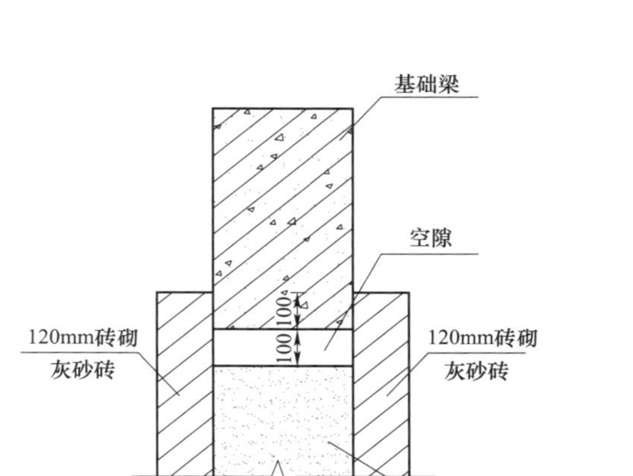

图 6.2－1　梁下部防冻构造详图

隔离法是指在基础与周围土间采用隔离措施，使基础侧表面与土之间不产生冻结作用，进而消除切向冻胀力对基础的作用。常用的隔离法有基础侧表面涂（贴）料和基础侧面、基础底面回填非冻胀性材料两种方法。具体措施如图 6.2－2、图 6.2－3 所示。

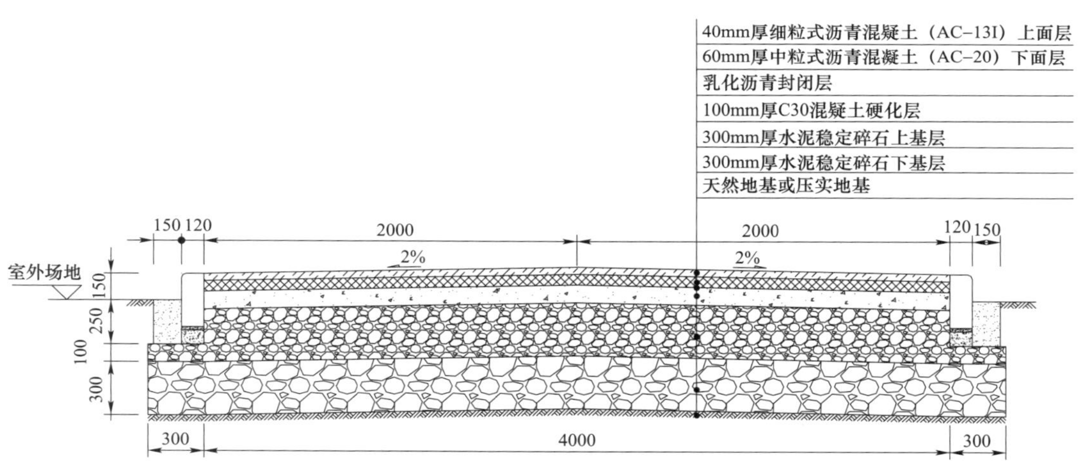

图 6.2－2　站区郊区双坡沥青混凝土道路横断面

## 三、小结

针对季节性冻土环境变电站基础设计提出了一系列的优化设计方案，可有效消除冻胀破坏及融沉引起的地基稳定性问题，避免建（构）筑物不均匀沉降、开裂、倒塌。

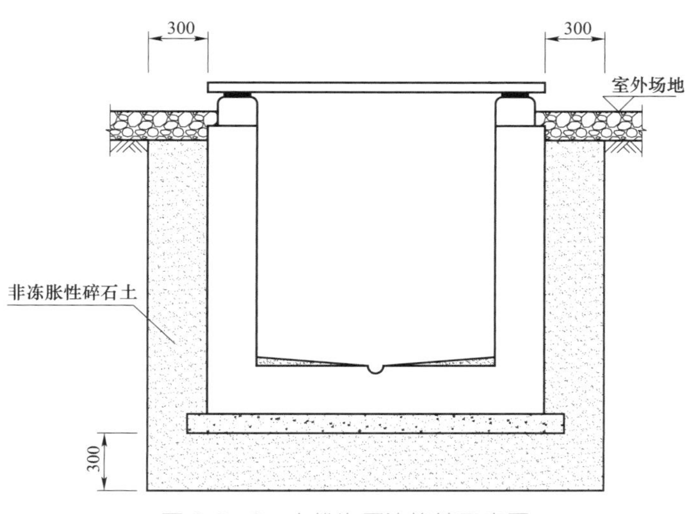


图 6.2－3　电缆沟周边换填示意图

# 第三节　楼梯间抗震优化设计

高地震烈度区，楼梯承担着逃生通道的重要作用，在震害调查中发现，楼梯间的震害较为严重，而且大部分楼梯间是在主体结构破坏前失效，严重影响了楼梯作为逃生通道的重要功能。

## 一、地震作用下楼梯间的不良响应

框架结构系统中，楼梯的存在显著增大了结构局部的抗侧刚度，减小了结构的自振周期。梯板在平行梯板方向的地震作用下会产生非均匀分布的轴向应力，靠近框架平面一侧的正应力水平是另一侧的 2.5～3 倍，梯板呈现偏拉的受力状态；在楼梯平台板正对梯缝的位置产生了显著的应力集中，应力水平大致为梯板应力的 3 倍。在震害调查中，楼梯间的震害较为严重，而且大部分楼梯间是在主体结构破坏之前发生破坏，严重影响了楼梯作为逃生路线的重要功能。

## 二、设计方案及措施

西藏地区某 500kV 变电站主控通信楼采用楼梯间设置滑动支座的方案，楼梯板滑动支座支撑长度 80mm。采用两块钢板组成，一块固定于上部梯段板下端，并与梯段板内钢筋焊接固定；另一块预埋于梯段梁上部。两块钢板之间可涂防锈润滑剂以减少摩擦力。为了进一步改善滑动支座在地震与正常状态下的受力性能，在钢板之间增设橡胶垫片，做成类似橡胶支座的形式。全楼共设置滑动支座 2 个。采用滑动连接的方式消除其对主体结构的附加影响，在计算时可以不考虑楼梯参与整体结构计算。楼梯装饰面层施工时，地坪细石混凝土与楼梯踏步起步起始段必须预留 5cm 空隙，用高分子泡沫填充剂填充，保证楼梯存在自由滑动距离。构造措施如图 6.3－1 所示。

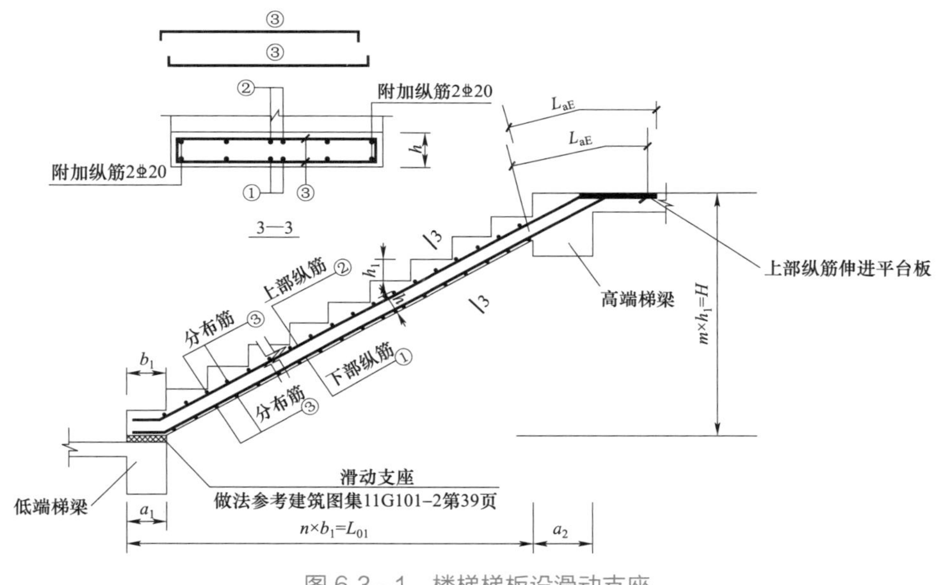


图 6.3－1　楼梯梯板设滑动支座

## 三、小结

结构抗震设计中，带滑动支座楼梯采取了改变构造的措施，减少楼梯构件对主体结构刚度的影响，相对于普通板式楼梯有其不可替代的优越性。在地震发生时可以有效延缓楼梯发生破坏的时间，或减轻楼梯破坏的程度，从而为人员的逃生创造条件并赢得宝贵时间。

## 第四节　避雷针抗风防坠落设计

青藏高原海拔高、昼夜温差大、极端温度低、风力强度和频次高，为确保变电站避雷针在强风低温环境下的安全运行，需开展相应的特殊设计。

### 一、强风对避雷针结构的影响

变截面拔梢单钢管避雷针的长细比较大，刚度较小，容易在强风条件下发生大幅风致顺风向振动。由于避雷针的截面为圆形，在低风速下易发生横风向的涡激振动。两种风致振动在避雷针下部产生交变的往复应力，造成避雷针的构件连接处焊缝周边管材或螺栓的高周疲劳破坏。在寒冷地区，钢材由韧性状态变为脆性状态，容易使避雷针出现低温脆断。

### 二、设计方案及措施

独立避雷针采用格构式，从结构型式上避免或降低避雷针风致振动。结构型式如图 6.4－1 所示。避雷针钢管分段接长采用带加劲板的刚性法兰。法兰连接采用双螺帽双垫片防止螺栓松动。

构架避雷针采用圆管形，在满足直击雷计算保护的前提下，应尽可能降低避雷针高度，并严格控制针身的长细比。结构型式如图 6.4－2 所示。

低温地区避雷针及法兰盘、加劲板等材质采用抗冲击韧性较高和抗疲劳性能较好的 C 级钢，甚至 D、E 级钢。

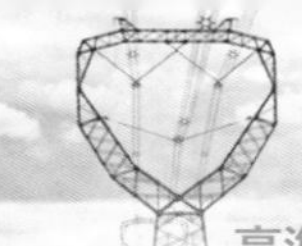

图 6.4－1　独立避雷针

图 6.4－2　构架避雷针

## 三、小结

对强风低温环境下变截面拔梢单钢管避雷针设计提出优化措施，可明显降低避雷针所受的风激振动效应，保证避雷针安全运行。

# 第五节　变电站边坡地质灾害监测

高海拔地区、地质结构复杂，边坡坡度较大的变电站，在极端暴雨等恶劣天气情况下，容易引发山洪、滑坡及泥石流等地质灾害。因此，有必要对边坡进行安全监测。某高海拔变电站边坡见图 6.5－1。

图 6.5－1　某高海拔变电站边坡

## 一、滑坡监测的主要目的及存在的主要问题

滑坡安全监测目的主要是了解和掌握滑坡体的演变过程，及时捕捉崩滑灾害的特征信息，为崩塌滑坡的正确分析、评价、预测、预报及治理等提供可靠资料和科学依据。同时，监测结果也是检验滑坡分析评价及滑坡防治工程效果的尺度。因此，监测既是滑坡调查、研究和防治工程的重要组成部分，又是崩塌滑坡灾害预测预报信息获取的一种有效手段。

滑坡监测的方法包括地质宏观形迹监测、地面位移监测、深部位移监测、诱发因素监测（含地表水、气象、人类活动等）、地下水动态监测和地球物理场监测等。而在滑坡现场的实地观测中，其监测方法可以分为简易观测法、设站观测法、仪表观测法和远程观测法等。

目前滑坡监测的方法和仪器普遍存在的问题是数据的采集需要人工定期到现场进行；使滑坡监测缺乏实时性。另外，很多不稳定滑坡处于边远地区，人员很难到达。尤其是在滑坡的临发阶段，人员到现场监测可能存在危险。相比之下，迫切需要一种新技术，能够很方便获取滑坡监测各种数据，进行远程监测。

随着空间技术和网络技术的飞速发展，各种先进的自动监测系统相继问世，在实验室就能自动获取各种滑坡工程的监测点的观测数据，能够实时对滑坡的状态进行分析，并对滑坡的移动进行预测。其优点是自动化程度高，可全天候连续观测，人员安全；但仪器昂贵，有些技术还不成熟，制造成本和维修费用高。

## 二、滑坡监测自动化实施方案

对于高海拔地区变电站，可采用滑坡体表面变形监测方案，接入自动化的测点类型为表面位移测点。

表面位移监测自动化实施方案采用测量机器人进行自动化监测，通过通信光缆将监测数据实时发送至监测管理站，并由监测管理站对数据进行处理。管理人员可以在管理站对监测内容、监测频次等进行定制，实时查看滑坡位移监测成果，掌握滑坡体变形位移状态，对其安全稳定性进行评价，并实现异常状态位移的预警。

表面位移监测自动化监测系统主要由测量系统（测站、后视点、监测点及观测房等附属设施）、供电系统、组网及通信系统、相关软件及远程控制系统组成。

监测系统网络采用以太网的星形结构，所有基准站、监测点均采用通信光缆的有线通信方式，供电通过有线方式为监测管理站向各测站集中供电。

变电站地处高海拔地区，自然环境恶劣，应选用具有高精度、高可靠性自动照准的测量机器人。测量机器人采用通信光缆的有线通信方式，将终端测量机器人测读的相关数据传回监测管理站内的工控机。测量机器人自动化网络监测系统网络如图 6.5－2 所示。

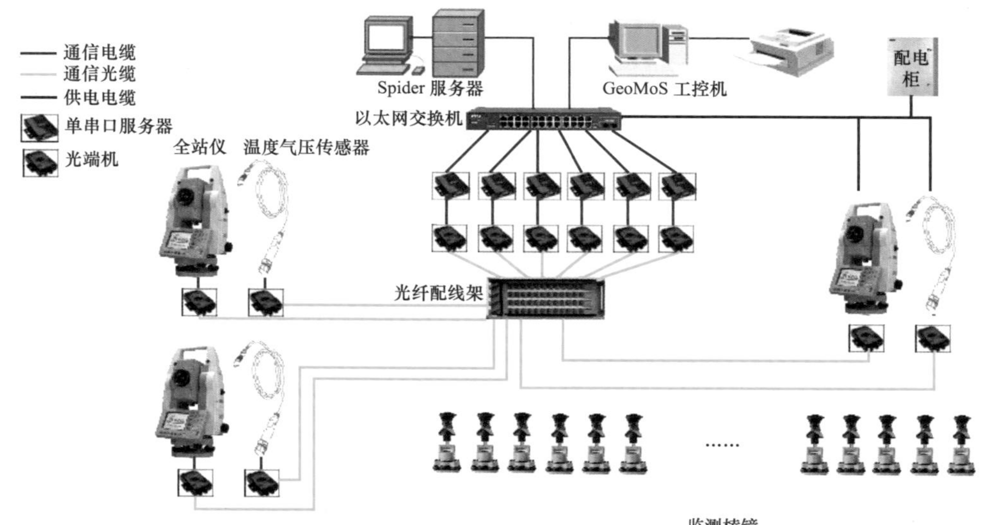


图 6.5－2　测量机器人自动化监测系统网络结构图

系统采用通信光缆的有线通信方式，将终端测量机器人测读的相关数据传回监测管理站内的工控机，供电通过有线方式为监测管理站向测量机器人观测房集中供电。供电通信网络图如图 6.5－3 所示。

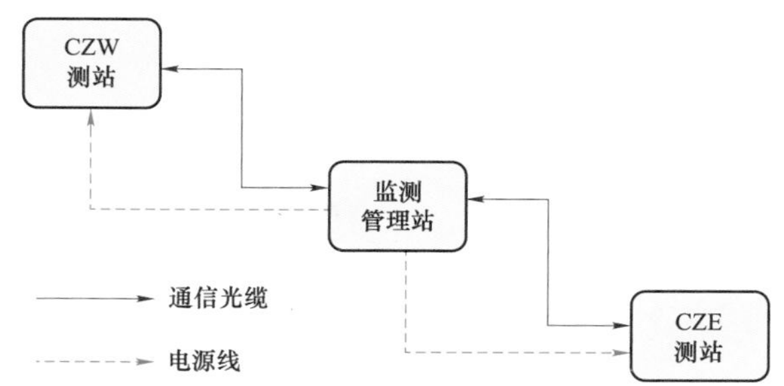


图 6.5－3　表面变形监测自动化通信、供电系统网络图

由于测量机器人监测系统处于室外，需要设置防雷设备，主要包括防直接雷和感应雷两个方面。

## 三、小结

对于高海拔，高地震烈度地区，滑坡安全自动监测自动化程度高，保障运行人员安全，可全天候连续观测，掌握滑坡体变形位移状态。对其安全稳定性进行评价，并实现异常状态位移的预警，是高海拔变电站滑坡调查、研究和防治工程的重要组成部分，也是崩塌滑坡灾害预测预报信息获取的预防手段。

# 第二篇

# 线路工程篇

# 第七章

# 线路工程概述

为坚决贯彻中央西藏工作会议精神，落实国家西部大开发战略，建设西藏坚强智能电网，改变西藏自治区自新中国成立以来的电网薄弱局面，促进藏区经济社会发展，改善民生，凝聚人心，巩固国防和加强军队现代化建设，国家电网有限公司持续加强西藏地区电网建设，经过十余年的努力建成了青藏电力联网工程、川藏电力联网工程、藏中电力联网工程。三大工程的建成投运，将有效促进西藏水、风、光清洁能源开发外送，保障西藏铁路可靠供电，加快西藏小城镇电网升级改造，提高西藏各族群众生活质量，维护西藏社会稳定大局和国家安全，增进民族团结，推动西藏经济社会发展，对实现西藏资源优势向经济优势转化具有重要意义。

## 一、高海拔超高压电力联网线路工程特点难点

### （一）输电线路长、海拔跨度大

三大电力联网工程总长约 3986km，其中交流线路 2948km，直流线路 1038km，工程在西藏自治区境内途径拉萨市、那曲市、昌都市、林芝市、山南市等区域。青藏电力联网工程最高海拔 5280m，川藏电力联网工程最高海拔 4927m，藏中电力联网工程最高海拔 5295m，三大电力联网工程海拔 2200～5300m，海拔跨度达到 3100m。

### （二）生态环境脆弱

西藏中东部地区，山陡沟深、海拔高、低温严寒、气候干燥且复杂多变。海拔 3500m 以上区域动植物生长期短，生物数量少，食物链简单，生态系统中物质循环和能量的转换过程缓慢。一旦破坏数十年难以恢复原状，这对做好工程环境保护与水土保持设计提出了更高要求。

### （三）地形地质复杂

穿越横断山脉核心地带和青藏高原腹地，是世界自然条件最复杂的电网工程，也是世界海拔跨度最大的电网工程。沿线多为高山峻岭和无人区，山势陡峭、沟壑纵横，地形起伏剧烈；地震、冲沟、泥石流、滑坡、危岩和崩塌等不良地质叠加发育，地质

条件复杂。

### （四）气候环境严酷

高海拔地区具有低气压、低含氧量、日照时间长、太阳辐射强度大的气候特点。在此条件下，人的反应变慢，容易发生事故，工作效率低；挂线金具、金属焊接点脆性增加、强度降低，容易发生脆断。

### （五）气象资料匮乏

设计风速和设计覆冰厚度对输电线路的杆塔型式、杆塔荷载及技术经济指标等都有着很大的影响。输电线路沿线地形复杂，地貌多样，高原大风速、强雷暴频发，但沿线气象台站稀疏，经过的较大区段存在气象资料盲区；已建通信线、电力线也较少，可供参考的运行资料极为有限。

### （六）交通运输困难

西藏中东部横断山脉和念青唐古拉山区山高沟深，线路与公路水平距离约 1km 左右，公路和塔位最大高差达 1000m，公路两侧时常有岩石滚落，严重时发生滑坡和塌方阻断交通，业拉山和怒江峡谷段无人区线路段附近没有道路。沿线可利用公路较少，其中 G318 国道为川藏公路主通道，公路起伏大，弯道多，路面狭窄，车流量大。

### （七）运维艰难

输电线路长、海拔跨度大，沿线山势陡峭、沟壑纵横，地形起伏剧烈，高原天气变幻无常，工程区域内人烟稀少，对后期运维提出了挑战。为了降低运维难度，需要适当提高线路设计安全裕度，提升线路免维护或少维护能力。

### （八）高海拔问题严峻

高海拔地区由于空气稀薄，空气绝缘性能降低，需要对设备的外绝缘进行修正。高海拔线路塔位最高海拔接近 5300m，选择合适的线路外绝缘水平，是线路设计过程中的主要难点。海拔 4000m 以上地区电磁环境相关参数的修正、导线金具串均压和屏蔽方案等方面的设计也面临着巨大挑战。

### （九）建设难度最具挑战性

三大电力联网工程沿线平均海拔4100m，空气含氧量不足平原的60%，人工和机械降效严重。以藏中电力联网工程为例，工程区内高山大岭、峻岭地形占60%以上，山高谷深，地形陡峭，铁塔所在位置离公路最大高差达1000m以上，工程的建设管理、勘察设计、物资运输、施工建设、运维都面临着前所未有的挑战。

## 二、本篇内容简介

针对高海拔超高压电力联网工程的特点、难点，为最大限度地满足建设及后续运维要求，工程在建设阶段，开展了一系列设计优化，取得了丰富的成果，填补了高海拔地区线路设计的空白。本书从线路环境友好性、高海拔绝缘、防雷和金具、复杂地形线路优化设计、提高施工运维便捷性、优化勘察设计措施六个方面，对高海拔超高压输电线路的设计优化进行了提炼和总结。

第八章线路环境友好性。从景区、文化圣地、城镇旅游景观、自然公园、自然保护等区段的路径优化进行论述，介绍在线路投资增加不大的情况下，通过多方案对比，优化调整路径方案，尽量减少输电线路建设对藏区人文和生态环境的影响。从导线电磁环境、集中林区高跨塔、弃土处理等方面优化设计方案，确保线路电磁环境满足规程规范要求，减少林区砍伐，减少弃土弃渣对当地环境的影响。针对施工过程，提出了高海拔特有植被的保护措施和恢复措施。

第九章高海拔绝缘、防雷和金具。首次在高海拔超高压线路安装并联间隙以降低绝缘子雷击损坏率，首次在高海拔超高压线路安装线路避雷器以降低雷击跳闸率；差异化绝缘配置增加绝缘裕度；解决了高土壤电阻率塔位接地设计难题；在地形狭窄塔位采用易于敷设的石墨柔性接地系统；采用可伸缩式防鸟针板降低鸟粪闪络概率，推广采用鼠笼式硬跳线、耐低温、耐磨金具、预绞丝护线条、防滑性防震锤、双板防松型引流板等金具，增强线路运行安全性和可靠性。

第十章复杂地形线路优化设计。提出了岩石碎屑坡的选线原则；大档距采用阻尼联合防振措施；创新设计出下字形铁塔解决极陡峭山坡立塔问题；塔腿极差较大塔位采用整体钢架和独立斜式钢桁架；从基础选型、基础材料及塔基防护等方面，提出高原地区基础差异化设计措施及建议，降低恶劣环境施工安全风险；通过对大高差地形的线路采取差异化设计手段，降低工程实施难度，保障工程本质安全。

第十一章提高施工运维便捷性。对运维困难塔位金具、绝缘子、铁塔采用差异化设计，提高线路运行可靠性；优化应用 Q420 大规格角钢，针对施工运维困难的杆塔采取特殊化设计、优化设计及加强设计，减小施工周期及施工风险，降低输电线路跳闸事故率，提高施工运维便捷性；安装必要的在线监测设备，提高线路故障信息反馈的准确性和快速性，在此基础上构建高海拔地区灾害监测预警平台。

第十二章优化勘察设计措施。在高海拔线路勘察设计中应用背包钻机，提高钻探效率；在藏区首次大规模使用遥感技术，提高工作效率；针对高差较大的塔位，采取专业攀岩手段辅助勘察作业；基于海拉瓦技术，总结施工索道布置原则；基于运维管理的需要，介绍线路设计的三维电子化移交。

# 第八章
# 线路环境友好性

高海拔地区地域辽阔，山川壮观，旅游资源丰富，以位于西藏中东部的藏中电力联网工程为例，其工程沿线分布有多个自然景区、文化圣地、城镇旅游景观、自然公园和自然保护区。为了保护高海拔自然人文景观和生态环境，线路通过路径优化避让景区和保护区，减少高压输电线路对自然环境的影响。

高海拔地区生态环境极其脆弱，地形条件恶劣，高寒草甸、山地灌丛扰动后造成的损伤将难以恢复原状，无形的损害更是难以估量。习近平同志在中央第六次西藏工作座谈会上指出“要坚持生态保护第一，采取综合措施，加大对青藏高原空气污染源、土地荒漠化的控制和治理，加大草原、湿地、天然林保护力度”，线路环境友好性设计就是从源头落实习近平同志讲话精神的具体举措。目的是确保高原生态得到有效保护，江河水质不受污染，野生动物繁衍生息不受影响，线路两侧自然人文景观不被破坏，努力将高海拔超高压电力联网工程建成具有高原特色的生态保护典范工程。

## 第一节　景区段路径优化

藏中电力联网工程沿线分布有美玉草原、来古冰川、米堆冰川、古乡湖等自然景区。为了保护高海拔自然景观，线路通过路径优化对景观进行避让。

被誉为中国最美冰川的米堆冰川（见图 8.1－1），位于波密县玉普乡米堆村，距波

图 8.1－1　米堆冰川风景区

密县城 90 多千米，距 318 国道南侧约 8 千米，入口位于 318 国道南侧。米堆冰川是西藏最重要的海洋性冰川，也是我国境内海拔最低的冰川。

## 一、米堆冰川景观保护

从地形上来看，318 国道南侧地形相对平缓，318 国道北侧地形陡峭。若线路选择 318 国道南侧的比选路径走线，施工运维难度小、投资省，但是线路建成后严重影响米堆冰川的自然风光，影响游客的观景体验。

选择 318 国道北侧的路径走线虽然给工程的施工与运维带来困难，但是考虑到米堆冰川的整体自然风貌，该方案最终被确定为施工图路径方案。

## 二、设计方案及措施

在工程建设过程中，为了保护好冰川景区的景观，不影响景区发展，线路选择山势较为陡峭的 318 国道北侧走线，相邻杆塔高差极大，这给施工建设及运行维护带来了很多困难。为提高米堆冰川段线路的安全性和可靠性，达到免维护水平，采取差异化设计，有效解决了米堆冰川段线路后期运维困难问题。比选路径、施工图路径方案比较见表 8.1－1 和图 8.1－2。

表 8.1－1　　米堆冰川段比选路径、施工图路径方案比较

| 路径方案 | 比选路径 | 施工图路径 |
|---|---|---|
| 单、双回路 | 双回路 | 双回路 |
| 长度（km） | 6.62 | 6.24 |
| 铁塔数量（基） | 15 | 14 |
| 塔材质量（t） | 2065 | 1940 |
| 对景观的影响 | 从米堆冰川景区经过影响景区风貌，不利于当地旅游资源开发 | 从 318 国道北侧经过，不影响当地旅游资源开发 |

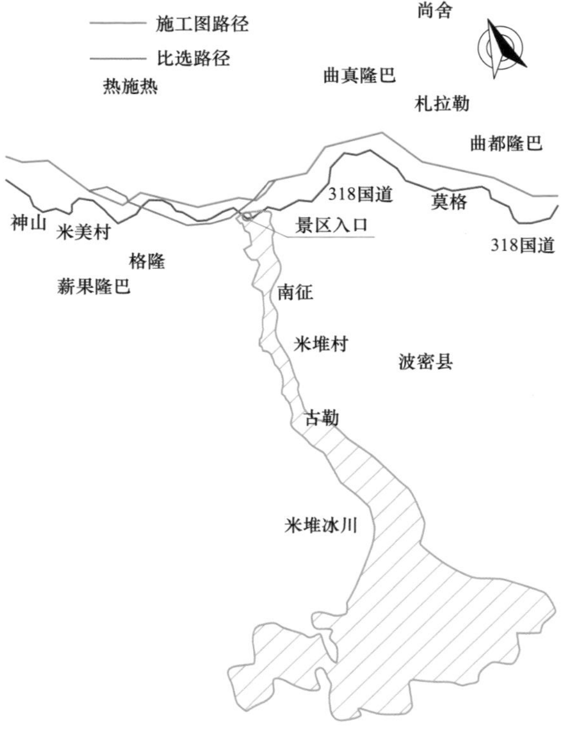


图 8.1–2　波密县米堆冰川景区段路径示意图

## 三、小结

在米堆冰川段选线，要考虑施工、运维、工程投资等因素，更应考虑保护景区的景观整体风貌和游客的观景体验。该段线路路径优化后，避让了米堆冰川景区，最大程度地减少了对景区的影响，保护了米堆冰川自然景观。

# 第二节　文化圣地段路径优化

藏中电力联网工程沿线分布有多拉神山、多东寺、嘎朗王宫遗址、苯日神山、元宝山、桑东巴日神山和盔甲神山等文化圣地。为了保护藏区特有文化，线路通过路径优化进行避让。

松宗镇位于波密县以东 41 千米处、318 国道旁，紧邻松宗镇东北方向分别为桑东巴日神山和盔甲神山，两座雪山犹如一对亲兄弟比肩坐落。桑东巴日神山是苯波教派的圣地，有释迦牟尼和嘎举教派创始人美拉热巴的化石像，被称为世界著名十三大圣地之一，其主峰海拔 5028m。盔甲神山原名阿里措日，其接近山顶部分全由石板岩层构成，经线长而分明。经风化形成很长的台阶层，远远望去，呈现出与布达拉宫一样的城堡图案，也像古代兵勇所披盔甲上的花纹。盔甲神山见图 8.2－1。

图 8.2－1　盔甲神山

## 一、松宗镇神山保护

松宗镇段比选路径方案在松宗镇北侧走线，线路北侧有桑东巴日神山和盔甲神山。桑东巴日神山和盔甲神山为藏传佛教神山，每年当地藏民有转山的习俗。同时盔甲神山也是当地著名的摄影取景点。由于比选路径线路从当达村东侧向东北走线，沿桑东巴日神山和盔甲神山的南坡走线，经多格村向西至格尼村。一般观景和摄影方向为从南往北，若按照比选方案，线路对两座神山的自然风貌必然造成影响，降低游客的观景体验。

## 二、设计方案及措施

为尊重当地的宗教信仰，同时为减小线路对神山自然风貌造成的影响，兼顾远期建设的规划布局，综合考虑线路长度、铁塔数量、地形、交通等因素，在施工图设计阶段，将线路调整至G318国道南侧区域，合理避让了桑东巴日神山和盔甲神山。比选路径、施工图路径方案比较见表8.2-1。

表8.2-1　松宗镇段比选路径、施工图路径方案比较

| 路径方案 | 比选路径 | 施工图路径 |
|---|---|---|
| 单、双回路 | 两个单回路 | 两个单回路 |
| 长度（km） | 12.6+12.6 | 9.4+9.4 |
| 铁塔数量（基） | 53 | 42 |
| 塔材质量（t） | 5582.1 | 4423.5 |
| 对文化圣地的影响 | 从神山南坡经过，不利于当地宗教文化活动 | 从318国道南侧经过，不影响当地宗教文化活动 |

松宗镇段路径示意图见图8.2-2。

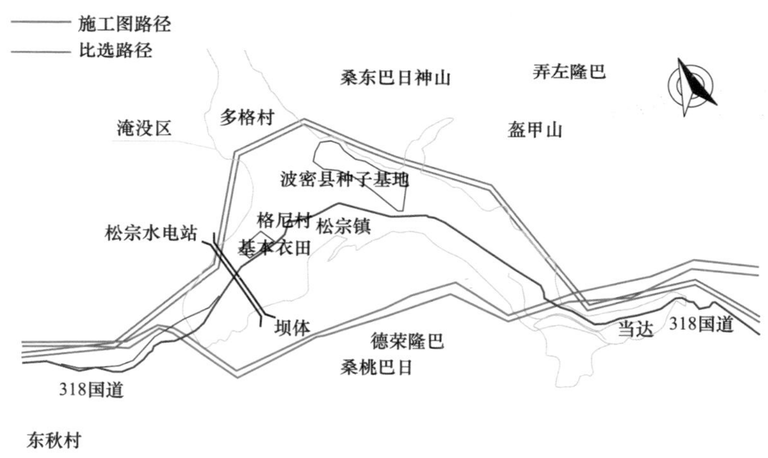


图8.2-2　松宗镇段路径示意图

## 三、小结

线路避让了桑东巴日神山和盔甲神山，最大程度地减少了对桑东巴日神山和盔甲神山自然景观的影响，有效保护了当地居民的宗教信仰，体现了良好的社会效益。

# 第三节　城镇旅游景观段路径优化

藏中电力联网工程沿线分布有左贡县城、波密县城、米林县城、然乌湖小镇、鲁朗小镇等城镇旅游景观。为了保护藏区特有城镇旅游景观，线路通过路径优化进行避让。

藏中联网工程波密—林芝 500kV 线路经过林芝市波密县城段。波密是中国冰川之乡，在县城南北两侧拥有丰富的冰川旅游资源，包括著名的贡格冰川、坡格冰川等。此外，县城南侧有从波密通往墨脱的唯一公路——扎墨公路（也是一条著名的旅游公路）以及波密三大寺庙之一的多东寺，旅游资源丰富。因此，波密县城南侧为波密县政府的重点保护及开发方向，而波密县城北侧虽然也有雪山，但是资源基本无法开发。

波密县城南侧雪山见图 8.3－1。

图 8.3－1　波密县城南侧雪山

## 一、波密县城南侧景观保护

波密县城段的线路从波密县城南侧走线，对“318 国道最美景观段”的冰川景观存在较大影响。

（1）波密县城南侧人口密集，交通便利，旅游资源丰富、商业发达，为波密县政府重点开发区域。线路在南侧走线不利于将来县城及附近镇、村的旅游事业发展。

（2）被誉为"中国人的景观大道"的318国道从波密县城北侧经过。对于旅游人员而言，国道北侧景观受高大山体的遮挡影响较大，南侧景观则视野相对开阔。线路若从波密县城南侧走线则对波密县的旅游资源影响较大。

## 二、设计方案及措施

为保护当地旅游资源，施工图设计阶段对经过波密县城段的路径进行了多方案比较，见表8.3-1、图8.3-2。可见，线路改从县城北侧走线后，增加了线路长度和铁塔数量，但是对当地冰川雪山的景观影响较小，有利于当地旅游资源开发，线路改由从县城北侧走线。

表8.3-1　波密县城段比选路径、施工图路径方案比较

| 路径方案 | 比选路径 | 施工图路径 |
|---|---|---|
| 单、双回路 | 双回路 | 双回路 |
| 长度（km） | 12.968 | 13.505（+0.537） |
| 铁塔数量（基） | 22 | 24（+2） |
| 塔材质量（t） | 3861.8 | 4220.7（+358.9） |
| 对景观的影响 | 从波密县城南侧经过，不利于当地旅游资源开发 | 从波密县城北侧经过，不影响当地旅游资源开发 |

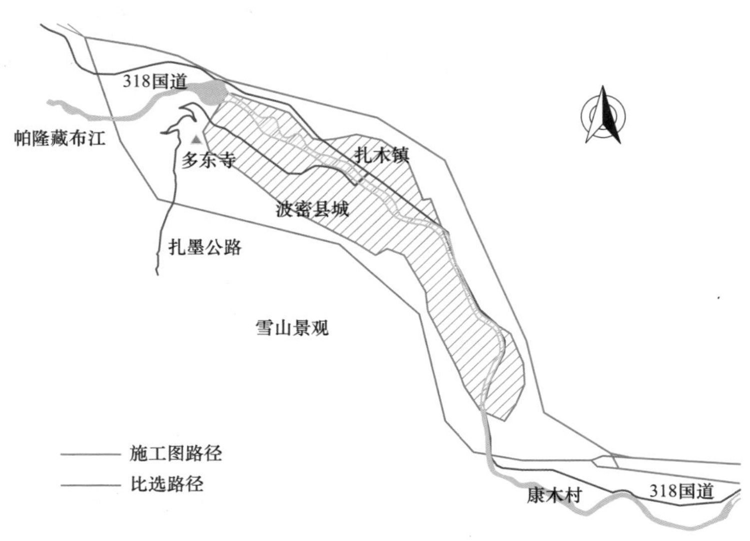


图8.3-2　波密段路径示意图

## 三、小结

线路从波密县城北侧走线，合理规避了对县城南侧规划、旅游资源开发及冰川景观的影响，具有良好的经济效益和社会效益。

# 第四节　自然公园段景观设计优化

藏中电力联网工程沿线分布有嘎朗国家湿地公园、易贡国家地质公园、色季拉山国家级森林公园、雅尼国家级湿地公园、然乌湖国家森林公园和然乌湖来古冰川国家公园等自然公园。为了保护高海拔地区自然公园，线路通过路径优化进行避让。

嘎朗国家湿地公园是全国首批 62 家国家级试点湿地公园之一，见图 8.4－1。位于西藏自治区林芝地区波密县境内，彼得藏布与帕隆藏布两江交汇处，嘎朗村附近。距离波密县城 18 千米，总面积 4480hm$^2$。嘎朗国家湿地公园毗邻桃花沟，内有嘎朗湖、嘎

图 8.4－1　嘎朗国家湿地公园

朗王宫等景观，是波密重要的旅游景点之一。公园功能定位是以湿地文化为主要景观特色，以秀丽壮美的高山森林景观为背景，以地域历史文化内涵和民俗风情为依托，以潮沟、潮间带滩涂、沼泽地为灵魂，集湿地恢复、游览观赏、科普宣教、探秘古老历史遗迹为一体的原生态休闲旅游湿地观光园。

## 一、嘎朗国家湿地公园景观保护

比选路径与嘎朗国家湿地公园相对位置关系如图 8.4-2 所示。比选线路虽不穿越湿地公园，但与该湿地公园距离较近，对主景区景观有一定的影响。由于嘎朗国家湿地公园地势较低，若线路沿山体走线距离湿地公园较近，则游客在拍照、取景时将不可避免地把超高压输电铁塔纳入视线或镜头，从而降低游客的旅游体验。

## 二、设计方案及措施

在工程建设过程中，为保护嘎朗国家湿地公园的优美环境，同时兼顾施工与运维的便捷性，经各方充分协商，本段线路在技术条件允许的情况下尽量向景区外侧偏移，尽最大努力减少对主景观的影响。

比选路径及施工图路径的详细对比见表 8.4-1、图 8.4-2。可见，线路往北偏移后，增加了线路长度和铁塔数量，但是对湿地公园的景观影响较小，有利于当地自然景观保护和旅游资源开发。

表 8.4-1　　嘎朗国家湿地公园段比选路径、施工图路径方案比较

| 路径方案 | 比选路径 | 施工图路径 |
|---|---|---|
| 单、双回路 | 两个单回路 | 两个单回路 |
| 长度（km） | 10.993+10.993 | 11.209+11.229 |
| 铁塔数量（基） | 40 | 41（+1） |
| 塔材质量（t） | 4212.9 | 4325.3（+105.3） |
| 对自然公园的影响 | 不利于当地自然景观保护和旅游资源开发 | 对当地自然景观保护和旅游资源开发影响较小 |

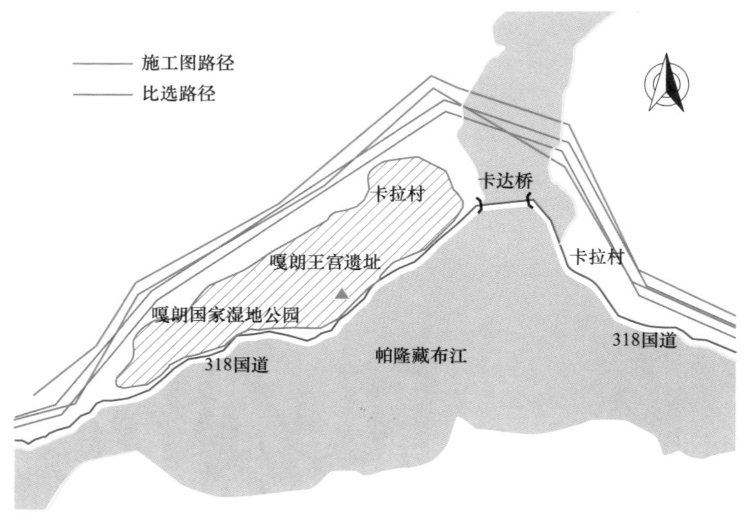


图 8.4－2　嘎朗国家湿地公园段路径示意图

## 三、小结

线路避让嘎朗国家湿地公园后，最大程度减少了对嘎朗国家湿地公园景区主景观的影响，保护了嘎朗国家湿地公园自然景观。

# 第五节　自然保护区段线路路径优化

藏中电力联网工程沿线分布有滇金丝猴国家级自然保护区、雅鲁藏布大峡谷国家级自然保护区、然乌湖湿地自然保护区、工布省级自然保护区、莫科—兵达自然保护区等。为了减少线路建设对保护区的影响，通过路径优化进行避让。

藏中电力联网工程在林芝市米林县境内穿越了工布自然保护区的实验区。工布自然保护区成立于 2003 年，是经西藏自治区人民政府批准的自治区级自然保护区。2011 年对保护区范围和功能区进行了调整，调整后总面积为 2 014 981hm$^2$，其中核心区面积 1 027 142hm$^2$。保护区由巴松错景区、色季拉鲁朗景区、南伊沟景区、尼洋河风光带、雅鲁藏布江风光带五大景区组成。工布自然保护区见图 8.5－1。

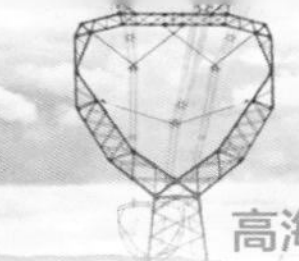

图 8.5-1　工布自然保护区

## 一、工布自然保护区景观保护

比选路径方案基本平行于 S306 省道并在其南侧走线，但部分区段距离 S306 省道较远。同时塔位高程较高，部分塔位距离公路的距离超过 2km，海拔接近 4000m（相对高差大于 1000m）。该段路径方案对沿线景观的影响主要有三个方面。

（1）根据工布自然保护区的分布图，线路深入保护区实验区的距离较长，同时部分塔位接近缓冲区。

（2）线路连续在 S306 省道南侧的山坡走线，而山坡处林区密集，新建铁塔必将造成塔基处大片林木砍伐，对米林林区的视觉景观影响极大。

（3）比选路径方案远离沿线主要交通干线，在工程施工和运维过程中，人的活动范围势必要深入到远离公路塔位附近，这也会对工布自然保护区的生态稳定性带来一定的影响。

## 二、设计方案及措施

为减小工程在建设和运维过程中对工布自然保护区的影响，同时改善线路路径的交通条件，在设计过程中将线路路径由 S306 省道南侧的山坡整体向海拔较低的路边移动，靠近省道低海拔处的林木较稀少，工程在建设过程中有效地减少了林木砍伐量，同时也避免了人员深入工布自然保护区所带来的不良影响。由图 8.5－2 及表 8.5－1 可见，优化路径方案增加了线路长度，减少了杆塔数量和质量，对工布自然保护区的影响较小，有利于当地生态保护。

表 8.5－1　　里龙乡段比选路径、施工图路径方案比较

| 路径方案 | 比选路径 | 施工图路径 |
|---|---|---|
| 单、双回路 | 单回路 | 单回路 |
| 长度（km） | 2×9.3 | 2×9.7（+2×0.4） |
| 杆塔数量 | 2×20 | 2×16（－2×4） |
| 塔重（t） | 4420 | 3812（－608） |
| 对景观的影响 | 对工布自然保护区的影响较大，不利于当地生态保护 | 对工布自然保护区和当地生态环境影响较小 |

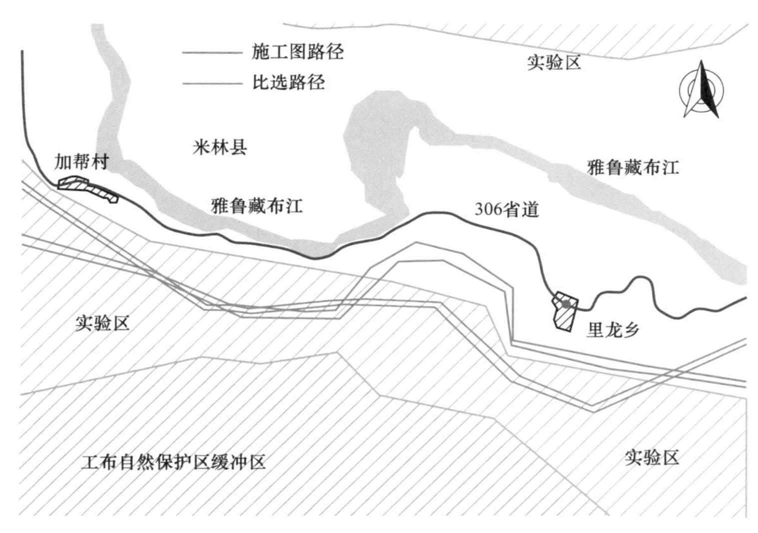


图 8.5－2　里龙乡段路径示意图

## 三、小结

本段路径优化后，线路长度增加 0.8km，但线路路径进入工布自然保护区的长度减小约 2km，同时避免了对山坡上密集林区内树木的砍伐，有效地保护了沿线的景观资源。

# 第六节　导线电磁环境优化

导线选择是高海拔地区超高压输电的关键技术之一，高海拔地区电磁环境（电场效应、无线电干扰、可听噪声等）与低海拔地区线路存在显著差异，对技术经济指标有很大的影响。导线选择的目标是确保工程经济、可靠，并满足电磁环境限值要求。

## 一、高海拔地区超高压线路电磁环境特点

超高压送电线路的特点在于导线的表面最大电位梯度，在正常天气条件和运行电压下已接近起始电晕电场强度。随着相对湿度增大，不可能完全避免产生电晕。电晕放电将产生光、可听噪声、无线电干扰、导线振动及电能损失等现象，无疑对生态环境将造成影响。

随着海拔高度的增加，同一电压等级和结构形式下的交流输电线路电磁环境问题会进一步突出。这主要是由于海拔的升高，造成了大气压强的下降和空气相对密度的减小。对于表面场强相同的线路，空气相对密度下降会使带电粒子平均自由行程增加。在碰撞空气分子前具备比低海拔地区更高的能量，碰撞动能大于电子游离能的概率增大，最终导致线路电晕放电概率的增加，造成起晕电压的降低和噪声水平的提高。此外，高海拔地区的强紫外线辐射会造成导线周围自由电子数增加，有利于电晕放电的发生，造成线路噪声水平的提升。因此，高海拔地区电晕及其相关电磁环境指标是控制导线形式的一个重要因素。

## 二、设计方案及措施

### 1. 导线载流量

从改善电磁环境要求的角度出发，可选择增加导线分裂根数或增大导线外径。分裂根数的增加会增加投资成本，经济性较差，而国内外已有成熟的大截面导线生产、施工和运行经验，因此，不建议增加导线分裂根数。

根据高海拔地区工程经验，分裂根数的减少有利于减少杆塔荷载，降低工程造价，但海拔 3000m 以上的高海拔地区，分裂根数的减少，导线更容易发生电晕。从高海拔山区施工、运维经验和线路运行经济效益等各方面因素综合考虑，建议采用 4 分裂作为导线分裂形式。

按电压 500kV、功率因数 0.9、环境气温 25℃、导线允许温度 80℃、风速 0.5m/s、$W=1\text{kW/m}^2$ 的计算条件，对各种导线方案允许载流量的计算值见表 8.6-1。

表 8.6-1　　导线允许载流量

| 导线截面 | 导线型号 | 单根导线允许载流量（A） | 相导线最大载流量（A） | 最大输送容量（MW） |
|---|---|---|---|---|
| $4\times400\text{mm}^2$ | JL/G1A-400/35 | 903 | 3610 | 2814 |
| $4\times400\text{mm}^2$ | JL/G1A-400/50 | 920 | 3679 | 2867 |
| $4\times500\text{mm}^2$ | JL/G1A-500/45 | 1040 | 4161 | 3243 |

2. 导线电磁环境

（1）表面电场强度。导线表面电场强度是影响导线选择的重要因素，导线表面电场强度过高将会引起导线全面电晕，不但电晕损耗急剧增加，而且会带来其他很多问题，所以在线路设计中必须限制导线表面电场强度。导线表面电场强度一般按照导线表面最大电场强度和导线临界电场强度的比值 $E_m/E_0$ 来控制。对于一般地区，设计上一般考虑导线表面电场强度不宜大于全面电晕电场强度的 85%左右，以免导线出现全面电晕。

导线表面电场强度根据逐次镜像法计算，导线的临界电场强度 $E_0$ 可以采用修正皮克（peek）公式计算，计算公式如下

$$E_0=30.3m\delta^{2/3}(1+0.3/\sqrt{r_0\delta})$$

式中　$m$——导线表面系数，对绞线一般可取 0.82；

$\delta$——相对空气密度；

$r_0$——导线半径，cm。

针对主要海拔，计算导线表面场强，结果见表 8.6-2。

表 8.6-2　　单回路导线表面场强及 $E_m/E_0$ 比值

| 导线型号 | 4 × JL/G1A-400/50 | 4 × JL/G1A-500/45 |
|---|---|---|
| 外径（mm） | 27.63 | 30 |
| 分裂间距（mm） | 400 | 400 |

续表

| 导线型号 | | | 4 × JL/G1A－400/50 | 4 × JL/G1A－500/45 |
|---|---|---|---|---|
| 导线表面平均最大电场强度（kV/cm） | | 边相 | 14.11 | 13.18 |
| | | 中相 | 14.91 | 13.94 |
| 海拔 1000m | 导线表面起晕电场（kV/cm） | | 20.89 | 20.71 |
| | $E_m/E_0$ | 边相 | 0.68 | 0.64 |
| | | 中相 | 0.71 | 0.67 |
| 海拔 2000m | 导线表面起晕电场（kV/cm） | | 19.77 | 19.59 |
| | $E_m/E_0$ | 边相 | 0.71 | 0.67 |
| | | 中相 | 0.75 | 0.71 |
| 海拔 3000m | 导线表面起晕电场（kV/cm） | | 18.71 | 18.54 |
| | $E_m/E_0$ | 边相 | 0.75 | 0.71 |
| | | 中相 | 0.80 | 0.75 |
| 海拔 3500m | 导线表面起晕电场（kV/cm） | | 18.21 | 18.04 |
| | $E_m/E_0$ | 边相 | 0.77 | 0.73 |
| | | 中相 | 0.82 | 0.77 |
| 海拔 4000m | 导线表面起晕电场（kV/cm） | | 17.72 | 17.55 |
| | $E_m/E_0$ | 边相 | 0.80 | 0.75 |
| | | 中相 | 0.84 | 0.79 |
| 海拔 4500m | 导线表面起晕电场（kV/cm） | | 17.25 | 17.08 |
| | $E_m/E_0$ | 边相 | 0.82 | 0.77 |
| | | 中相 | 0.86 | 0.82 |
| 海拔 5000m | 导线表面起晕电场（kV/cm） | | 16.79 | 16.62 |
| | $E_m/E_0$ | 边相 | 0.84 | 0.79 |
| | | 中相 | 0.89 | 0.84 |

对于单回路线路：中相导线的表面场强最大，边相导线的表面场强较小。在海拔4000m 及以下地区，两种导线方案均能满足 $E_m/E_0$ 的要求。在海拔 4500m 处，4×JL/G1A－400/50 型导线中的 $E_m/E_0$ 计算值高于 0.85，4×JL/G1A－500/45 型导线满足 $E_m/E_0$ 的相关要求。在海拔 5000m 处，4×JL/G1A－500/45 型导线满足 $E_m/E_0$ 的相关要求。

同相序布置时，双回路线路中相导线表面场强较高，逆相序布置时下相导线表面场强较高，如表 8.6－3 所示。双回路最大表面场强的 $E_m/E_0$ 校核见表 8.6－4。

表 8.6-3　　双回路导线表面场强　　（kV/cm）

| 导线截面 | 相序 | 下相 | 中相 | 上相 |
|---|---|---|---|---|
| 4×400mm$^2$ | 同相序 | 14.3 | 14.71 | 13 |
| | 逆相序 | 15 | 14.71 | 14.68 |
| 4×500mm$^2$ | 同相序 | 13.4 | 13.75 | 12.14 |
| | 逆相序 | 14 | 13.75 | 13.72 |

表 8.6-4　　双回路导线表面场强及 $E_m/E_0$ 比值

| 导线型号 | | | 4×JL/G1A-400/50 | 4×JL/G1A-500/45 |
|---|---|---|---|---|
| 外径（mm） | | | 27.63 | 30 |
| 分裂间距（mm） | | | 400 | 400 |
| 导线表面平均最大电场强度（kV/cm） | | 同相序 | 14.71 | 13.75 |
| | | 逆相序 | 14.99 | 14.02 |
| 海拔 1000m | 导线表面起晕电场（kV/cm） | | 20.89 | 20.71 |
| | $E_m/E_0$ | 同相序 | 0.70 | 0.66 |
| | | 逆相序 | 0.72 | 0.68 |
| 海拔 2000m | 导线表面起晕电场（kV/cm） | | 19.77 | 19.59 |
| | $E_m/E_0$ | 同相序 | 0.74 | 0.70 |
| | | 逆相序 | 0.76 | 0.72 |
| 海拔 3000m | 导线表面起晕电场（kV/cm） | | 18.71 | 18.54 |
| | $E_m/E_0$ | 同相序 | 0.79 | 0.74 |
| | | 逆相序 | 0.80 | 0.76 |
| 海拔 3500m | 导线表面起晕电场（kV/cm） | | 18.21 | 18.04 |
| | $E_m/E_0$ | 同相序 | 0.81 | 0.76 |
| | | 逆相序 | 0.82 | 0.78 |
| 海拔 4000m | 导线表面起晕电场（kV/cm） | | 17.72 | 17.55 |
| | $E_m/E_0$ | 同相序 | 0.83 | 0.78 |
| | | 逆相序 | 0.85 | 0.80 |
| 海拔 4500m | 导线表面起晕电场（kV/cm） | | 17.25 | 17.08 |
| | $E_m/E_0$ | 同相序 | 0.85 | 0.80 |
| | | 逆相序 | 0.87 | 0.82 |
| 海拔 5000m | 导线表面起晕电场（kV/cm） | | 16.79 | 16.62 |
| | $E_m/E_0$ | 同相序 | 0.88 | 0.83 |
| | | 逆相序 | 0.89 | 0.84 |

对于双回路线路：在海拔 4000m 及以下地区，两种型号导线均能满足 $E_m/E_0$ 的相关要求。海拔 4500m 地区，4×JL/G1A-400/50 型导线的 $E_m/E_0$ 计算值高于 0.85，4×JL/G1A-500/45 型导线满足 $E_m/E_0$ 的相关要求。海拔 5000m 地区，4×JL/G1A-500/45 型导线满足 $E_m/E_0$ 的相关要求。

（2）可听噪声。

1）按 BPA 推荐的预测公式，在湿导线条件下，对各型号导线距边导线投影外 20m 处的可听噪声进行了计算。对于高海拔地区的可听噪声，海拔每升高 300m，可听噪声水平增加值按 1dB 进行修正，结果见表 8.6–5。

表 8.6–5 导线可听噪声

| 导线型号 | 外径（mm） | 可听噪声［dB（A）］ | | | | | | |
|---|---|---|---|---|---|---|---|---|
| | | 海拔 1000m | 海拔 2000m | 海拔 3000m | 海拔 3500m | 海拔 4000m | 海拔 4500m | 海拔 5000m |
| 4×JL/G1A–400/50 | 27.63 | 42.43 | 45.77 | 49.10 | 50.77 | 52.43 | 54.10 | 55.77 |
| 4×JL/G1A–500/45 | 30 | 40.87 | 44.20 | 47.54 | 49.20 | 50.87 | 52.54 | 54.20 |

2）海拔 4500m 以下地区，各型号导线边导线投影外 20m 处的可听噪声计算值均小于 GB 50545—2010《110kV～750kV 架空输电线路设计规范》规定的 55dB（A）限值要求。海拔 5000m 地区，4×JL/G1A–400/50 型导线可听噪声大于 55dB（A），4×JL/G1A–500/45 型导线可听噪声小于 55dB（A）。

（3）无线电干扰。

1）依据电力行业标准 DL/T 691—2019《高压架空送电线路无线电干扰计算方法》，按激发函数法，对距送电线路边相导线投影外 20m 处，离地 2m 高，频率为 0.5MHz 时的大雨无线电干扰值进行了计算，好天气条件下无线电干扰值由大雨时的计算值减去 20.5dB 进行修正。对于高海拔地区的无线电干扰，海拔每升高 300m，无线电干扰增加值按 1dB 进行修正，结果见表 8.6–6。

表 8.6–6 导线无线电干扰

| 导线型号 | 外径（mm） | 无线电干扰［dB（μV/m）］ | | | | | | |
|---|---|---|---|---|---|---|---|---|
| | | 海拔 1000m | 海拔 2000m | 海拔 3000m | 海拔 3500m | 海拔 4000m | 海拔 4500m | 海拔 5000m |
| 4×JL/G1A–400/50 | 27.63 | 42.96 | 46.29 | 49.62 | 51.29 | 52.96 | 54.62 | 56.29 |
| 4×JL/G1A–500/45 | 30 | 41.09 | 44.42 | 47.75 | 49.42 | 51.09 | 52.75 | 54.42 |

2）在 4500m 海拔处，各型号导线无线电干扰计算值均小规定的 55dB（μV/m）限值要求。海拔 5000m 处，4×JL/G1A–400/50 型导线无线电干扰大于 55dB（μV/m），4×JL/G1A–500/45 型导线无线电干扰小于 55dB（μV/m）。

## 三、小结

结合青藏电力联网、川藏电力联网、藏中电力联网高海拔工程，对 4×400mm$^2$、4×500mm$^2$ 导线在 1000～5000m 海拔范围内电磁环境指标进行了计算，为我国高海拔地区交流线路导线截面及分裂方式的选择提供了借鉴。

结合目前导线生产情况，圆线同心绞线的表面粗糙系数一般可控制在 0.85 以上。为使导线满足电晕计算校验要求，在 4000m 海拔以上不建议采用 4×400mm$^2$ 导线。川藏电力联网、藏中电力联网在设计中考虑到地形起伏很大，导线分段不利于施工，并且沿线地形破碎，地质条件差，极难再选择电力走廊路径。为远期电网发展留有一定裕度并适度兼顾有限的走廊通道资源，在投资增加不大，但社会效益优势明显的情况下，均采用 4×500mm$^2$ 导线。

# 第七节　集中林区的小档距高跨塔设计

中国五大原始森林之一的藏东南原始森林位于林芝和昌都地区，林区分布范围极广、植被密度较大，自然条件恶劣，生态环境脆弱，地形地貌复杂多样。当线路穿越集中林区时，为保护高海拔地区的林木资源，线路设计过程中对穿越集中林区方案进行了优化。

## 一、线路穿越集中林区的影响

以藏中电力联网工程为例，线路经过藏东南原始森林，沿线林木茂盛，基本以高山松、雪松为主，现场实测的高度基本在 30～40m，部分高达 50m。若采用常规的穿越方案，需对通道范围内的树木进行砍伐，将破坏当地脆弱的生态环境，局部地段还可能形成新的自然灾害。为保护沿线珍贵的原始森林资源，线路需采用高跨方式通过集中林区。由于林区地形陡峭适合立塔的位置极其受限，需采取小档距高跨的方式，如直接采用已规划的杆塔，将出现部分杆塔利用率比较低的情形，这将增加工程投资和工程建设难度。

集中林区树木见图 8.7－1。

图 8.7－1　集中林区树木

## 二、设计方案及措施

在路径选择及终勘定位阶段，优化线路路径时尽量避开各类自然保护区等环境敏感点，避开林区茂密区域，减少树木砍伐，在线路必须经过林区时采用高跨方式。

杆塔规划时，根据沿线的气象条件、林区长度和树木自然生长高度等情况，结合终勘定位平断面优化排位成果，单独设计高跨塔用于跨树，并按各类树木的自然生长高度进行跨树方案设计。通过增加设计小档距高跨塔，提高杆塔的利用率，在提升工程经济性、节省钢材的同时，实现林区全跨越，保护绿水青山。高塔跨越树木实例见图 8.7－2。

图 8.7－2　高塔跨越树木实例

## 三、小结

高海拔林木茂盛的林区，为保护林木资源，设计了小档距高跨塔，解决了林区杆塔利用率偏低的问题，降低了工程投资及工程建设难度。

# 第八节　高海拔特有植被的保护措施

我国高海拔地区地域广阔，生物多样性极为丰富，且珍稀濒危植物是生物多样性最重要的组成部分。西藏是我国乃至世界上生物多样性最丰富的地区之一，据《西藏植物志》记载，全区共有维管束植物 208 科、1258 属、5766 种，其中有很多珍稀濒危植物，据不完全统计全区珍稀濒危植物有 54 种，隶属 33 个科 48 个属。西藏大面积森林和草原，是发展林业、畜牧业的基础，在西藏经济建设中占有突出的地位。

## 一、沿线部分稀有、重点保护植物

部分国家稀有、重点保护植物见图 8.8-1。

(a)

(b)

图 8.8-1　部分国家稀有、重点保护植物（一）

（a）巨柏（国家Ⅰ级）；（b）金铁锁（国家Ⅱ级）

图 8.8-1　部分国家稀有、重点保护植物（二）
（c）星叶草（国家Ⅱ级）；（d）黄牡丹（国家Ⅲ级）；
（e）桃儿七（国家Ⅲ级）；（f）天麻（国家Ⅲ级）

## 二、保护植被的措施

（1）开展植物保护专项设计，组织各参建单位人员认识和辨别项目区内分布的珍特稀有、濒危等重点保护植物种类。

（2）选择材料堆放场、牵张场、临时施工道路等临时占地时，注意对植被生长良好地段（特别是高寒沼泽草甸）的避让。材料堆放场尽量使用既有场地，牵张场尽量选择路边无植被地段或地表植被稀疏地段。

（3）在施工过程中，减少对施工区域周边地表植被的压占，不随意扩大扰动面积，避免施工车辆的超范围行驶。特别是在高寒草甸、高寒草原等较为敏感的植被分布区域施工时，设置施工区域围栏，将施工范围限制在规划范围内。

（4）在高寒草原区、高寒草甸（或湿地）区，新布设的施工道路避免车辆与原地面直接接触，应在原地面铺设棕垫。

（5）在塔材堆放区、组装区、起吊区及工器具堆放区铺设棕垫和枕木，防止塔材摆放、撬动组装、起吊作业时破坏地表植被。

（6）输电线路架设过程中，采用对地表植被破坏较小的导线架设方法，最大限度地减少和避免导线在地面的摆动，降低由此导致地表植被破坏的可能性。

（7）对施工过程中占用的临时用地，施工结束后应及时对高寒草甸、山地灌丛等植被类型进行恢复，达到接近于周边原生植被的覆盖度，以降低工程对植被造成的不利影响。

（8）印发保护植物图片和资料，加大宣传力度，使参建人员能够更好地认识和保护这些植物。

## 三、小结

面对原始、独特的自然环境，脆弱、敏感的生态系统，坚持生态保护与工程建设并重的原则。通过科学有效的管理，最大限度地降低了建设全过程对原始生态环境的影响。

# 第九节　高海拔特定环境恢复措施

为了更好地恢复植被以及提高植被的成活率，专业设计人员现场实地调查及查阅有关文献资料。根据当地不同地理环境特点，制订了不同物种植被恢复的方案。

## 一、不同地理环境下物种恢复存在的问题

### 1. 高寒草原

一般在海拔 4000m 以上，环境寒冷而潮湿，日照强烈，紫外线作用增强，空气稀薄，土壤温度高于空气温度，昼夜温差极大，年平均温度不到 1℃，植物生长季短，年降水量约 400mm，相对湿度 70%以上。植物多低矮丛生，叶面积缩小，根系较浅，植

株形成密丛。植被覆盖度低于山地灌丛区和高寒草甸区，工程扰动地段植被的人工恢复难度相对较大。

2. 高寒草甸

世界上海拔最高、温度最低、气候最寒冷、自然条件最为严酷的高寒草甸分布在我国的青藏高原。这里温度低，气候寒冷，太阳辐射强，尤其是紫外线辐射强，风大、风多，植物生长期很短，破坏后人工种草难度大。

3. 山地灌丛

该地区以自然条件下发育的原生灌丛为主，人为活动容易破坏其生物多样性。

## 二、植被恢复的措施

1. 高寒草原区植被恢复方式

（1）藏区可供选择的草种包括垂穗披碱草、梭罗草、冷地早熟禾、碱茅、赖草、紫花针茅、青藏苔草、星星草、紫羊茅和羊茅等。综合植物种子获取的难易程度、种子萌发率等方面因素，选取垂穗披碱草、梭罗草、赖草、冷地早熟禾、碱茅为主要草种。撒播前，要对拟采用的种子进行24～48h的低温（−4℃）冷藏处理。

（2）完成播种后，随即通过喷洒方式浇水，并用无纺布和草席覆盖，以有效保持土壤湿度和温度，待大部分出苗后再行移栽。在种子萌发和幼苗生长初期酌情灌溉补水，保持土壤湿度。幼苗生长期和分蘖拔节期，应适当追肥，肥料以尿素、磷酸二铵为宜，每次追肥量为每亩5kg。播种当年越冬时，用无纺布和草席覆盖，使尚处于生长初期的植物安全越冬。

2. 高寒草甸区植被恢复方式

基于高寒草甸本身发育形成草毡层的生物学特性，可以采取原生草皮迁移方式进行植被恢复。具体做法是先将施工区域的原生草皮进行剥离，移至适当区域种植并进行养护，完成回填后，再将草皮移回原处，加以维护就可存活。

3. 山地灌丛区植被恢复方式

山地灌丛分布区的植被恢复包括灌木植物和草本植物的恢复。施工前，先将施工区域内的灌丛植物连根整株（最好能使根部保持一些土壤）挖出，移至低洼处或塑料薄膜上进行独立养护。养护过程中，必须保证灌木根系埋入土壤，定期喷水保持土壤处于湿润状态。待工程结束回填后，根据灌木植株数量按一定间距进行回栽。挖方回填时，应保证表层为原有根植土或熟土，灌木回栽时，应尽量避免对植株根系的损伤。回栽后，需立即灌溉补水。对灌木回栽后的裸地，应随即补播草种，可种植西藏苔草。

草本植被恢复见图 8.9－1。

(a)

(b)

(c)

图 8.9－1 草本植被恢复

（a）草皮养植；（b）草皮养护；（c）塔基处草皮回铺

## 三、小结

工程以最少破坏自然环境为首要前提，以最大限度保护自然景观为首要准则，实行生态保护“三同时”，设计、监理和恢复“三统一”。在专项设计方面，尽可能把方案做细做深。物种不同，恢复措施不同，有效地提高了植被恢复的成活率。实行“植被恢复终身制”，确保不但要“种得活”，而且要让它“长得活”。

# 第十节 施工弃土综合处理优化

高海拔超高压电力联网工程的特点难点决定了在施工中需要对弃土进行综合利用和处理，防止水土流失和环境破坏。

## 一、弃土处理不当的危害

随着原状土基础、铁塔全方位高低腿配合立柱加高基础的广泛应用，基坑土石方量及基面开方形成的弃土总重量得以有效的控制。但弃土仍然客观存在，如果处理不当容易造成边坡塌方、滑坡、水土流失、植被难以恢复、自然环境破坏。

## 二、弃土综合处理的措施

（1）对于场地开阔、坡度在 15° 以内的塔位，可将弃土在塔基范围内平摊堆放，并在施工结束后恢复原始植被或采取表面固化措施。

1）地形坡度小于 10° 时，现场测算弃土工程量，计算出基础的外露高度。在确保基础顶面露出至少 0.2m 且场地不积水的情况下，将弃土在塔基范围内堆放成龟背形（堆放土石边缘按 1:1.5 放坡），如图 8.10－1 所示。

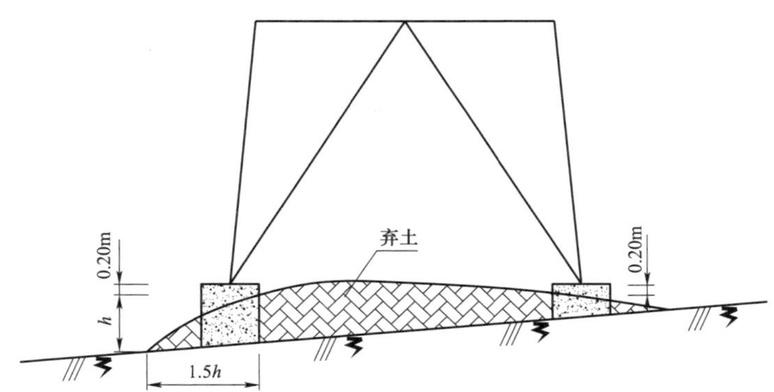


图 8.10－1　塔位地形坡度小于 10° 时的弃土处理方式

2）地形坡度在 10°～15° 时，同样需现场测算弃土工程量，计算出基础的外露高度。在塔位下边坡设置挡土墙，将弃土堆放在塔基范围内，确保基础顶面露出至少 0.2m 且场地不得积水，如图 8.10－2 所示。此类塔位施工中，必须先修筑挡土墙（必须满足在基岩内的嵌固深度且自身稳定），之后方可进行基面平整、基坑开挖等土石方工程施工。

（2）对于地形坡度在 15°～25° 的塔位，应对塔位附近的地形进行仔细勘察，尽量

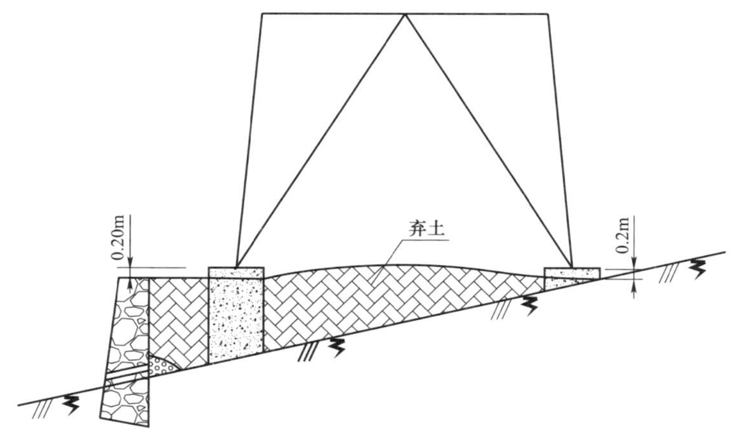


图 8.10－2　塔位地形坡度在 10°～15° 时的弃土处理方式

在塔位附近选择恰当的位置设置挡土墙。将弃土堆放到挡土墙内，如果塔位附近找不到合适位置，则需将弃土外运。

（3）地形坡度大于 25° 的塔位，不宜在塔位周围堆放弃土，弃土必须外运到当地村组或乡镇约定的综合利用场地进行综合处理。

（4）施工时余土集中置放点的选择原则：

1）按就低不就高的原则因地制宜选择坡度平缓、地质稳定的地点，避开水流汇聚的凹面、冲沟等位置，以免诱发山体滑坡等次生灾害。

2）在高速公路、铁路或主干道路可视范围内的塔位，余土置放点应考虑美观的要求，尽量选择在偏僻处。

3）余土置放点下边坡不应存在民房、交通干线或其他可能造成严重安全事故、重大经济损失的重要设施。

4）个别平地塔位或对余土处理有特殊要求的塔位，余土应按当地管理部门的要求运至指定地点进行处理。

## 三、小结

结合塔基周围的自然环境，根据就地平衡的原则，选择相应的施工弃土处理措施，有效地保障了塔位的安全稳定，减少了塔基周边自然环境的破坏，防止了水土流失。

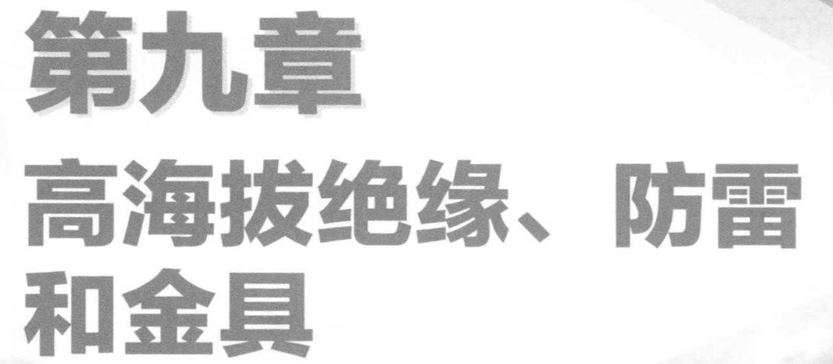

# 第九章

# 高海拔绝缘、防雷和金具

西藏地区自然环境恶劣，运行维护难度大，工程采用了多项措施提高线路运行可靠性。由于高压绝缘饱和函数曲线目前在世界范围内尚未明确，我们选择在局部区段采取了加强绝缘配置的措施，增加绝缘可靠性；配置并联间隙，降低绝缘子雷击损坏率；安装线路避雷器，降低雷击跳闸率；采用离子接地，降低高土壤电阻率塔位的接地电阻；采用石墨柔性接地系统，适应地形狭窄塔位接地要求；安装可伸缩式防鸟针板，降低鸟粪闪络概率；优化均压环设计，提高防晕水平；采用耐低温、耐磨金具、预绞丝护线条、注脂式耐张线夹，降低运行维护难度，提高工程本质安全；采用联合防振措施，降低大高差、大档距导地线振动疲劳；采用防滑型防振锤、双板防松型耐张线夹引流板，提高导线防振、防舞性能。

## 第一节　优化绝缘配置

藏区线路沿线海拔高，地形起伏大，输电线路铁塔与现有道路高差大，材料运输困难。对于输电线路建设、运维难度较大的区域，采用差异化绝缘配置，合理提高绝缘配置水平，降低运维的工作难度。

### 一、常规绝缘配置方案

用爬电比距法、污耐压法计算并进行海拔修正，确定工频电压要求的绝缘子片数，再分别按操作过电压和大气过电压进行校验，最终获得各海拔下单回路绝缘子片数。

同塔双回路杆塔较高，其耐雷水平较单回路会有所降低，因此，在选择绝缘子片数时既要满足工频污秽、操作过电压要求，又要适当抬高绝缘水平以提高其耐雷水平，降低双回线路总雷击跳闸率及双回线路同时雷击跳闸率。采用平衡高绝缘方式，将双回路绝缘水平较单回路提高 10%，并结合二自线、九石线、乡水线、建太线等 500kV 线路运行经验，提出了 10、15mm 冰区双回路绝缘子片数，见表 9.1－1。

表 9.1-1 盘形绝缘子片数表

| 回路数 | 串型 | 型号 | 高度（mm） | 爬距（mm） | 污区 | 片数 | | |
|---|---|---|---|---|---|---|---|---|
| | | | | | | 海拔4000m | 海拔5000m | 海拔5500m |
| 单回 | 悬垂串 | U300BP | 195 | 550 | c 级 | 29 | 31 | 32 |
| | 耐张串 | U300BP | 195 | 550 | c 级 | 31 | 33 | 34 |
| 双回 | 悬垂串 | U300BP | 195 | 550 | c 级 | 31 | 33 | — |

复合绝缘子具有优良的防污性能，已在输电线路中大量使用。从以往人工污秽耐受电压试验结果来看，无论是 I 形串还是 V 形串，复合绝缘子均能满足重污秽条件下耐受目标电压。超高压输电线路工程复合绝缘子的结构长度一般按照清洁区普通绝缘子的长度配置，其绝缘距离还应满足操作和雷电过电压要求。考虑到同一种塔型既可能使用盘形绝缘子又可能使用复合绝缘子，因此按照与盘形绝缘子等长替换原则，确定复合绝缘子参数见表 9.1-2。

表 9.1-2 复合绝缘子参数表 mm

| 回路数 | 海拔 4000m | | 海拔 5000m | | 海拔 5500m | |
|---|---|---|---|---|---|---|
| | 结构高度 | 爬电距离 | 结构高度 | 爬电距离 | 结构高度 | 爬电距离 |
| 单回路 | 5600 | ＞19 500 | 5900 | ＞19 500 | 6100 | ＞19 500 |
| 双回路 | 6100 | ＞19 500 | 6400 | ＞21 500 | — | — |

## 二、设计方案及措施

运行单位提出西藏地区已有线路在正常绝缘配置情况下，仍有跳闸发生，考虑到工程线路运维难度大，应尽量增加绝缘配置裕度。以不增加塔头尺寸为前提，对单回路悬垂塔增加 0～2 片绝缘子，双回路铁塔和跳线串维持原绝缘配置方案。此外，选择 1～2 种直线塔型，在基本绝缘配置基础上，增加 5 片绝缘子进行铁塔设计，以做试验对比，为后续高海拔超高压线路工程的设计积累经验。单回路和同塔双回路绝缘子配置情况见表 9.1-3、表 9.1-4。

表 9.1–3　　单回路绝缘子基本片数一览表

| 串型 | 型号 | 高度（mm） | 爬距（mm） | 污区 | 片数 | | | | |
|---|---|---|---|---|---|---|---|---|---|
| | | | | | 海拔 3000m | 海拔 4000m | 海拔 4500m | 海拔 5000m | 海拔 5300m |
| 跳线串 | U120BP/146D | 146 | 450 | c 级 | 36 | 38 | 39 | 40 | 41 |
| 悬垂串 | U160BP/155D | 155 | 450 | c 级 | 34 | 36 | 37 | 38 | 39 |
| | U210BP/170T | 170 | 545 | c 级 | 31 | 33 | 34 | 35 | 36 |
| | U300BP/195T | 195 | 550 | c 级 | 27 | 29 | 30 | 31 | 32 |
| | U420BP/205T | 205 | 635 | c 级 | 26 | 28 | 28 | 29 | 30 |
| | U550B/240 | 240 | 700 | c 级 | 22 | 24 | 24 | 25 | 26 |
| 耐张串 | U160BP/155D | 155 | 450 | c 级 | 37 | 39 | 41 | 42 | 43 |
| | U300BP/195T | 195 | 550 | c 级 | 29 | 31 | 32 | 33 | 34 |
| | U420BP/205T | 205 | 635 | c 级 | 28 | 30 | 30 | 31 | 32 |
| | U550B/240 | 240 | 700 | c 级 | 24 | 26 | 26 | 27 | 28 |

表 9.1–4　　同塔双回路绝缘子片数一览表

| 串型 | 型号 | 高度（mm） | 爬距（mm） | 污区 | 片数 | | |
|---|---|---|---|---|---|---|---|
| | | | | | 海拔 3000m | 海拔 4000m | 海拔 5000m |
| 跳线串 | U120BP/146D | 146 | 450 | c 级 | 40 | 42 | 44 |
| 悬垂串 | U160BP/155D | 155 | 450 | c 级 | 37 | 39 | 41 |
| | U210BP/170T | 170 | 545 | c 级 | 34 | 36 | 38 |
| | U300BP/195T | 195 | 550 | c 级 | 30 | 31 | 33 |
| | U420BP/205T | 205 | 635 | c 级 | 28 | 30 | 31 |
| 耐张串 | U160BP/155D | 155 | 450 | c 级 | 41 | 42 | 44 |
| | U300BP/195T | 195 | 550 | c 级 | 32 | 33 | 35 |
| | U420BP/205T | 205 | 635 | c 级 | 30 | 32 | 33 |
| | U550B/240 | 240 | 700 | c 级 | 26 | 27 | 29 |

为使塔头间隙与串长匹配，同时提高防鸟害水平，塔头各处间隙按不同比例增加，其中带电部分对顶部及下部塔窗间隙按串长等比例增加，对侧面塔窗间隙按串长比例的80%增加，由此空气间隙取值见表 9.1–5。

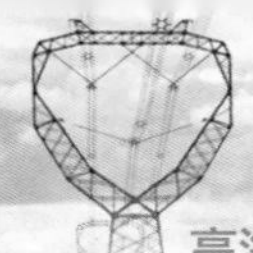



表 9.1-5　加 5 片绝缘子塔头间隙　m

| 类别 | 未加绝缘子塔头间隙 | 加 5 片绝缘子塔头间隙 |
|---|---|---|
| 海拔 | 3000～4000 | 3000～4000 |
| 大气过电压间隙 | 4.4 | 5.2 |
| 操作过电压间隙 | 4.15 | 4.9 |
| V 串操作过电压间隙 | 4.85 | 5.7（侧面 5.6） |
| 工频电压间隙 | 1.9 | 2.2 |
| 带电检修间隙 | 4.5 | 5.3 |
| V 串带电检修间隙 | 5 | 5.9（侧面 5.7） |

## 三、小结

根据中国电科院、西藏电科院绝缘专题研究及真型试验结果，科研与设计单位通过多次专项会议讨论，形成了工程绝缘配合原则，给出的绝缘配置方案符合现行规程规范的要求，并和相关研究的结论一致。

为合理提高高海拔线路绝缘水平，对单回路悬垂塔增加 0～2 片绝缘子，选择 5 基铁塔增加 5 片绝缘子进行设计，并相应提高空气间隙水平，在平衡高绝缘的前提下作为实验对比，为后续高海拔超高压线路工程的设计积累经验。悬垂串增加绝缘子片数后，提高了线路的绝缘水平，降低了线路跳闸风险。

# 第二节　绝缘子串并联间隙

分析国内外架空输电线路运行的历史数据，雷击是导致架空线路绝缘子串烧坏以及线路跳闸的主要因素。在雷电活动频繁的高海拔山区，大部分线路故障是由雷击跳闸引起的。调查显示，50%～60%架空输电线路故障是由直击雷和绕击雷造成的，有效避免架空线路绝缘子遭受雷击并且迅速排除故障，是目前防雷研究迫切需要解决的问题。

在绝缘子串两端并联一对金属电极，构成保护并联间隙，通常并联间隙距离小于绝缘子串的长度。架空输电线路遭雷击时，因并联间隙的雷电冲击放电电压低于绝缘子串的放电电压，并联间隙首先放电。接续的工频电弧在电动力和热应力作用下，通过并联间隙所形成的放电通道，引至并联间隙电极端部，弧根固定在并联间隙电极端部，从而保护绝缘子免于电弧灼烧。

线路安装并联间隙可以防止绝缘子串发生击穿或闪络，减小绝缘子维护成本。提高线路重合闸率，有效减少非计划停运时间，降低雷击事故率，减轻运行维护人员的劳动强度。

## 一、常规并联间隙技术特点

常规并联间隙典型结构形状包括羊角形、球拍形、半跑道形和开口圆环形。对 110kV 和 220kV 交流线路用并联间隙，可设计成羊角形、球拍形或开口圆环形。技术要求和试验检验方法按照标准 DL/T 1293—2013《交流架空输电线路绝缘子并联间隙使用导则》规定执行。对 500kV 交流线路用并联间隙，宜选择半跑道形或开口圆环形，技术要求和试验检验方法宜参照国家电网企标 Q/GDW 11452—2015 执行。并联间隙电极间最短距离（$Z$）一般取并联安装绝缘子串长度（$Z_0$）的（85±2.5）%。并联间隙典型结构示意图见图 9.2－1，500kV 交流线路用并联间隙典型设计值见表 9.2－1。

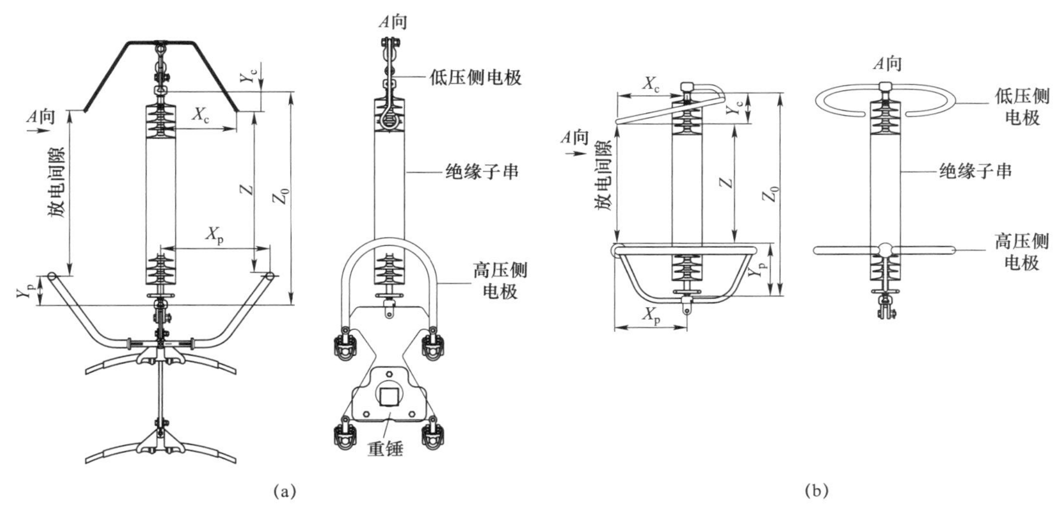


图 9.2－1　并联间隙典型结构示意图

（a）半跑道形并联间隙；（b）开口圆环形并联间隙

表 9.2-1 500kV 交流线路用并联间隙典型设计值

| 绝缘子串 | $Z_0$（mm） | $Z$（mm） | $X_c$（mm） | $X_p$（mm） | $Y_c$（mm） | $Y_p$（mm） | $Z/Z_0$ |
|---|---|---|---|---|---|---|---|
| 500kV 交流线路用半跑道形并联间隙 | 4050 | 3352 | 700 | 700 | 349 | 349 | 0.828 |
| | 4185 | 3487 | 700 | 700 | 349 | 349 | 0.833 |
| | 4360 | 3662 | 700 | 700 | 349 | 349 | 0.840 |
| | 4495 | 3797 | 700 | 700 | 349 | 349 | 0.845 |
| | 4650 | 3952 | 700 | 700 | 349 | 349 | 0.850 |
| | 4960 | 4262 | 700 | 700 | 349 | 349 | 0.859 |

注 $Z_0$为绝缘子串两端金具间最短距离。

高海拔地区绝缘配置与低海拔线路有较大区别，常规 500kV 线路并联间隙尺寸和设计方案已经不适用，需要对高海拔线路并联间隙的特性进行研究，提出适合高海拔地区的并联间隙设计参数。

## 二、设计方案及措施

110kV 及以上电压等级重要负荷供电线路安装并联间隙不应降低绝缘水平。绝缘子并联间隙电极应采用耐灼烧的材料制造，考虑到户外防腐需要，宜采用热镀锌钢等材料。对绝缘子并联间隙进行雷电冲击 50%放电电压和工频耐受电压试验确定的并联间隙距离，应与线路绝缘水平相配合。确保并联间隙在雷电过电压下先于绝缘子放电，而在工频及操作过电压下不放电。并联间隙应能保证工频续流形成的电弧离开绝缘子，沿着并联间隙电极向外发展转移到并联间隙的端部。

藏中电力联网工程在运维困难地区同塔双回路直线塔中，一回安装绝缘子串并联间隙，另一回安装线路避雷器。导线悬垂 I 形串安装并联间隙后仍需保留复合绝缘子上、下端的小均压环，大均压环可不安装。根据并联间隙技术要求，推荐并联间隙采用优化的半跑道形。经过科研单位试验研究，确定了绝缘子并联间隙参数。为实现保护绝缘子的目的，且不过多降低线路整体绝缘水平，并联间隙 $Z/Z_0$ 取 0.9；上、下电极横向伸出值 $X_p$ 取 900mm；上电极材质采用镀锌钢，外径 30mm；下电极材质采用镀锌钢管，海拔 4000m 外径取 60mm，海拔 5000m 外径取 80mm。设计出的并联间隙上、下电极结构详见图 9.2-2 和图 9.2-3。并联间隙安装方式见图 9.2-4。

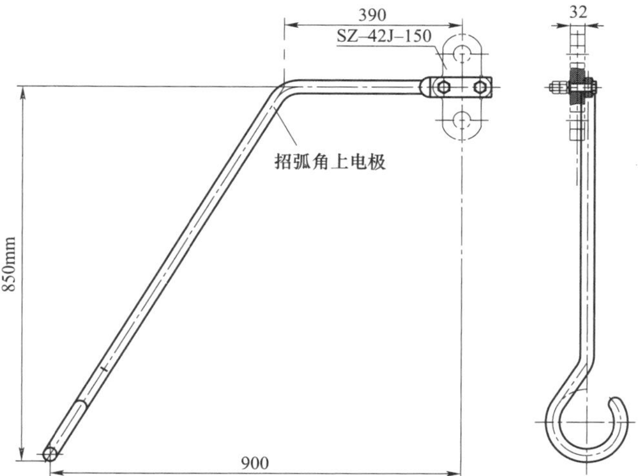


图 9.2-2　并联间隙上电极结构示意图

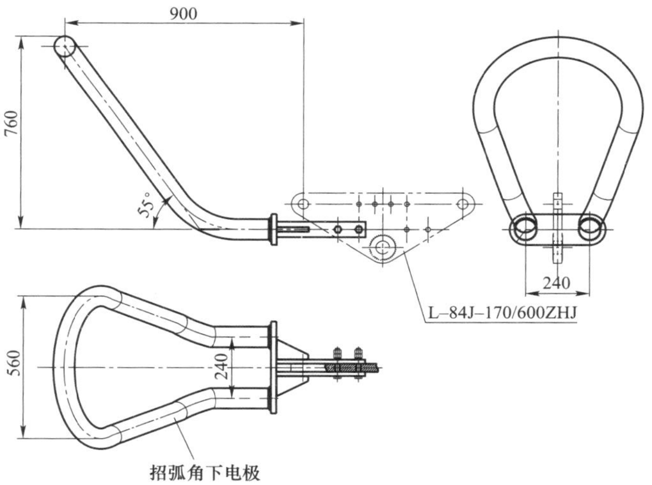


图 9.2-3　并联间隙下电极结构示意图

图 9.2-4　并联间隙安装方式

## 三、小结

安装并联间隙后可大幅度降低雷击损伤绝缘子的概率，在提高系统运行可靠性的同时，也减轻了运维工作量。该并联间隙的设计方案已在高海拔地区正常运行，可为后续高海拔超高压线路工程的设计提供借鉴。

# 第三节　高雷击率地区避雷器配置

高海拔地区沿线各区域内的地形地貌差异很大，主要有高山峡谷、高山草原、草原湖泊、丘陵风化沙石带、终年冰川雪山等，易形成复杂多变的雷电灾害。输电线路的防雷保护是一个系统工程，需要因地制宜。根据不同区域的地形地貌和气候特点，合理地选择防雷保护措施。

## 一、高海拔地区线路避雷器应用需求

根据雷电定位系统 2009～2011 年获取的数据分析，一年当中高于 90%的闪电活动发生在 4～9 月，随着地表温度和湿度的增加，闪电活动在 4 月开始明显增加，7～9 月是闪电活动发生的高发期。

为降低雷电灾害对线路正常运行所带来的影响，常规工程的做法都是运检单位根据线路运行过程中雷电灾害所发生的位置，在相应的杆塔上加装线路避雷器，以达到提高输电线路防雷水平的目的。然而对于藏中电力联网工程而言，考虑到西藏电网现阶段的薄弱性以及工程的重要性，同时减少工程投运后运检单位工作的难度，工程在基建阶段即对其加装了避雷器。

由于线路避雷器造价相对较高，不适合全线普遍使用，需结合工程线路沿线雷电活动及输电线路的防雷设计情况，明确工程线路安装避雷器的具体塔位。同时结合工程所采用杆塔型式、杆塔所处地形位置等因素，确定避雷器的相关性能参数及具体安装方案，以兼顾输电线路运行的安全性和经济性。

## 二、设计方案及措施

1. 高海拔高雷击率地区避雷器的配置方案

在选择线路避雷器的安装地点时，遵循以下原则：

（1）依据历年记录的统计结果及雷电定位系统等，确定易受雷击铁塔或线段范围。

（2）分析并确认该铁塔或线段范围受雷击的种类，反击（雷击铁塔或避雷线）还是绕击（雷电绕击输电导线），或哪一类占主导因素。

（3）属雷电绕击可仅在易绕击相或两边相安装线路避雷器，雷电反击则应三相均安装线路避雷器。若邻近杆塔接地电阻偏高或期望进一步提高耐雷水平，则相邻杆塔也应安装线路避雷器。

（4）安装选点应使无论雷击在被保护线段内还是在被保护线段外，均应确保被保护线段内的线路绝缘子串不闪络。

在确定安装数量、相别时，应遵循以下原则：

（1）安装在易绕击相。根据易绕击的相数确定数量，既提高杆塔的反击耐雷水平又减少绕击跳闸次数。由于雷击一相放电最多，其次是两相放电，最少的是三相放电。因此原则上按照一相考虑，雷击两相放电多的安装两相，雷击三相放电多的安装三相。

（2）孤立的杆塔（如位于山顶或者平地），一般安装 2 支（两回路的中相）；在陡坡上，安装 1 支（远离山顶线路的中相）；接地电阻大时，安装 3 支。连续杆塔一般 1 支和 2 支错开安装；上字排列杆塔、垂直排列杆塔、处于陡坡的杆塔安装 1 支（远离山顶线路的下相导线）；三角形排列杆塔（两回路的中相）、水平排列杆塔（边相）安装 2 支；连续上字排列杆塔，处于更高的或接地电阻较大的或两边陡度较大的，安装 2 支；接地电阻很大时，安装 3 支。安装 1 支时，上字形，安装在上相，如单线侧在陡坡的下坡侧，则安装在单线侧；三角排列和水平排列，安装在陡坡的下坡侧向或者雷雨天气的主导风向侧；垂直排列安装在下相。安装 2 支时，上字形，安装在单线侧和上相，如单线侧在陡坡的上坡侧，则安装在双线侧两相；三角排列和水平排列，安装在左右两相；垂直排列安装在中、下两相。

依据上述原则，按照科研单位的成果，藏中电力联网工程在雷电特殊强烈区段选择268基杆塔，安装465相线路避雷器，上述多数安装在突出的山顶、陡坡和河流附近等处的杆塔上。

此外，根据科研单位“为尽量降低双回路在雷电过电压条件下同时跳闸的概率，以及雷电特殊强烈区段（落雷密集且雷电过电压大）单回路的雷击跳闸率，可在特殊地段安装线路避雷器”的相关研究成果。藏中电力联网工程选取非雷电特殊强烈区段但运维困难的同塔双回路31基，统一在其线路前进方向的左回中相安装避雷器，共安装避雷器31台。

2. 高海拔高雷击率地区线路避雷器的性能参数设计及安装方案

线路避雷器由本体和串联间隙组成。间隙可采用纯空气间隙或绝缘子支撑间隙两种型式，两种型式的线路避雷器结构示意图如图9.3-1、图9.3-2所示。

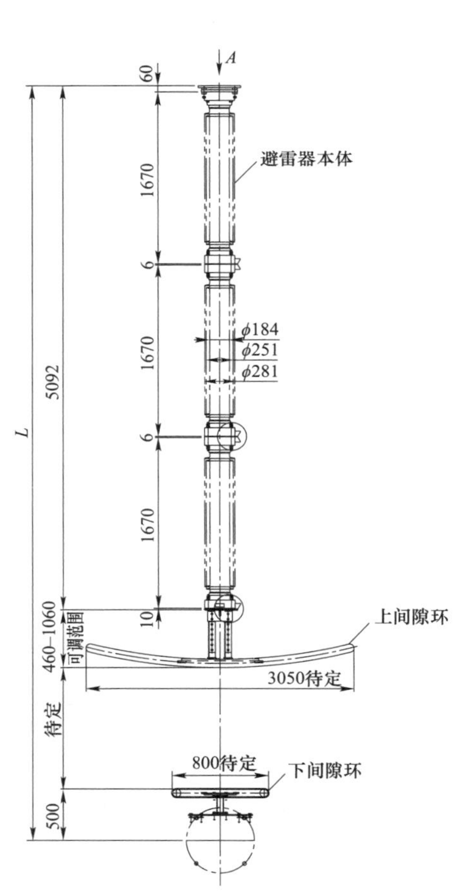


图9.3-1　纯空气间隙型避雷器

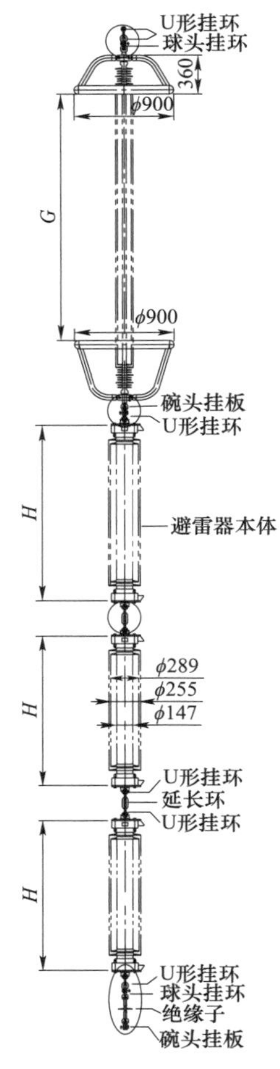


图9.3-2　绝缘子支撑型避雷器

为了保证避雷器的安装方便、运行可靠，针对不同形式的杆塔采取了下列不同的安装方式：

（1）单回路酒杯直线塔、双回路直线塔采用纯空气间隙型避雷器，见图 9.3-3。

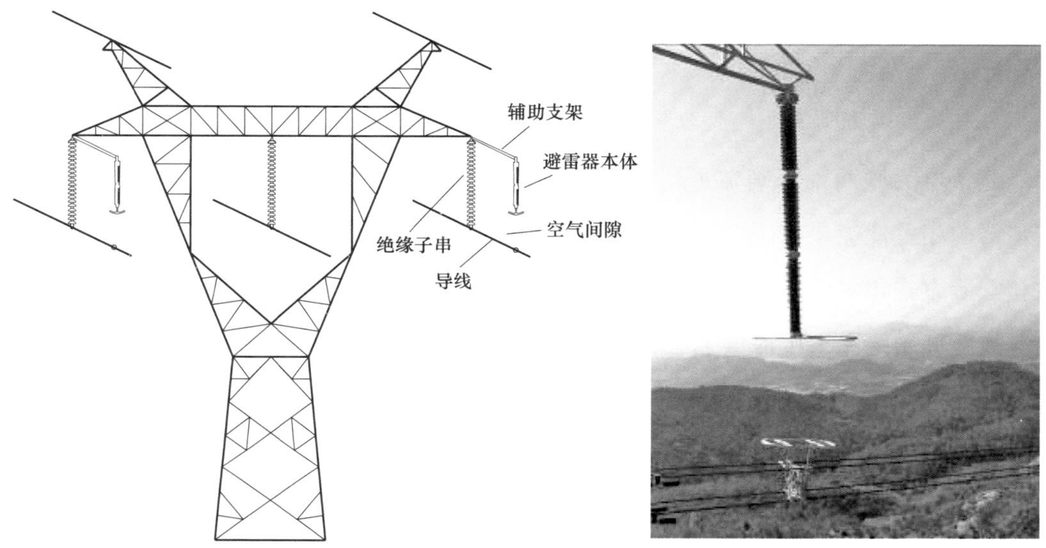


图 9.3-3　纯空气间隙型避雷器在工程中的应用

（2）单回路猫头直线塔、单双回路耐张塔采用绝缘子支撑型避雷器，见图 9.3-4。

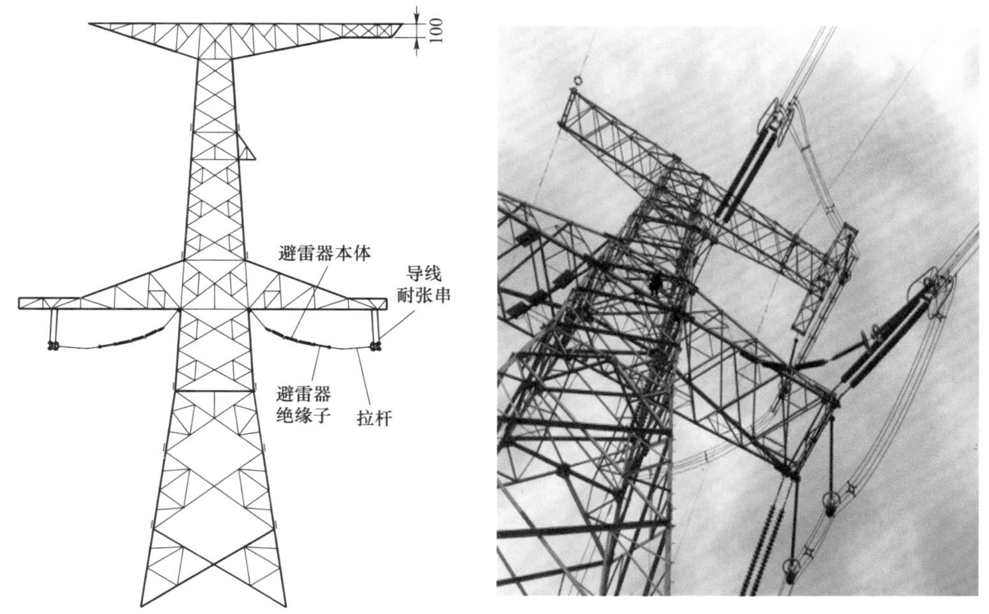


图 9.3-4　绝缘子支撑型避雷器在工程中的应用

在对全线需要加装避雷器的杆塔形式进行了梳理后，针对线路避雷器的常规安装方案，分别对每种杆塔形式采取不同的避雷器安装方式。确保了避雷器在安装过程中的便捷性，同时将避雷器安装后对铁塔荷载的影响降至最低。

### 三、小结

藏中电力联网工程确定了超高压纯空气间隙型和绝缘子支撑型高海拔金属氧化物避雷器的相关性能参数，并针对不同形式杆塔选取了合适的避雷器安装方式。避雷器参数和安装方式相关成果填补了我国高海拔地区超高压线路避雷器产品的空白，也为后续高海拔超高压线路工程提供了借鉴。

## 第四节　避雷器支架设计

超高压纯空气间隙型和绝缘子支撑型高海拔金属氧化物避雷器的相关性能参数和合适的安装方式确定后，避雷器与铁塔的连接需要设计合适的避雷器支架，确保避雷器运行安全可靠。

### 一、避雷器的连接

根据相关试验结果，纯空气间隙支撑型和绝缘子支撑型两种避雷器安装方式均适用于各种电压等级、各种塔形，均能达到避雷效果、在同等条件下采用纯空气间隙型安装方式的防雷效果更佳。纯空气间隙支撑型安装是在原塔导线横担端头加装避雷器支架横担，再通过避雷器支架横担及金具与避雷器本体相连。

### 二、设计方案及措施

采用纯空气间隙型避雷器的塔位，采用了加装避雷器支架横担方案。该安装方案是在现有直线塔导线横担端部加装避雷器支架，再将避雷器本体与避雷器支架连接而成，如图 9.4－1 所示。

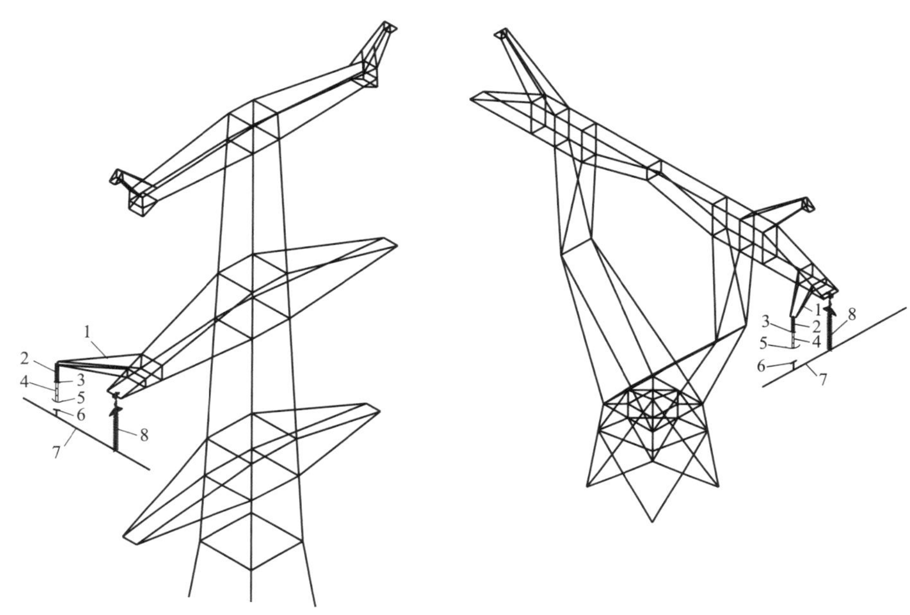


图 9.4－1　纯空气间隙支撑型示意图

1—避雷器支架结构；2—避雷器支撑吊架；3—吊架连接板；4—避雷器本体；5—避雷器上间隙环；6—避雷器下间隙环；7—导线；8—悬垂绝缘子

依据相关研究成果，避雷器安装位置距离导线挂点应不小于 4m。避雷器支架通过紧固金具与铁塔导线横担相连，无须在导线横担主材上增加螺栓孔，也无需对铁塔本体进行大规模改造。考虑到导线与避雷器支架之间垂直距离的不确定性，在避雷器吊架上端均匀设有若干排螺栓孔。根据现场实际安装高度选取不同的螺栓孔来调整避雷器竖向位置，具体安装示意图详见图 9.4－2～图 9.4－4。

此方案具有结构简单、安装方便、可靠性高、实用性强等特点，是当前输电线路避雷器安装最为有效的方法之一。

## 三、小结

藏中电力联网工程所采用的纯空气间隙型避雷器支架方案结构简单、便于安装，且

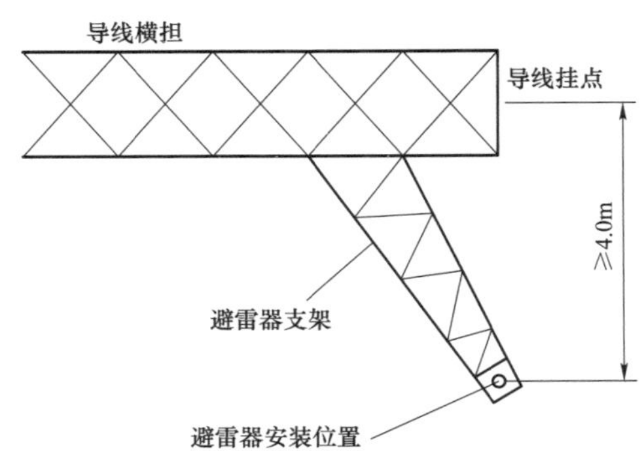


图 9.4-2 导线横担及避雷器支架平面图

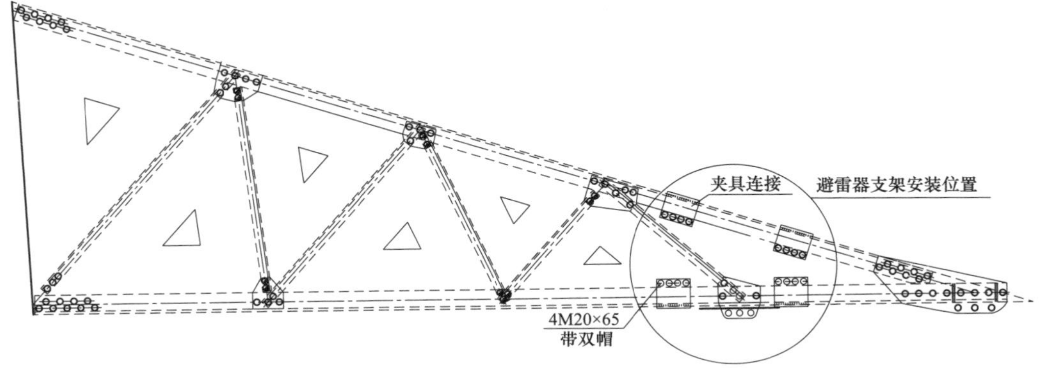


图 9.4-3 导线横担结构图

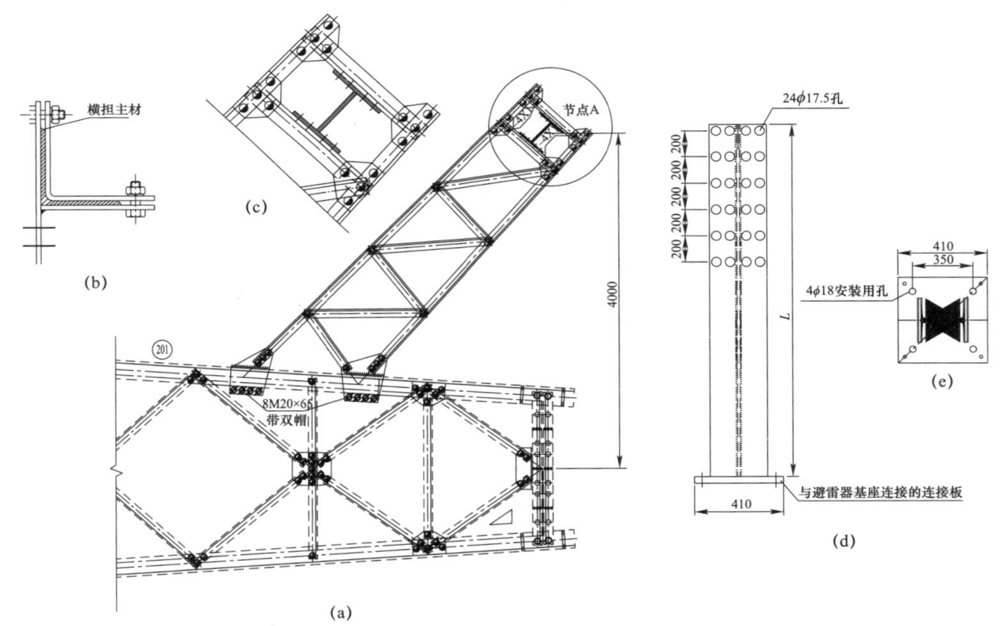


图 9.4-4 导线横担下平面及吊架示意图

（a）导线横担；（b）紧固金具连接示意图；（c）节点 A 详图；（d）吊架示意图；（e）避雷器与吊架连接板

不需要对铁塔本体结构进行大规模改造，对在建或已投运线路均可采用。大幅度提高了工程的整体防雷水平，为后续工程建设中避雷器支架的加装提供了宝贵的经验。

# 第五节　高土壤电阻率接地系统

架空输电线路杆塔的接地装置通过杆塔及引下线与地线连接，可将直击于输电线路的雷电流引入大地，以减小雷击引起的停电事故。降低杆塔的接地电阻是提高线路耐雷水平的一项重要措施，杆塔的接地电阻越小，雷击时加在绝缘子串上的电压越低，发生反击闪络的概率越小。

## 一、高电阻率地区接地设计的困境

输电线路一般根据土壤电阻率来选取相应的接地装置材料，通常采用圆钢、扁钢作为接地体。为了在各种土壤条件下均能达到接地电阻要求，降阻剂、接地模块、深井爆破等接地材料，以及镀锌、镀铜、防腐涂料、铜包钢、阴极保护等防腐材料都得到了推广应用。

高海拔地区雷电活动频繁，为了降低雷击跳闸率，必须有效地降低杆塔的接地电阻。然而高海拔地区的土壤电阻率往往较大，以藏中电力联网工程为例，线路沿线塔位的土壤电阻率分布情况极为不均，部分地区为高原山地，地表为出露、风化的岩石或石屑，土壤电阻率大于 6000Ω·m，少数甚至大于 20 000Ω·m，常规的接地材料难以满足高海拔地区特殊高土壤电阻率地区接地电阻的要求。

## 二、设计方案及措施

离子接地系统主要由电极、离子活性物质、离子缓释填料三大部分组成。离子接地极原理是离子活性物质电解后变成液体，重力使其在管内沉积并溢出到离子缓释填料中，经过填料的不断吸收达到饱和，最后缓慢向大地深处释放活性物质，改善土壤电阻率，降低接地电阻。电极采用耐腐蚀合金制成，电极自身的腐蚀率仅为铁的 1/8，使用寿命比普通接地极更长。

离子活性物质被填充在电极内，无须人员维护。在埋入地下后能自动电解，在电极周围溢出形成树根效应，改善土壤的导电性能。正是由于有离子活性物质不断的电解，接地电阻随时间会进一步降低，一年后降到最低值并趋于稳定。

电极外填充离子缓释填料，应用毛细孔原理，锁住水分保持湿度，并不断收集电解的离子活性物质。由于填料为离子活性物质提供缓释通道，降低接地电阻并延长离子活性物质的作用时间。

离子接地系统具有如下特点。

（1）安装方便，电极单元水平安装，开挖量少。

（2）安装不需要水，适合于野外、高山等缺水的施工现场。

（3）降阻高效，采用三层降阻结构，在有限区域达到最佳综合降阻效果。

（4）使用寿命较长，电极单元内外均做防腐处理，复合回填料能紧密包裹，同时对金属电极单元有缓蚀作用。

（5）接地电阻稳定，复合回填料主要物质是导电石墨，靠电子导电。电极单元还将不断地向周围土壤中释放导电离子，改善接地体周围的土壤，接地电阻随季节变化影响较小。

（6）安全性高，接地装置设计有泄流环结构，能有效降低大电流通过时引起的地电位升高，保障地面人员人身安全。

藏中电力联网工程中米堆冰川段线路是西南高海拔地区特殊高土壤电阻率地区的一个典型代表。该段线路共计包含 36 基杆塔，位于波密县米堆冰川景区北侧陡峭的山壁上，属于左贡—波密 500kV 线路工程的一部分。该段线路山势陡峭，土壤电阻率较大，普遍大于 6000Ω·m，少数甚至大于 20 000Ω·m。为降低杆塔的接地电阻，该段线路全部采用离子接地装置，该接地装置可以有效降低高土壤电阻率塔位的接地电阻，同时有效减小接地射线的长度。根据现场实测，上述杆塔的接地电阻值均满足规程规范的要求。工程中采用离子棒型接地材料的接地装置如图 9.5－1 所示。

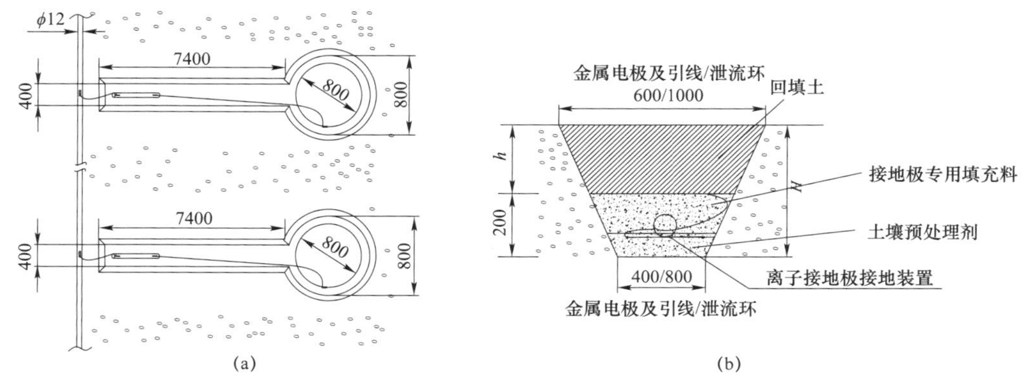


图 9.5-1　离子棒型接地装置示意图

（a）俯视图；（b）侧视图（剖面图）

## 三、小结

离子棒接地材料可以有效降低杆塔的接地电阻，在同等降阻效果下施工最为便捷，同时接地沟开挖的土方工程量最小，在高海拔超高压电力联网工程接地设计中发挥了重要的作用。

# 第六节　石墨柔性接地系统

高海拔地区输电线路沿线海拔高，地形起伏大，部分区域地形地质条件复杂，杆塔的接地沟开挖困难，接地装置敷设难度很大，同时受外部环境影响，接地装置在施工及运行过程中极易破坏。

## 一、普通接地装置应用局限

传统接地体采用金属材质，金属材质接地体在高海拔地区复杂地形地质条件下，存在两个问题。

（1）施工难度大。由于钢材的物理特性，施工单位难以根据现场的地形条件进行灵活处理，尤其是在山区。局部区域的接地沟难以按照直线进行开挖，在无形中增加了工程施工的难度和成本。接地体连接点需要进行焊接，而山区焊机的运输也很困难。当塔位附近的地表及地下分布有大量的碎石时，钢材质接地体的敷设也很困难。

（2）锈蚀造成的接地不稳定。造成输电杆塔接地不稳定的原因有很多，最主要是由于接地材料的锈蚀。目前，输电杆塔主要采用钢材（圆钢和扁钢）作为接地材料，随着时间推移，钢材接地材料在复杂的土壤环境中会发生酸碱腐蚀和电化学腐蚀。尤其是在引下线入土处和焊接处，进而会造成接地电阻的不稳定。在大电流通流情况下，会导致锈蚀处发热断裂，容易造成雷击事故。

考虑到高海拔地区部分区域为高山峻岭且地质地形条件极为复杂，在满足施工便捷性、不同地形地质适应性的前提下，设计了一种新型的接地系统，能有效且稳定地降低杆塔的接地电阻，对于工程建成后的安全稳定运行有着重要的意义。

## 二、设计方案及措施

石墨柔性接地体采用柔化工艺将具有良好导电性和耐腐性的石墨进行柔化改性，使其电气性能、理化性能、力学性能满足防雷接地技术及工程施工要求。可以彻底解决输电线路杆塔接地装置的腐蚀及接地电阻不稳定问题，实现接地工程免维护。

其主要技术特征表现为以下几点：

（1）具有良好的工程性，运输、开挖、回填等变得简单易行；

（2）有良好的耐腐性，适应于复杂的地质环境；

（3）与土壤具有良好的黏结性，与土壤的接触电阻低且稳定；

（4）大电流冲击下有良好的动热稳定性，温升低，避免了土壤烧结；

（5）石墨柔性接地体取代金属类接地材料，具有良好的技术经济性；

（6）石墨材料无回收价值，可避免偷盗。

基于石墨柔性接地体的上述优点，电力联网工程在部分地形陡峭、塔位地形狭窄以及具有腐蚀性的部分塔位，采用石墨柔性接地材料，替代传统的镀锌圆钢。石墨柔性接地材料在敷设时全部位于冻土层以下，采用的石墨柔性接地装置如图 9.6－1 所示。

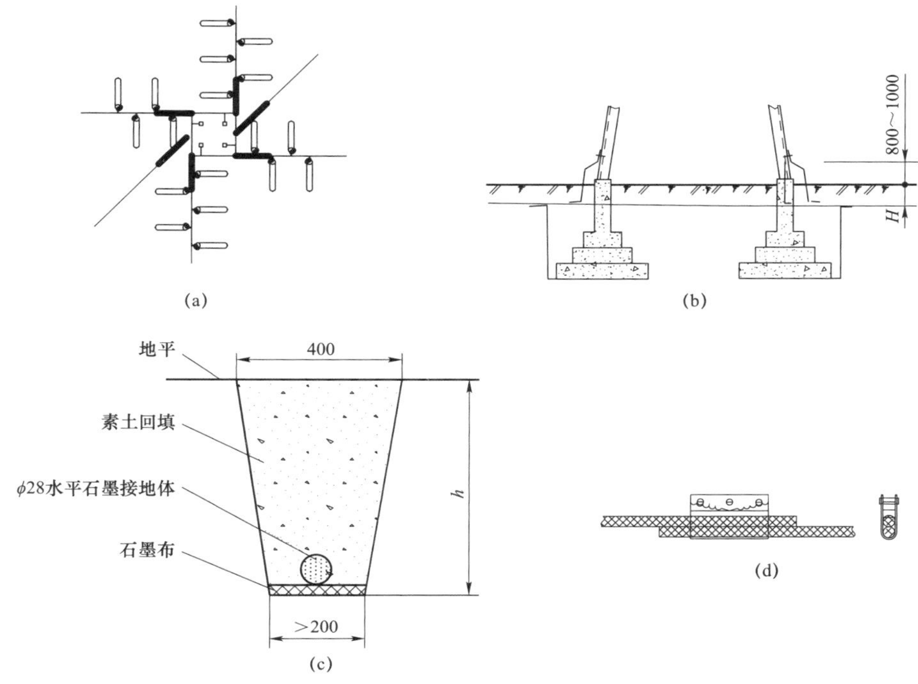


图 9.6-1 石墨柔性接地材料敷设示意图

（a）接地装置俯视图；（b）接地引下线剖面图；（c）接地坑剖面图；（d）柔性石墨连接图

## 三、小结

石墨柔性接地材料可以有效降低杆塔的接地电阻，同时凭借其耐腐蚀性、与土壤具有良好的黏结性、良好的动热稳定性、技术经济性以及施工的便利性，在局部复杂地形地质条件下的接地设计中，发挥了重要的作用，同时也为高海拔地区复杂地形地质条件下杆塔接地装置的设计工作积累了宝贵经验。

# 第七节 可伸缩防鸟针板

雷击、鸟害、外力破坏是威胁输电线路安全运行的三大主要灾害，全国相关统计资料表明，鸟害已占输电线路总故障的第三位。随着人类对自然生态环境保护意识的加强，禁猎和退耕还林政策的实施，人类为鸟类生存创造了更好的环境，鸟的种类及数量逐渐增多，活动范围逐步扩大。随着电网的发展，输电线路如不采取针对性的防鸟措施，其危害程度也将逐步增大。

## 一、传统防鸟设备的不足

以±400kV青藏直流输电线路为例，青藏直流输电线路走廊途径多个自然保护区，区内人烟稀少，多大型鸟类。加之地形无树木的特点，高大的杆塔很容易成为鸟类栖息、活动的场所。目前，随着人们环境保护意识的增强，鸟类种群和数目均不断增长。±400kV青藏直流输电线路自投运以来，防鸟害工作经历了从被动到主动、从短效到长效、从治标到标本兼治的过程。2012～2014年主要以加装防鸟刺为主要措施。2014年后采取了加装新型驱鸟装置、加装绝缘护套、复合绝缘子更换为瓷绝缘子等多种手段。2015年开始加装鸟类活动监测系统，以全面摸清沿线鸟类活动规律，由此对症下药采取措施减少鸟类活动对输电线路的影响。

从故障数据上来看，开展防鸟措施改造工作以来，2012年改造后至2013年改造前共发生16次线路故障。2013年改造后至2014年改造前共发生3次线路故障。2014年改造后至2015年改造前共发生15次线路故障。2015年改造后至今发生线路故障14次。从故障巡视情况表明，历年防鸟害工作对鸟害故障没有递减性的作用，各类防鸟措施没有起到明显的降低鸟害故障的作用。现场调研发现，目前，鸟刺仍为主要防鸟手段，但铁塔筑巢、绝缘子鸟粪较为普遍存在。进一步分析表明，鸟刺的密度、长度参数过于单一。对于种类繁多、体形各异的鸟类不能起到普遍防鸟作用，鸟类仍可在鸟刺下端进行筑巢以及活动，不能发挥到防鸟的作用，必须考虑差异化配置，使鸟类无法在铁塔上端站立以及筑巢。此外，常规的防鸟装置在使用过程中并未考虑相应的防护措施，容易对鸟类造成一定的伤害。

## 二、设计方案及措施

以藏中电力联网工程为例，线路途经西藏自治区的昌都市、林芝市及山南市，线路沿线电网和生态环境脆弱。为避免鸟害事故威胁输电线路安全运行，同时避免常规防鸟设备使用的局限性，以及对鸟类可能造成的伤害，工程采用了新型的可伸缩防鸟针板。可伸缩防鸟针板在防护原理上与普通防鸟针板一致，通过占位使鸟类不再进入相关区域，从而达到防鸟效果，同时在端部加装红色保护帽装置，避免对鸟类的伤害。

可伸缩防鸟针板安装应采用专用夹具，专用夹具使用 4.8 级 M16×40 热镀锌螺栓紧固连接，紧固螺栓采取了可靠的防松措施。防鸟针板根据塔材大小设置成单排、双排或多排针板，现场装拆方便。可伸缩防鸟针板示意图见图 9.7－1。

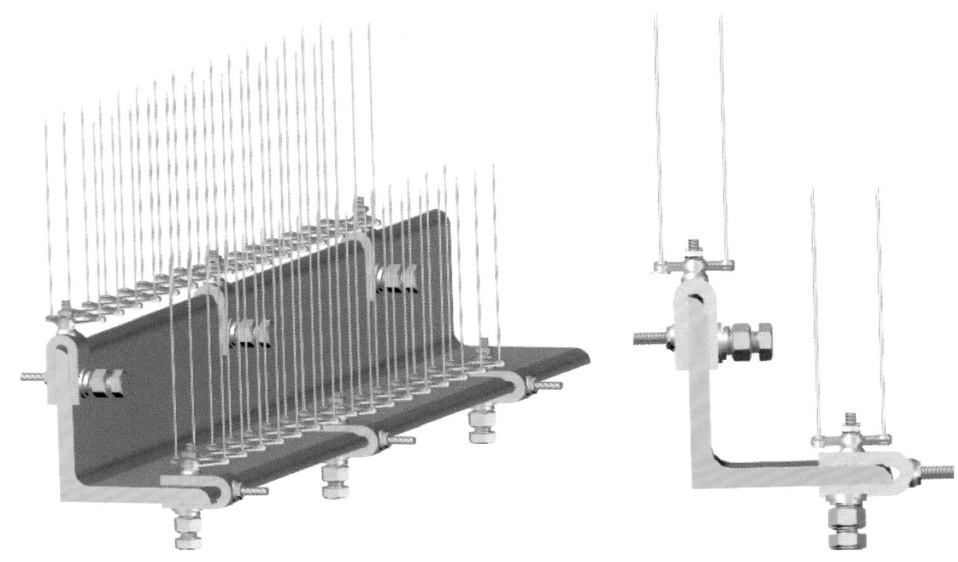

图 9.7－1　可伸缩防鸟针板示意图

可伸缩防鸟针板的每根钢针整体长度（220±5）mm，直径$\phi$2.5mm，端部做防伤害处理。针板基板的材质采用厚度（1.3±0.1）mm 的 304 不锈钢钢板制成。针板每一连接单元收缩时，长度≤140mm，宽度≤80mm；每一单元拉伸至两基板夹角呈 90° 时，长度（500±10）mm，宽度（60±5）mm。对于 1m 长防鸟针板，每套针板标配 2 个连接单元，总拉伸长度（1000±20）mm，总收缩长度≤280mm，总钢针数量 36 根；1.5m 长防鸟针板，每套针板标配 3 个连接单元，总拉伸长度（1500±20）mm，总收缩长度≤420mm，总钢针数量 54 根。

可伸缩防鸟针板的安装金具采用厚度 8mm 钢板制成，整体热镀锌防腐处理，具备双向安装功能，每个安装金具配一套 M12 螺栓作为顶丝使用。

每套 1m 长可伸缩防鸟针板质量≤2.1kg，每套 1.5m 长可伸缩防鸟针板质量≤3.2kg，且两种针板可根据实际安装要求具备自由组装和拆分功能，可以自由组装成多单元和多排形式安装。适应宽度 250mm 以下的所有角钢、所有位置，以及各种长度塔材的安装。可伸缩防鸟针板安装效果图见图 9.7−2。

图 9.7−2　可伸缩防鸟针板安装效果图

## 三、小结

考虑到高海拔地区生态环境的脆弱性及现阶段电网的薄弱性，为减少鸟害事故同时避免传统防鸟装置对鸟类造成的伤害，电力联网工程在部分鸟害风险较大的铁塔上加装了一种新型的可伸缩型防鸟针板。可伸缩型防鸟针板为解决现有防鸟装置防护效果不佳、不利于检修人员检修工作、安装不方便、使用寿命短等缺点而产生的。根据不同杆塔需要防护范围不一，可以自由地进行拉伸和收缩，并在端部加装红色保护帽装置，避免对鸟类的伤害。可伸缩防鸟针板在藏中电力联网工程中得到广泛应用。根据运行单位反馈，安装新型的可伸缩防鸟针板后鸟害事故得到了有效控制，同时也未出现过对鸟类的伤害事件。

# 第八节 均压环优化设计

高海拔线路电晕问题尤为突出，均压环选型成为绝缘串的设计重点，为了均匀复合绝缘子带电端的电场强度并保护伞裙表面在发生电弧时不被灼伤，有必要在绝缘子两端配置均压环。均压环的参数，如管径、长度等与海拔相关，且环体存在两个支腿或四个支腿两种设计方案，均压环参数的配置成为金具串的关键。

## 一、高海拔地区均压环的技术特点

（1）高海拔超高压线路海拔跨度大（海拔 2200～5300m），若每隔 1000m 设计一种均压环，则均压环种类众多，不利于运行维护和统筹备品备件。

（2）均压环主要承力件均为纯铝材质，强度较低，易疲劳。若一个环体只有两个支腿，则因为受力不合理容易出现断裂事故。

（3）由于线路距离长，沿线地形、气候条件复杂，大档距大高差现象较为突出（线路的最大档距 1727m，最大高差 436m）。在严酷的自然条件下，发生此类事故的概率更高。

## 二、设计方案及措施

（1）根据电压等级和海拔对主环管管径和支架管径进行分类设计，以方便生产加工、施工安装及运维。根据试验及工程经验，具体分类如下。

1）海拔 4000m 以下，主环管环体直径为$\phi 60\times 3.5$，支架直径为$\phi 30\times 4.5$；

2）海拔 4000m 以上，主环管环体直径为$\phi 80\times 4$，支架直径为$\phi 36\times 6.5$。

500kV 均压环优化设计见表 9.8－1。

表 9.8－1　500kV 均压环系列

| 序号 | 规格 | 海拔（m） | 形式 | 主环管尺寸（mm） | 支架尺寸（mm） |
|---|---|---|---|---|---|
| 1 | FJD－80/1500/H | ≥4000 | 跑道形 | $\phi80\times4$ | $\phi36\times6.5$ |
| 2 | FJD－80/1450/300 | ≥4000 | 跑道形 | $\phi80\times4$ | $\phi36\times6.5$ |
| 3 | FJPE－80/1900/380 | ≥4000 | 马鞍形 | $\phi80\times4$ | $\phi36\times6.5$ |
| 4 | FJY－80/900/H | ≥4000 | 圆形 | $\phi80\times4$ | $\phi36\times6.5$ |
| 5 | FJY－80/1000/375 | ≥4000 | 圆形 | $\phi80\times4$ | $\phi36\times6.5$ |
| 6 | FJD－60/1200/H | ＜4000 | 跑道形 | $\phi60\times3.5$ | $\phi30\times4.5$ |
| 7 | FJD－60/1150/300 | ＜4000 | 跑道形 | $\phi60\times3.5$ | $\phi30\times4.5$ |
| 8 | FJPE－60/1900/380 | ＜4000 | 马鞍形 | $\phi60\times3.5$ | $\phi30\times4.5$ |
| 9 | FJY－60/600/H | ＜4000 | 圆形 | $\phi60\times3.5$ | $\phi30\times4.5$ |
| 10 | FJY－60/700/375 | ＜4000 | 圆形 | $\phi60\times3.5$ | $\phi30\times4.5$ |

（2）为了提高线路的运维可靠性，均压环采用四支架设计，受力更加均匀、合理，详见图 9.8－1。

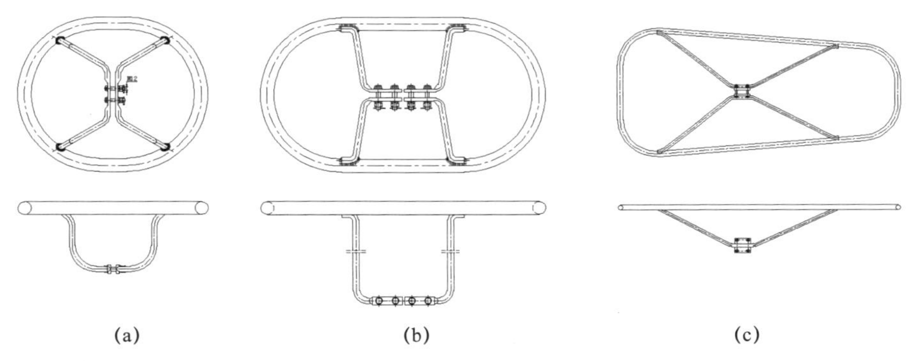

图 9.8－1　均压环设计方案

（a）圆形均压环；（b）跑道形均压环；（c）马鞍形均压环

## 三、小结

通过均压环参数的统一归类优化，不仅实现了均压降晕的功能，也实现了相关产品种类的简化和统一。均压环采用四支架设计，受力更加均匀、合理，提高了均压环的安全可靠性。

# 第九节　大高差耐张塔鼠笼式硬跳系统

国内超高压线路耐张塔跳线分为软跳和硬跳两种。其中，软跳系统多应用于风速较低的地区，造价较低；硬跳系统重量较重，可有效抑制风偏，多应用在风速较高的地区，造价相对较高。一般情况下耐张塔宜采用软跳系统，安装原则是耐张塔外角侧安装两个跳线串；15° 以下耐张塔内角侧安装两个跳线串；15° 以上耐张塔内角侧根据实际情况确定。双跳线串、单跳线串、无跳线串安装示意图分别见图 9.9－1～图 9.9－3。

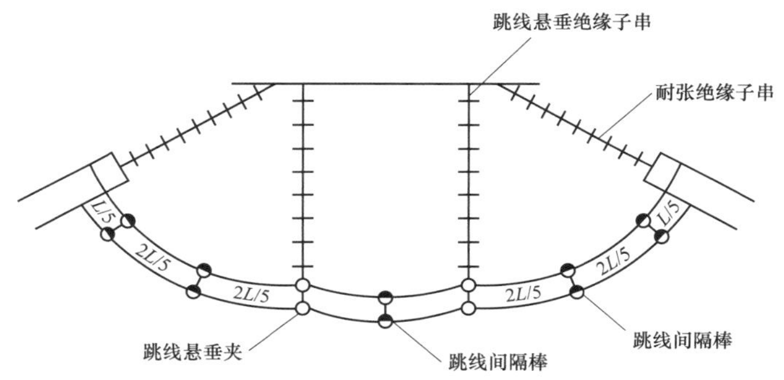


图 9.9－1　双跳线串安装示意图（软跳）

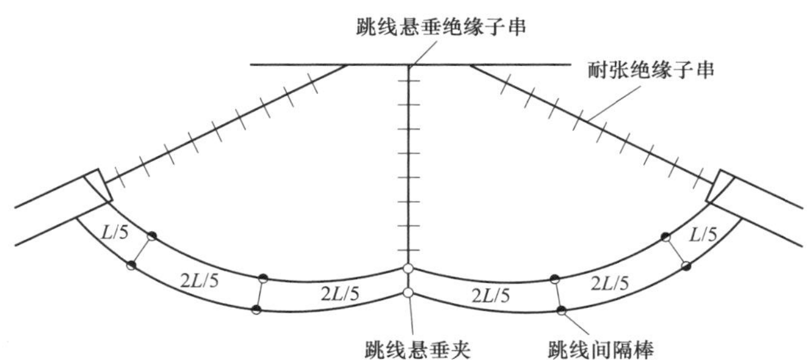


图 9.9－2　单跳线串安装示意图（软跳）

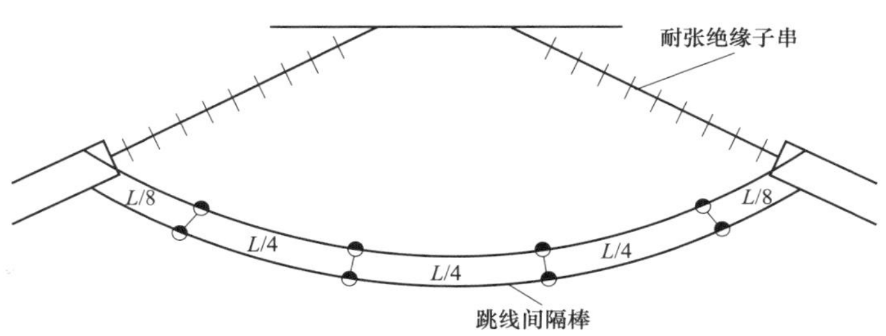


图 9.9－3　无跳线串安装示意图（软跳）

## 一、大转角、大高差地区的跳线间隙问题

一般情况下，高海拔超高压线路沿线高低起伏大且路径走向受限，因此大高差或大转角耐张塔较为常见。这种情况下，容易引发以下四个问题：

（1）跳线长度增加，摆动范围加大，带电的跳线对铁塔的距离减小；

（2）转角较大，跳线向铁塔方向的张力分量加大导致跳线更加容易靠近塔身，减小间隙；

（3）负高差较大的情况下，跳线被向上拉直导致软跳线部分对上横担下表面间隙减小；

（4）正高差较大的情况下，跳线被向下拉直导致软跳线部分对下横担上表面或者塔身的间隙较为紧张。

上述情况均容易引发放电事故。

## 二、设计方案及措施

为了提高线路安全可靠性，达到线路投运后少维护、免维护的目的，一般单回路耐张塔的中相安装鼠笼式硬跳装置。在塔位特别陡峭、高差特别大的耐张塔的边相根据电气间隙选择性地安装鼠笼式硬跳装置。通过硬跳的安装，一是增加跳线系统的重量、减少软跳部分的长度，限制跳线的摆动幅度；二是通过硬跳管增加跳线带电部分与铁塔接地部分的间隙距离。综合上述两个因素，采用硬跳系统可以有效提高跳线对铁塔安全距离，有助于线路安全、可靠运行。鼠笼式硬跳示意图见图 9.9-4。

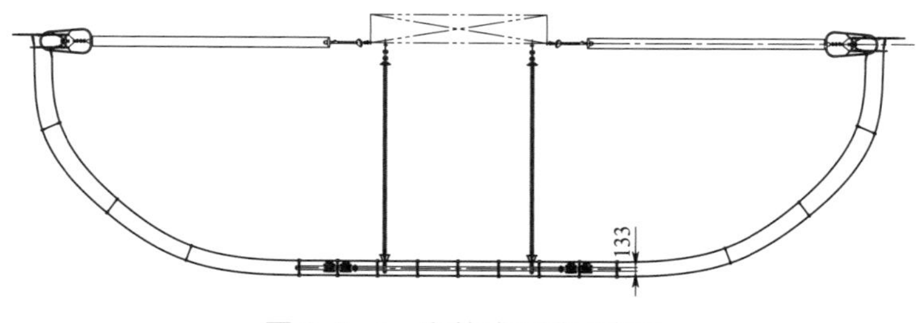


图 9.9-4　鼠笼式硬跳示意图

## 三、小结

普通软跳线由分裂软跳、多个跳线间隔棒及重锤组成，绕跳还包括 1～2 套跳线悬垂串；鼠笼式硬跳结构较为复杂，单位造价也略高，但在高差较大的情况下，应用鼠笼式硬跳装置，可以增大带电体与接地体之间的距离，抑制跳线串摆动，提高线路可靠性。

# 第十节　耐低温、耐磨金具

高海拔超高压线路沿线海拔一般在 2000m 以上，最高海拔超过 5000m，极端最低气温低于－50℃。沿线交通条件差，经过高山、峻岭、峡谷，跨越一些发源于高海拔地区的大江大河，地形及气象条件复杂，自然环境严酷。

## 一、低温地区、气象复杂地区的金具特点

（1）普通线路金具材料在低温条件下，因其原子周围的自由电子活动能力和“黏结力”减弱而使金属呈现脆性，导致材料的冲击韧性急剧降低，特别容易引发金属件脆断，从而诱发断串，危害性很大。

（2）线路沿线地形条件及微气象复杂、大档距大高差现象较为突出，藏中电力联网工程线路的最大档距 1727m，最大高差 436m。在严酷的自然条件下，旋转类金具、螺栓等长期受力复杂，如受剪力、受弯力、预紧力等，也容易出现断裂事故诱发断串，危害性很大。

（3）沿线地形复杂、交通困难、山高林密，且因为高海拔原因导致人机降效严重，发生故障后修复工作极其困难。因此线路对金具的可靠性及长寿命提出了更高的要求，以减少线路故障及维护工作量，保障线路安全可靠运行。

## 二、设计方案及措施

一般来说，金具的改进往往围绕电压等级、导线创新、串型结构及子导线分裂数变化而进行变化。项目对金具的要求主要体现在产品机电性能的型式试验、抽查试验、外观质量等，但是对金具本身材质的改进及创新相对较少。客观上这些要求也确实能够保证电力金具质量，保证较长的使用寿命。但由于制造、安装、气候条件等因素，实际线路运行中金具仍然存在一定的故障率，仍然需要定期巡查、检修以保障线路的安全运行。

通过改进金具的材质，提高线路金具的可靠性及寿命，减少线路故障及维护工作量，保障线路安全可靠运行。经过试验研究论证，线路金具中的板制件采用 Q345R，锻制件采用 35CrMo。其中，Q345R 的屈服强度为 345MPa 级的压力容器专用板，它具有良好的综合力学性能和工艺性能，强度高、韧性强。35CrMo 合金结构钢也常常被用于制造承受冲击、弯扭、高载荷的各种机器的重要零件，如轧钢机人字齿轮、曲轴、锤杆、连杆、紧固件，汽轮发动机主轴、车轴等，具有很高的静力强度、冲击韧性及较高的疲劳极限，温度低至−110℃时，仍有较高冲击韧性，各方面性能均强于 35 号钢，可大大提高金具的低温韧性及耐磨性能。

耐低温、耐磨金具技术要求如下：

（1）悬垂线夹的连接装置应有足够的耐磨性，不应在长时间运行后因磨损而破坏；

（2）设计时连塔金具考虑上部与塔连接处的磨损问题，连塔端强度应比设计标称强度至少高一级；

（3）连塔金具、球头挂环、碗头挂板均采用 35CrMo 材料整体锻造，并进行热处理及调质处理；

（4）U 形挂环和破坏载荷为 640kN 及以上的直角挂板采用 35CrMo 整体锻造，并进行热处理；

（5）锻造类连接金具材料采用 35CrMo 制造，并进行热处理。

## 三、小结

在降低高海拔、运行困难地区线路金具事故风险，延长金具运行寿命，减免维护的指导思想下，通过对现实运行中架空输电线路事故的收集总结。提出了金具改进的方向，提出了高强度、耐高寒材料，并对较易发生事故风险的金具重新统一设计，这些研究成果最终全部以金具招标技术规范书和发布金具加工图纸的方式呈现出来。指导了工程金具串和金具的设计、生产、安装，避免因为材料本身“低温脆性”及复杂的受力而诱发断串事故，极大地提高了工程的安全性和可靠性。

## 第十一节　注脂式耐张线夹

高海拔超高压线路沿线经过高山、峻岭、峡谷，地形高低起伏大，两杆塔之间的最大高差达数百米，导致部分耐张线夹上扬较为严重。同时，线路所经地区温度较低，积水在低温下容易结冰。

### 一、冰区线夹上扬的危害

由于导线压接后线股之间存在微小间隙，形成渗水通道。耐张线夹钢锚端部有台阶状突出部分，且端部为铝管直接压在纲锚管上，经压实后较为密实，耐张线夹端部密闭。

当耐张线夹仰角较大时，在长时间的运行中，雨水沿渗水通道向线夹空腔处渗水。由于纲锚端部密实，积水无法流出，造成线夹空腔积水存在。温度下降至冰点，积水结冰膨胀，导致压接管空腔处线夹铝管出线纵向裂纹或鼓包。严重情况下将耐张线夹涨破，容易导致断线事故。

### 二、设计方案及措施

与厂家合作研制的注脂式耐张线夹，在原定型设计基础上进行改造。钻孔攻丝后配套小螺钉，注脂后压接形成一体，强度不受影响。研制出 NYZ－500/45A、NYZ－500/45B、NYZ－520/35HA 和 NYZ－520/35HB 四种型号注脂式耐张线夹。上扬较为严重的耐张线夹采用注脂孔设计，施工时用导电脂把空腔填满，从而避免雨水进入耐张线夹空腔，避免积水反复冻胀而损坏耐张线夹。

具体安装工艺如下：

（1）用棉丝沾汽油清洗耐张线夹铝管和钢锚内壁；

（2）对导线端部进行校直，方便穿管操作；

（3）剥铝线，穿铝管，压接钢锚钢管；

（4）将电力脂涂在外层铝绞线上，范围覆盖铝管压接区域；

（5）将电力复合脂充入注脂枪腔内，至铝管管口溢出复合脂时止；

（6）对铝管穿管及预偏；

（7）对铝管压接；

（8）测量耐张铝管长度、压接区及不压区长度、对边距，检查液压管弯曲度、耐张管引流板角度等；

（9）耐张管压接完成后，必须采用“钢锚比量法”或“钢尺校对法”校核钢锚的凹槽部位是否全部被铝管压住，如压接区长度不够，可以进行补压；

（10）将铝制螺栓拧入注脂孔，螺栓顶部与铝管平齐；

（11）经质量检查合格后，在直线接续管或耐张线夹的不压区中央部位，打上液压操作者的钢印。

注脂式耐张线夹见图 9.11－1。

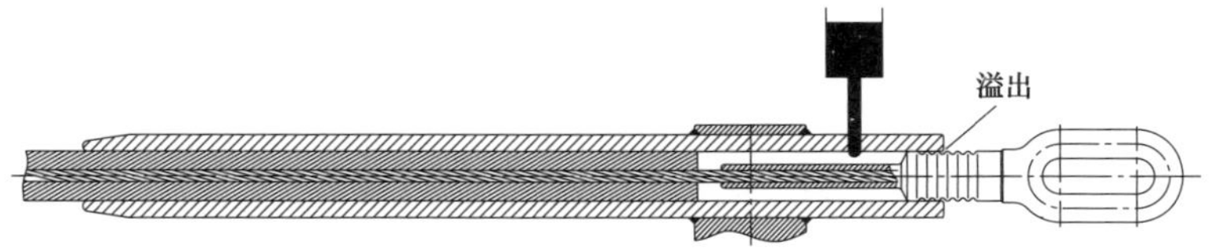


图 9.11－1　注脂式耐张线夹

## 三、小结

在耐张线夹上扬时应用注脂式耐张线夹，避免雨水进入耐张线夹空腔导致积水反复冻胀而损坏耐张线夹。与厂家合作研制出 NYZ－500/45A、NYZ－500/45B、NYZ－520/35HA 和 NYZ－520/35HB 四种型号注脂式耐张线夹。

# 第十二节 预绞丝护线条

为了保障线路的安全性，在悬垂线夹与导地线之间，一般要缠绕铝包带或者预绞丝护线条进行防护，以减少悬垂线夹船体对导线的剪切应力。高海拔超高压线路沿线地形起伏大，相邻塔位高差大，需要合理选择悬垂线夹处的导线保护设备，避免导线磨损断股。

## 一、地形及气象条件复杂地区采用铝包带的风险

一般情况下，只需在导线悬垂线夹与导线之间缠绕铝包带即可收到较好的效果。在大高差情况下，导线悬垂角相应较大，在悬垂线夹出口附近导地线的曲率半径减小，局部应力（包括冲击正应力、交变正应力、交变剪应力）更为集中，长期运行条件下，随着应力交替变化次数的不断增加，即使极细微的物理缺陷也将逐渐发展和扩大，最终发生断裂事故。高海拔超高压线路运行检修较常规线路难度更大。为减少运行检修强度，需考虑采取适当措施，减少导线断股的风险。

悬垂线夹出口处断股（铝包带）见图 9.12－1。

图 9.12－1 悬垂线夹出口处断股（铝包带）

## 二、设计方案及措施

导线悬垂串采用预绞丝护线条（见图 9.12－2）。该产品结构简单，加装于线路导线

的线夹处，缠绕并握紧导线，增强线夹刚度，保护导线免受振动、线夹压应力、摩擦磨损、电弧及其他损伤，提高导线的安全性能。导线用预绞丝护线条保护示意图见图 9.12－3。

图 9.12－2　预绞丝护线条

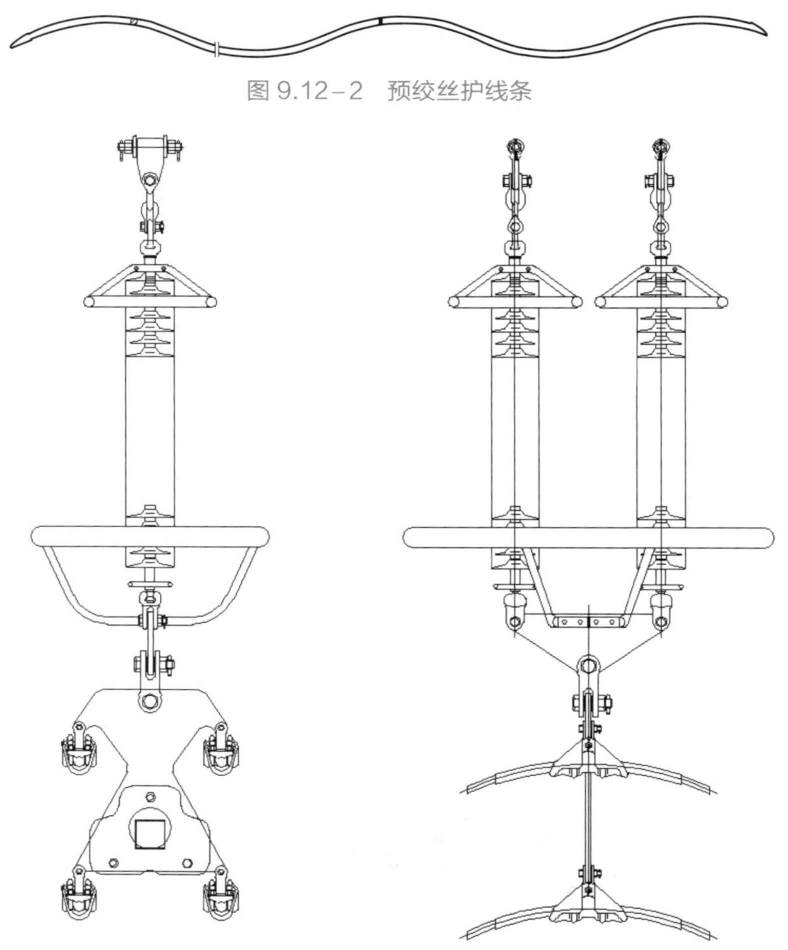

图 9.12－3　导线用预绞丝护线条保护示意图

## 三、小结

为有效保护导线，降低悬垂线夹出口处局部应力集中对导线的损伤而造成断线事故的风险，全线导线悬垂串应用预绞丝护线条，提高导线的安全性能。

# 第十三节　防滑型防振锤

导地线微风振动是指微风吹过导地线后形成卡门涡流引起的导地线振动。在输电线路中，微风振动是导致线路损伤的主要原因之一。

微风振动防振措施主要从三方面着手。一是在架空线上加装防振装置，吸收或减弱振动的能量，以达到防振的目的，如采用防振锤、阻尼线防振；二是提高导（地）线耐振能力，改善导（地）线的耐振性能，如护线条；三是确保防振锤固定在合适的位置，避免防振锤滑移。防振锤现场照片见图 9.13－1。

图 9.13－1　防振锤现场照片

## 一、防振锤的滑动及其危害

在气象及地形条件多变，受力复杂的情况下，由于螺栓松动或是防振锤握力不足等原因，普通型防振锤往往会发生滑移。由于防振锤需安装在振动波长、短半波之间某一半波的波腹位置才能抑制振动。若防振锤滑移后偏离相应的波腹位置则收不到抑制效果；若防振锤滑移至波峰位置则反而会加大振动幅度，给导地线造成更大的损害。防振捶发生滑移见图 9.13－2。

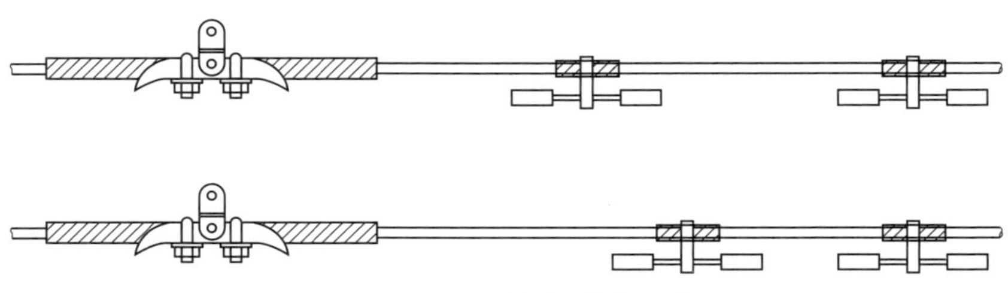

图 9.13－2　防振捶发生滑移

## 二、设计方案及措施

解决老式防振锤滑移的措施之一是采用防滑型防振锤，如预绞式防振锤。预绞式防振锤安装方式不仅没有螺栓的松动问题，还能避免由于导地线蠕变、塑性形变和振动而发生的松动。确保产品无任何滑线现象，避免因为防振锤滑移削弱防振效果，甚至是放大振动而给导地线带来更大的损伤，有效防止导地线疲劳损坏，延长线路运行寿命。老式线夹体防振锤及防滑型防振锤见图 9.13－3。

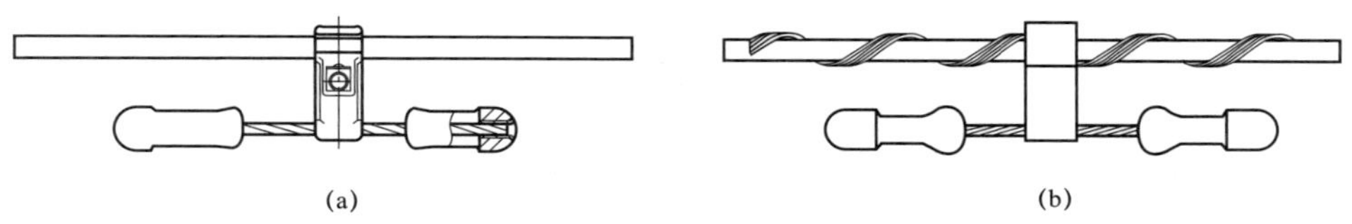

图 9.13－3　老式线夹体防振锤及防滑型防振锤

（a）老式线夹体防振锤；（b）防滑型防振锤

## 三、小结

应用防滑型防振锤，彻底解决了以往老式线夹体防振锤的滑移问题，避免防振捶滑移而削弱防振效果，甚至是放大振动，提高了线路运行的安全可靠性，降低了运维工作量。

# 第十四节　大档距导地线防振设计

高海拔地区多分布高山大岭及河流，线路不可避免有大档距跨越。大跨越处易形成微气象，易因振动疲劳发生断股，且运维极其困难，所以有必要提高大档距线路防振设计标准。

## 一、大档距导地线防振特点

架空输电线路故障的一个主要形式是导线疲劳断股，其主要原因是风致导线振动。风致架空输电线路导线振动有微风振动、次档距振荡和舞动三种形式，其中导线的微风振动发生最为频繁，影响也最大。导线的微风振动是由于风垂直吹过导线时，在导线背后产生的周期性“卡门涡旋”激励作用。微风振动的基本特点是：

（1）风速较低，一般在 1～8m/s；

（2）导线振幅小，一般不超过 10mm；

（3）振动频率高，通常为 5～100Hz；

（4）振形为正弦波；

（5）振动发生的概率很大，一般认为导线一直处于微风振动状态，此外，线路所处地形及档距大小与微风振动关系较大。

如线路微风振动控制不当，将使输电线路极易发生诸如导线疲劳断股、金具磨损、杆塔构件损坏等故障，对线路安全带来较大的危害。

线路大档距跨越段，档距大、悬挂点高、地段开阔、导线张力大，致使振动强度大，振动频率范围变宽，振动持续时间增加。这就要求导线的振动强度需限制到更低水平，从而增加了大档距电线防振设计的难度。因此需要选择合适的防振措施，吸收并消耗振动能量，降低振动强度。

## 二、设计方案及措施

大跨越输电线路具有档距大、悬挂点高、所处地形开阔等特点，引起导线激振风速的范围广。因此导线吸收风能较普通档距线路大得多，其振动水平也远远大于普通线路。目前国内大跨越架空线路分裂导线几乎都采用防振锤加 $\beta$ 阻尼线的联合防振方式。通过设计出布置方案，然后进行试验模拟及现场测振，提供符合技术要求的防振方案。

防振锤加 $\beta$ 阻尼线的联合防振特点：

（1）频率响应范围宽。阻尼线的花边从长到短，长花边的响应频率低，吸收低频振动能量；中等长度花边响应频率居中，吸收中频振动能量；短花边的响应频率高，吸收高频振动能量；防振锤消耗低频能量。这样 $\beta$ 阻尼线加防振锤防振方案能够在微风振动的全频域消耗机械能量，有效降低导线的振动水平。

（2）耗能机理清楚。由于花边由小到大的排列，在微风振动从档中传来时，机械振动能量顺序通过短花边、中花边、长花边。在通过短花边时高频能量被消耗，通过中花边时中频能量被消耗，最后，低频能量通过长花边时被消耗。

（3）可以对重点频段进行加倍防振。可以根据导线自阻尼测试结果中需要重点防振保护的频段增加对应花边，从而达到对重点频段进行加倍保护的目的。

（4）导线振动水平低。由于导线防振系统优良，有效消耗了微风振动的机械能量，使导线系统在比较低的水平下振动。这样有利于导线系统、防振系统以及杆塔金具系统的安全运行。

（5）防振锤运行安全。防振锤由于处于花边内部，其夹头的振动水平大大降低，不会造成防振锤的振动疲劳破坏。

防振锤加 $\beta$ 阻尼线的联合防振方式是比较好的防振措施，国内在多个大跨越工程中，导地线安装了这种类型的防振方案，并且经过了室内试验、现场测振以及运行检测，证明能够有效保护导线免受微风振动的危害，运行状况良好。例如：500kV 江苏南京大胜关长江大跨越工程，采用双分裂导线布置型式，跨距 2053m，塔高 257m，导线型号为 ACSR－400，采用了此种防振方案；500kV 江苏江阴长江大跨越，采用四分裂布置方式，跨越 2303m，塔高 346m，导线采用型号 ACSR/EST－500，也采用了此种防振方案。

交通困难跨江段线路防振措施参考大跨越设计，将线路微风振动的水平控制在安全范围内。防振方案设计应对频率范围进行全保护，对重点频段进行加倍保护。整个防振方案的节点动弯应变不超过金属材料的疲劳极限，最有效地保护导线。为减少导、地线的弯曲应变和意外损伤，在悬垂线夹处加装预绞丝护线条保护，在防振锤等夹具紧固处加装护线条。防振方案见图 9.14－1～图 9.14－3。防振锤加阻尼线联合防振见图 9.14－4。

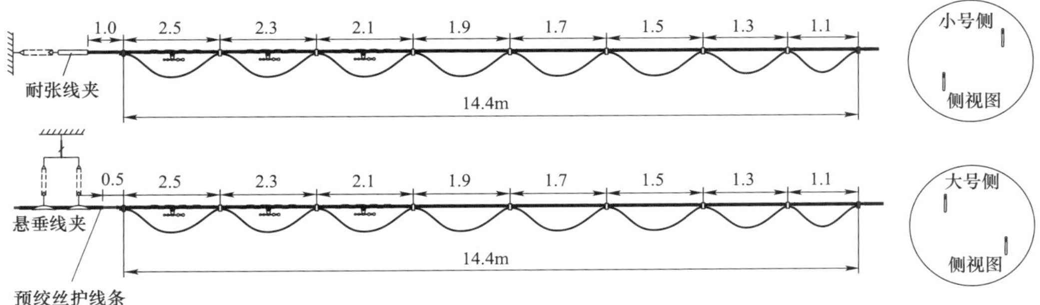


图 9.14－1　导线联合防振图

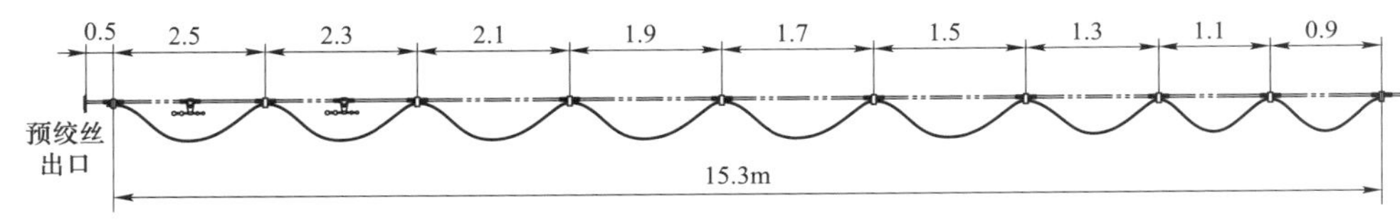


图 9.14－2　OPGW 联合防振图

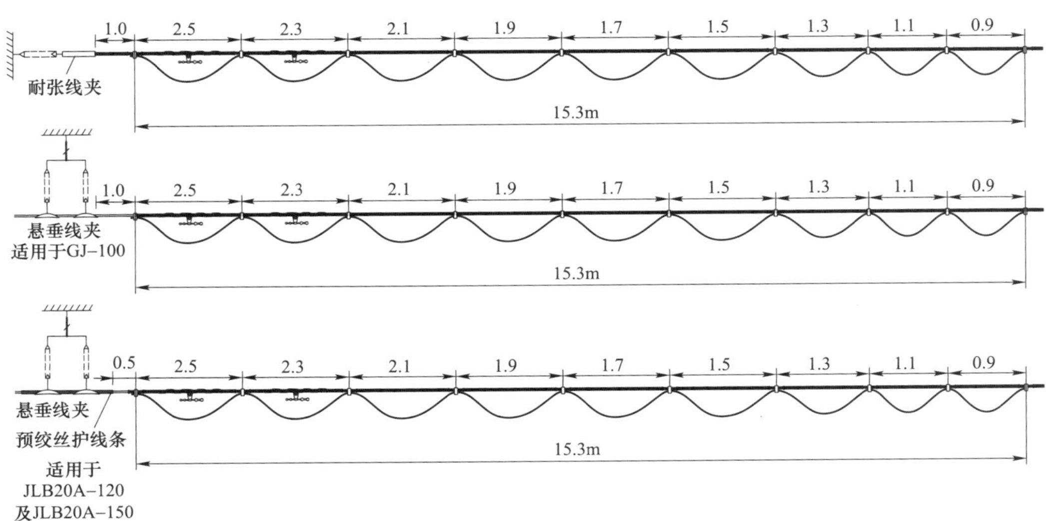


图 9.14－3　地线联合防振

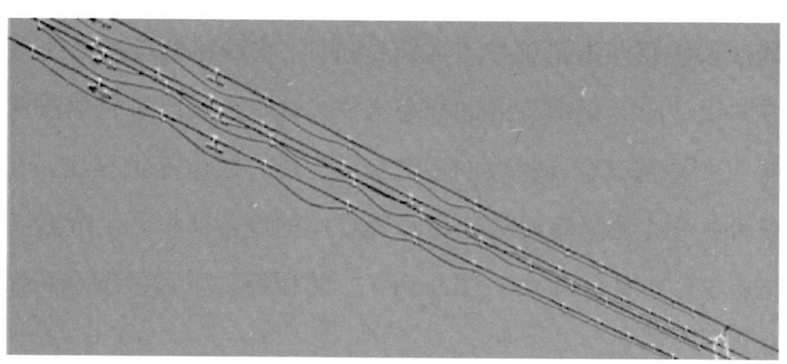

图 9.14－4　防振锤加阻尼线联合防振照片

## 三、小结

高海拔地区大档距线路参考大跨越进行防振设计，采用防振锤加 $\beta$ 阻尼线的联合防振方式，避免导线在寿命期内产生振动疲劳断股，保证了运行安全性，可为后续其他线路跨越江河、湖泊等大档距防振设计提供借鉴。

# 第十五节　双板防松型耐张线夹引流板及线夹回转式间隔棒

耐张线夹是用于固定导线以承受导线张力，并将导线挂至耐张串组或杆塔上的金具。一般情况下，耐张线夹采用 97 定型设计，该设计耐张线夹引流板为单面接触，具有多年运行经验。

传统阻尼间隔棒主要有两个作用：一是起间隔作用，使一相导线中各根子导线之间保持适当的间距；二是起阻尼消振作用，保护导线免遭微风振动和次档距振荡的危害。

## 一、舞动区耐张线夹引流板及间隔棒的运行特点及危害

（1）藏中电力联网工程沿线地形条件及微气象复杂，以林芝市为中心，部分地区位

于二级舞动区，防舞要求较高。在舞动区，输电线路导线因为覆冰而使断面呈现带翼状的筒形。当水平方向的风吹向输电线路时会产生一种低频率（0.1～3Hz）、大振幅（导线直径的 5～300 倍）的自激振动，也就是导线舞动。

（2）在导线大幅度、长时间、无规律地舞动带动下，受导线振动、施工工艺等因素的影响，耐张线夹引流板螺栓容易产生松动。

（3）传统阻尼间隔棒主要由多边形固定支架和多个固定线夹组成。分裂导线被间隔棒固定并分割成若干个次档距，间隔棒附近的子导线无法实现转动，使次档距导线扭转刚度偏大，导线很难绕自身轴线转动，偏心覆冰状况不能得到缓解而容易发生舞动。

## 二、设计方案及措施

（1）根据相关研究及运行经验，可在舞动地区采用防松型耐张线夹。该线夹引流板接触面由单面改为双面，增大了引流板与引流线夹的接触面积，连接牢固，可大幅度降低以往常规耐张线夹存在的安全隐患。双板双螺母防松型耐张线夹示意图见图 9.15－1。

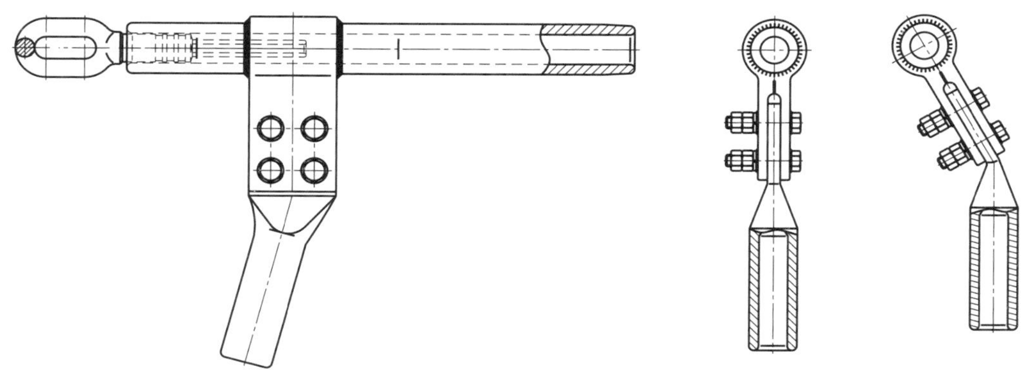

图 9.15－1　双板双螺母防松型耐张线夹示意图

（2）线夹回转式间隔棒是近年来我国新研制的一种防舞装置。其特点是间隔棒部分线夹可自由（或在一定角度范围内）回转，部分线夹与普通夹头相同，不能自由转动。与传统阻尼间隔棒相比，线夹回转式间隔棒具有可转动的握持线夹，该可转动握持线夹在一定程度上抵消了对子导线的扭转约束，使导线在不均匀覆冰后因为偏心扭矩而产生绕其自身轴线的转动，消除或减轻不均匀覆冰的程度。改变覆冰导线的覆冰形状，达到防舞或抑制舞动的效果。线夹回转式间隔棒示意图见图 9.15－2。

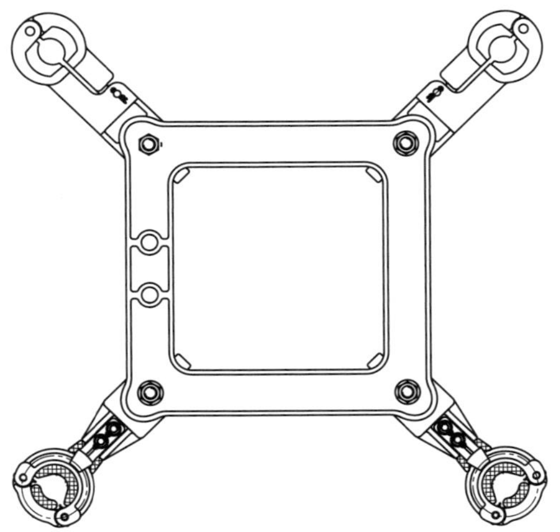

图 9.15－2　线夹回转式间隔棒示意图

## 三、小结

线路经过林芝市周边的二级舞动区时，采用双板防松型耐张线夹引流板替代普通耐张线夹引流板，提高了连接可靠性；采用线夹回转式间隔棒替代传统阻尼间隔棒，达到防舞动或抑制舞动的效果，提高了线路运行的安全性和可靠性。

# 第十章 复杂地形线路优化设计

西藏地区地形地貌复杂多样，线路经过高山峻岭、高山峡谷及堆积山间盆地、谷地等地貌，沿线山势陡峭，地形起伏剧烈，高耸的山峰和深邃的河谷组成叠嶂群山，对输电线路的设计及建设提出了严峻挑战。

结合高海拔地区气候环境及地形地貌特点，总结高海拔线路及特高压线路设计经验。在陡峭、大高差等特殊地形，通过采取相应措施，保障工程长期安全运行，同时降低工程建设难度。对岩石碎屑坡地段分析总结了线路选线原则，通过路径方案优化，降低了工程风险；对于极陡峭塔位，在杆塔设计上根据地形特点因地制宜采用特殊塔型（如下字形、F 形等塔型），解决了地形陡峭，无法立塔的难题，降低了工程造价及建设难度；对塔腿级差较大塔位采用整体钢架和独立斜式钢桁架等，解决了塔腿极差不够的问题，减少了基面开方，有利于生态环境保护；在技术设计上，结合地形地貌及地质特点，从基础选型、基础材料及塔基防护等方面，提出高原地区基础差异化设计措施及建议，降低恶劣环境施工安全风险，解决了钢筋选用难题，提升高原工程经济效益。

## 第一节　岩石碎屑坡线路选线

线路选线过程中，基岩上的覆盖层稳定性对塔位选择影响很大，而岩石碎屑坡对线路塔基的稳定性危害更甚。特别是线路从岩石碎屑坡中穿过时，潜在风险巨大。依托藏中电力联网工程东达山岩石碎屑坡的地形特点，总结了线路在岩石碎屑坡选线的原则。

### 一、岩石碎屑坡特点

在高原气候区，气候垂直分带明显，降雨量 450～1127mm，冬季最低气温可降至－20～－15℃，夏季最高气温可达 35～40℃，昼夜温差可达 30～35℃，寒冻风化强烈。在冷热反复交替环境下，岩体中的裂隙不断的扩展，最终崩解为大小不等的岩石块体。这些块体松散的堆积于坡面，在重力、流水作用下沿着坡面滑塌或溜滑于坡面，形成岩石碎屑坡。

东达山二十一道班附近的碎屑坡位于国道 318 的南侧，延伸长度约 2km，海拔为

3900～5300m，坡面起伏不平，有陇丘、沟槽、陡坡，也有平缓坡地见图 10.1－1。

该段地层岩性单一，以燕山期中－酸性黑云母花岗岩为主。受冻融风化影响，基岩多分布于海拔 5000m 以上，且以岛状形式分布，碎裂岩块分布于坡体中下部，呈多层裙带状分布见图 10.1－2。

图 10.1－1　东达山碎屑坡局部

图 10.1－2　碎石堆积体

坡面岩石碎块由上往下粒径逐渐变小，粒径为 15～35cm，个别粒径大于 150cm，级配较差，呈松散—稍密状态。上部几乎无充填，下部有沙和黏性土充填，堆积厚度逐渐变大见图 10.1－3、图 10.1－4。从剖面来看，坡面碎屑活动有明显的多期性见图 10.1－5。

图 10.1-3　中上部坡面块石堆积体（无充填）

图 10.1-4　中下部坡面碎石（沙、黏性土充填）

图 10.1-5　碎石流堆积的期次性剖面

线路穿越岩石碎屑坡时，由于碎屑坡的滑塌具有不确定性，对线路的危害主要表现在塔基稳定性。由于能量的积累是渐进性的，碎屑的坡度多以天然休止角为主，变形迹象不明显，往往具有突发性强的特点。大量的坡面滚石、碎屑流对基础和铁塔的危害很大。

## 二、设计方案及措施

碎屑坡对线路的危害，除了与气候、高程等因素有关外，还与线路所在区域的地形、地貌、地物、线路断面关系密切。一般情况下，线路不应穿越碎屑发育较严重区段，确实难以避让时，应做到以下几点：

（1）阳坡日照时间长，积雪融化快，坡度较缓。坡体已经释放或积蓄能量较小，坡面植被相对较发育，致使坡体稳定性相对较好；而阴坡积雪、延留冰比较严重，且持续时间长，坡度较陡，坡体孕育着强大的潜在势能，植被不发育，不利于塔位的稳定。由于风化是一个持续不间断过程，在阳坡的上部仍会有岩石碎裂和滚动现象，因此需要在塔位的上边坡方向上采取防护措施。

（2）高处一般碎屑层较薄，基岩埋深较浅，塔位整体稳定性较好。但同时高处的物理风化也较低处强烈，易产生坡面不断剥蚀的风险，因此在单薄山脊走线时应适当增大基础埋深。

（3）当碎屑坡下部有开阔的谷地，起伏变化小的地形时，可选择在沟谷中距离坡脚较远的位置立塔。一般越往坡脚堆积体堆积年代越久，胶结和密实度相对上部堆积体较好，但需要注意碎屑流影响。对于坡面形碎屑流，可考虑拦挡措施；对于沟槽形碎屑流，应避开沟口和新近堆积体，可采取跨越式通过。同时，线路在坡脚走线时，需要考虑季节性滞水对施工的影响。

东达山段比选路径方案位于318国道和110kV芒康—左贡电力线的南侧山坡上，南侧山坡为碎屑坡。由于35、110kV线路均已占据有利位置，新建线路必须向山坡上走线。右回线路靠近110kV线路走线，左回沿山坡至山顶走线，线路必须穿越碎屑坡中部，塔基和边坡均需要处理，且存在安全风险。

经过对该段碎屑坡的调查研究，将路径方案优化为线路跨过芒康—左贡110kV线路、35kV线路和318国道后，沿318国道北侧山体中下部走线。该路径方案减少了碎屑坡治理费用，降低了工程风险。

## 三、小结

碎屑坡发育段选线时，大规模碎屑坡应尽量避绕，小规模可跨越。需要穿越碎屑坡的，可考虑走高、走低、走阳坡方案，不宜从碎屑坡的中部穿过。

# 第二节　陡峭山坡下字形塔应用

线路路径选择通常按照“线位结合、以线为主”及“线中有位、以位正线”方式开展。通过现场调查了解，综合考虑地形、交通条件、施工、运行安全等因素，经技术经济比较后，确定最佳的线路路径方案。高海拔超高压线路杆塔多处于复杂山地环境下，受大坡度、窄山脊和风偏等不利因素影响。如采用常规的设计方法则线路路径及塔位的选择、塔型的设计十分困难。

## 一、陡峭山坡杆塔设计难点

高海拔地区因空气稀薄，导致线路电气间隙较大，从而使杆塔塔头尺寸较大，横担较长；藏区大部分山体陡峭，坡度大多在30°以上。从导线对地距离来看，当塔头或横担尺寸越大，靠近陡峭山坡一侧的导线对地距离越控制杆塔高度；另外，当山体坡度逐渐加大时，靠近山体侧的导线对地距离随之减小。为满足陡坡内侧导线风偏距离，只能加大杆塔高度，导致塔腿根开随之增大，使本就陡峭的地形立塔更为困难，容易产生大规模的基面开方，不符合生态环境保护要求，同时杆塔及基础工程量也有所增加，使工程本体投资增大，严重影响工程的经济效益。

## 二、设计方案及措施

超高海拔区段基本位于高山峻岭，高山峡谷地貌，如藏中电力联网工程所穿越的澜沧江、觉巴山、东达山、业拉山、怒江两岸等起伏较大的地段，地形相对高差一般为1000～2000m。高耸的山峰和深邃的河谷错落起伏，大部分塔位地形陡峭，坡度在35°以上，立塔场地十分受限，如图10.2－1、图10.2－2所示。

图10.2－1　怒江沿岸地貌

图10.2－2　澜沧江右岸地貌

以藏中电力联网工程澜沧江段为例，该段地形如采用常规耐张塔存在一定困难。考虑到耐张塔跳线串对地安全距离及档内的导线风偏要求，铁塔需使用69m呼高方能满足要求，而对应的铁塔根开则达到22m。根据工程实际地形条件，除非进行大面积山体开方，否则无法立塔，需改线绕行，为此新设计了一种特殊的下字形自立式耐张塔。该方案将常规的导线正三角排列调整为倒三角排列，使最下端边导线横担远离山体侧，如图10.2－3所示。

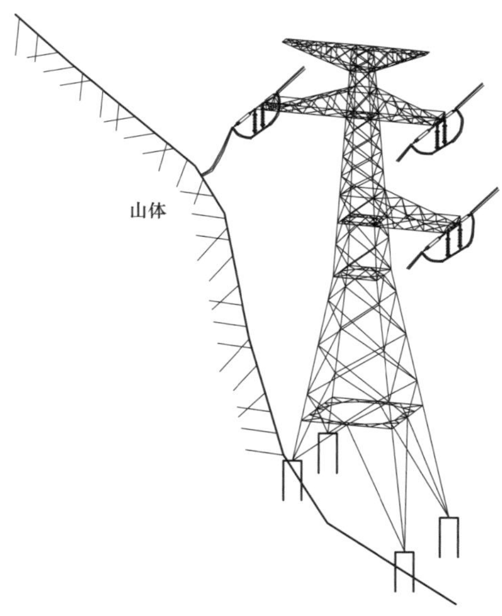


图 10.2－3　下字形耐张塔示意图

采用下字形耐张塔后，由于下导线横担在山体的外侧，导线水平距离对陡坡侧的风偏控制较为有利，可有效降低杆塔的高度。经排位计算，采用下字形耐张塔只需 54.0m 呼高即能满足要求，如图 10.2－4 所示，且铁塔的根开减小了 5.15m，高低腿级差由

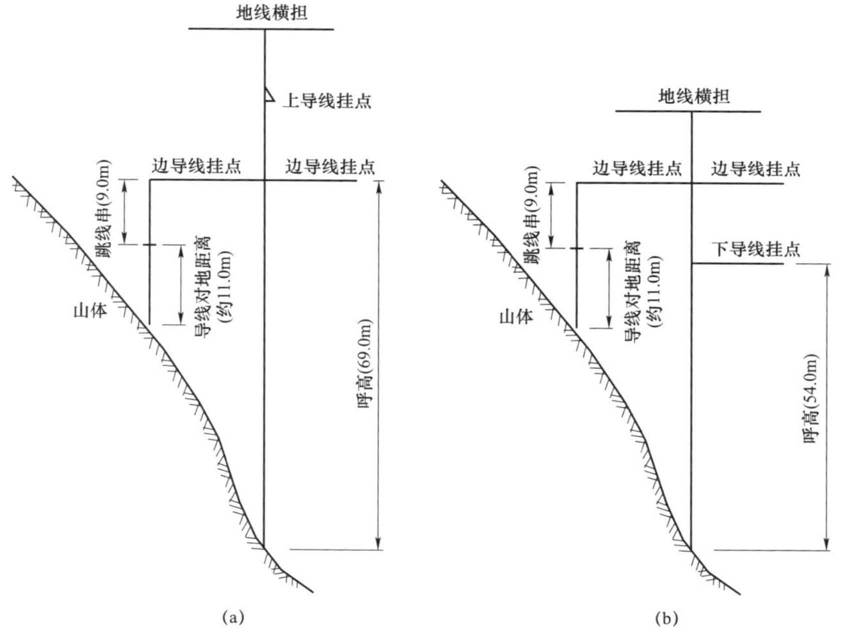


图 10.2－4　常规耐张塔与下字形耐张塔比较示意图

（a）常规干字形耐张塔；（b）下字形耐张塔

20.0m 减至 14.0m，大大增强了铁塔对陡峭地形的适应性。

常规耐张塔与下字形耐张塔各项指标对比如表 10.2-1 所示。

表 10.2-1　　常规耐张塔与下字形耐张塔根开及塔重比较

| 塔型 | 呼高（m） | 根开（m） | 塔重（t） | 基础上拔力（kN） | 基础混凝土（单腿，$m^3$） |
|---|---|---|---|---|---|
| JF3115（下字形塔） | 54.0 | 16.4 | 100.76 | 2200 | 13.29 |
| JK31152B（常规耐张塔） | 69.0 | 21.55 | 122.74 | 2600 | 17.30 |

由表 10.2-1 可知，在困难陡峭山坡地形采用下字形耐张塔具有如下优点：

（1）与常规耐张塔相比，采用下字形塔呼高降低了 15.0m，满足了最下层横担的导线对地安全距离要求。

（2）与常规耐张塔相比，呼高降低后铁塔根开减小约 31.4%，减小了高低腿级差。大幅度提高了铁塔对地形的适应性，同时避免了大面积基面开方及高露头基础或钢桁架的出现。

（3）与常规耐张塔相比，呼高降低后节省塔材约 22.0%，同时也避免了双肢角钢的出现，降低了施工难度，经济效益明显。

（4）采用下字形耐张塔，避免线路大范围改线绕行，有效地缩短线路路径，减少工程投资。

（5）与常规耐张塔相比，铁塔高度降低后使基础作用力减小 18.0%左右，从而缩小了基础尺寸，减少混凝土方量。

## 三、小结

下字形耐张塔的应用不仅节约了资源、保护了环境，同时也降低了工程的实施难度及工程造价，具有显著的社会和经济效益。下字形耐张塔的设计应用，为线路走廊紧张、地形陡峭、立塔较困难的输电线路工程提供了可借鉴的设计新思路。

# 第三节　大高差陡峭地形塔腿优化设计

部分高海拔地区山体陡峭，塔位地形坡度较大，杆塔的高低腿级差已无法满足部分陡峭塔位的地形要求。因此，针对这些塔位需制定特殊的设计方案。

## 一、陡峭地形塔腿级差设计难点

部分高海拔陡峭山区，塔位地形坡度超过 40°，采用常规铁塔全方位高低腿设计已无法满足现场超大级差，同时高海拔地区生态环境脆弱，生态环境保护要求极高，以往的降基面开方和升高基础主柱的方式已经不再适用。因此对这类陡峭山坡杆塔需进行特殊设计，既要保证铁塔安全可靠，现场施工方便，又要使生态环境得到更好保护。常规铁塔全方位高低腿设计见图 10.3－1。

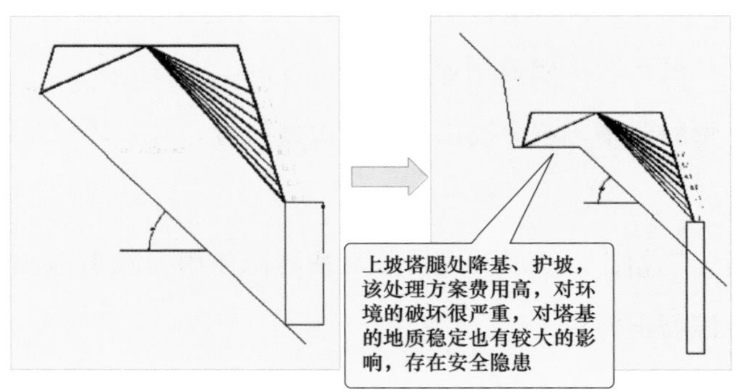


图 10.3－1　常规铁塔全方位高低腿设计

## 二、设计方案及措施

为解决陡峭山坡塔腿级差不足问题，避免因强行降基引发地质灾害以及对生态环境造成较大破坏。对位于陡峭边坡的铁塔进行特殊设计优化，塔腿通过采用整体钢架（见图 10.3－2）和独立斜式钢桁架方案（见图 10.3－3）来满足现场大高差地形的要求。

图 10.3－2　整体钢架应用照片

图 10.3－3　独立斜式钢桁架应用照片

整体钢架是在原塔腿横隔面位置采用变直坡，最大限度减小根开进而缩小塔腿级差。与常规高低腿铁塔相比，该方案铁塔刚度较大，整体受力性能较好。虽塔重略有小幅增加，但可在常规高低腿塔型的基础上塔腿增加约 5m 的极差，大大提高了塔腿对地形的适应性。

独立斜式钢桁架是沿着原塔腿坡度向下新设计一个小斜式桁架，可以大大增加塔腿级差，充分适应陡峭地形。与常规高低腿铁塔相比，该方案优点是塔重较轻，结构型式安全可靠，受力方式更加合理；缺点是斜桁架顶端位移需要严格控制。较常规高低腿塔也可增加塔腿级差 5m 以上。

不管采取整体钢架还是独立斜式钢桁架，都能最大限度地减小上坡侧的基面开方，有效解决陡峭山区塔腿级差问题，避免土体的大范围扰动，保护了生态环境，也减少了滑坡等地质灾害的发生。

## 三、小结

对于常规铁塔高低腿设计无法满足现场超大级差的塔位，采用独立钢桁架结构结合全方位高低腿的方案，或者采用整体钢架方案，可以少开或不开基面，避免因施工开挖而出现的高边坡问题，能更好地保护生态环境，在高海拔地区大高差陡峭地形具有很高的推广价值。

# 第四节　高海拔地区基础选型设计

基础工程是输电线路工程体系的重要组成部分，其设计的优劣直接关系线路工程的安全运行、工程造价控制和对环境的影响。基础选型设计必须依据线路工程的地形、地质和施工条件，按照“安全可靠、方便施工、便于运行、注重环保、节省投资”的原则，综合考虑基础型式和设计方案。

## 一、高海拔基础选型难点

高海拔地区氧气稀薄、缺水，沿线沟壑纵横，如图 10.4－1～图 10.4－4 所示，线路大部分铁塔位于山顶，塔位高差大、交通运输条件差、施工工效低、人员体能消耗大，线路的基础施工十分困难；另外高海拔地区生态环境脆弱，环保要求高。因此，对于高

图 10.4－1　峻岭地貌图

图 10.4－2　高山地貌图

图 10.4－3　一般山地地貌图

图 10.4－4　盆地、谷地地貌图

海拔地区，线路工程的基础选型既要做到安全可靠、便于施工，还要尽可能减少对生态环境的破坏。

## 二、设计方案及措施

高海拔地区按照地层条件可分为山区土质地基、山区岩石地基、河网地基。针对高海拔地区的特殊气候、地形地质和生态环境，对基础型式选择进行分析，同时积极采用机械化施工，可提高施工工效和安全性。

1. 山区土质地基基础选型

山区塔位一般地形坡度较大、植被茂密、交通不便，因此应优先采用原状土基础，通常采用掏挖基础和挖孔基础。原状土基础具有对环境影响小，山区施工适应性强的特点。山区土质基础型式技术经济比较见表 10.4－1。

表 10.4－1　　山区土质基础型式技术经济比较

| 基础名称 | 直线塔 | | 耐张塔 | |
|---|---|---|---|---|
| | 掏挖基础 | 挖孔基础 | 掏挖基础 | 挖孔基础 |
| 基础外形 | 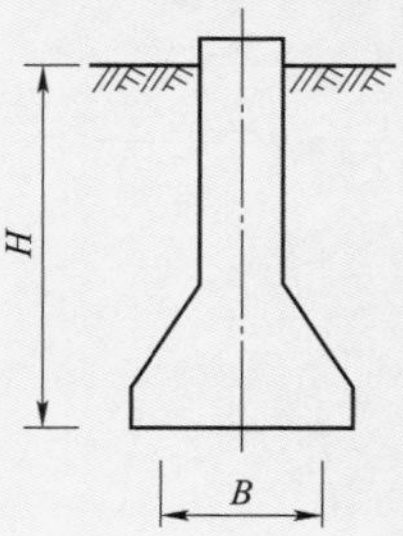 H, B | 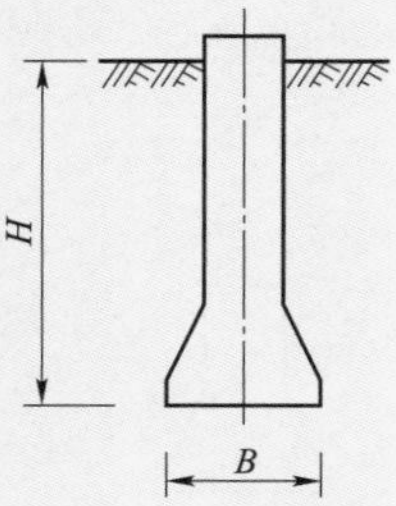 H, B | 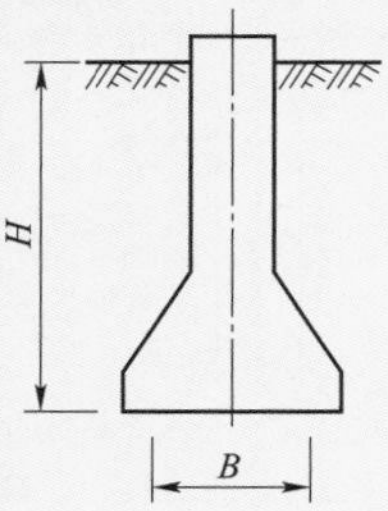 H, B | 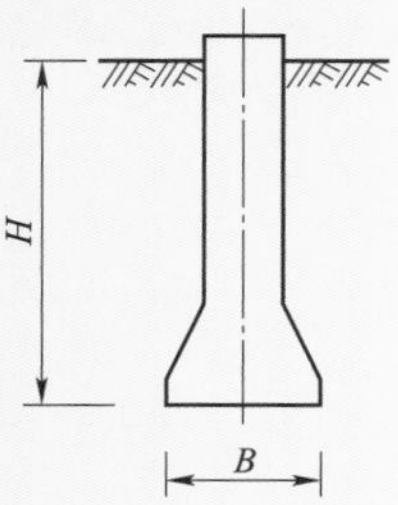 H, B |
| 混凝土（$m^3$） | 6.0 | 4.8 | 19.6 | 16.4 |
| 基础钢材（kg） | 413.7 | 691.2 | 1352.8 | 1200 |
| 土石方（$m^3$） | 6.0 | 4.8 | 19.6 | 16.4 |
| 地脚螺栓（kg） | 343.7 | 343.7 | 495.3 | 495.3 |
| 单位工程量综合造价（元） | 13 912 | 14 342 | 46 342 | 38 155 |
| 百分比（%） | 97 | 100 | 121 | 100 |

对于直线塔而言，挖孔基础造价稍高于掏挖基础。然而对于地形陡峭地区，当配合铁塔高低腿仍然不能满足地形要求时，需要加高基础主柱。基础主柱加高到一定程度时，由于横向荷载对基础的倾覆作用，基础主柱直径会相应增大，混凝土用量随之增加，掏挖基础的经济优势并不明显；随着基础主柱的加高，挖孔基础的优势开始显现。因此，对于地形陡峭、基础立柱外露较高的直线塔可优先采用挖孔类基础。

对于耐张塔而言，采用原状土基础时需采用挖孔基础才能满足荷载要求，挖孔基础经济性优于掏挖基础。

因此，高海拔山区土质地基应优先采用挖孔基础。

2. 山区岩石地基基础选型

岩石锚杆基础能够充分发挥岩石自身的强度，减少挖方和弃渣，材料运输量小，施工简单安全，不破坏山区岩体和植被的完整性，能很好地保护生态环境。岩石锚杆基础适用于覆盖层较浅或表层基岩裸露且整体性较好的风化硬质岩石。

从表 10.4－2 中可以看出，与挖孔基础、挖孔基础相比，岩石基础综合造价大幅度降低，可以大大节省混凝土和基础钢材，具有明显的经济效益和环保效益。

表 10.4－2　直线塔基础型式技术经济比较表

| 基础名称 | 掏挖基础 | 挖孔基础 | 岩石嵌固基础 | 群锚基础 |
|---|---|---|---|---|
| 基础外形 | H, B | H, B | H, B | H, B |
| 混凝土（$m^3$） | 9.2 | 9.8 | 5.8 | 3.4 |
| 基础钢材（kg） | 650 | 584 | 324 | 479 |
| 土石方（$m^3$） | 9.2 | 9.8 | 5.8 | 3.4 |
| 地脚螺栓（kg） | 343.7 | 343.7 | 343.7 | 343.7 |
| 基础工程单位工程量综合造价（元） | 14 024 | 14 450 | 8354 | 7675 |
| 百分比（%） | 183 | 189 | 109 | 100 |

目前，岩石锚杆基础设备已实现小型化和轻型化，方便高海拔地区机械化施工，有利于提高施工工效和安全性，降低人员工作强度。

因此，对覆盖层较薄、岩体条件较好、坡度较缓的塔位应优先采用岩石锚杆基础。

3. 河网地基基础选型

对于山间盆地、谷地，地下水位较浅，地质条件较差。尤其在河漫滩等地，地层为较厚的淤泥质粉质黏土，在基础开挖时极易塌方，基坑难以成型。而位于河道中的塔位，则受河水冲刷影响较大，并易受漂浮物撞击，基础外露较高、计算悬臂较大。

因此对于河网地基不受河水冲刷的直线塔，一般采用直柱板式基础或灌注桩基础；转角塔则采用灌注桩单桩或多桩承台基础，对于受河水冲刷和漂浮物撞击的塔位，应优先采用灌注桩基础。基础型式见图 10.4－5。

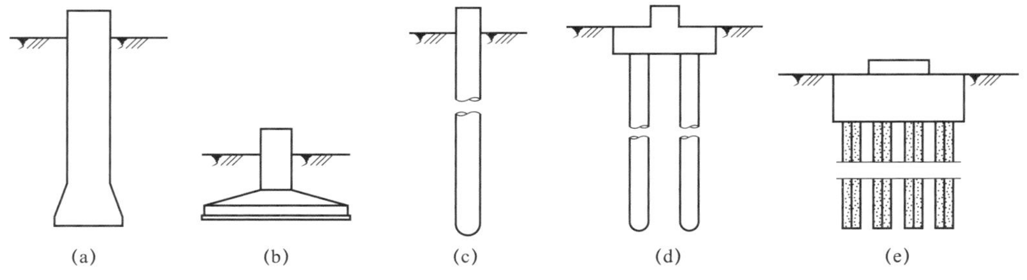


图 10.4－5　基础型式简图

（a）挖孔基础；（b）直柱板式基础；（c）钻孔灌注单桩基础；（d）钻孔灌注群桩基础；（e）群锚式岩石基础

## 三、小结

通过各类基础型式的对比分析，并充分结合高海拔地区特有的气候、地形、地质、环境和施工特点，本着“环境友好、施工便捷”的原则，高海拔地区采用的基础型式如下：山区岩石地基优先采用岩石锚杆基础和岩石嵌固基础；山区土质地基优先采用挖孔基础；河网地基直线塔采用直柱板式基础或钻孔灌注单桩基础，耐张塔采用钻孔灌注桩单桩基础和多桩承台基础。西藏高海拔地区线路基础优化选型成果为后续类似工程提供了参考和借鉴。

# 第五节　挖孔基础尺寸优化

高海拔地区地形多以峻岭、高山大岭、山地为主，施工条件恶劣，降低施工难度及施工安全风险是基础设计的重中之重。高原地区生态环境脆弱，为减少对生态环境的破坏，基础选型主要以原状土挖孔基础为主。本着“施工可行性、施工安全性及施工便捷性”的原则，对原状挖孔基础提出尺寸优化措施，达到提高施工效率，降低井下施工风险的目的。

## 一、高海拔挖孔基础施工影响

（1）高寒缺氧环境下，工人体能只有正常环境下的六成，严重降低了施工效率；深基坑井下作业氧气更加稀薄，增加了挖孔基础施工的安全风险。

（2）陡峭地形广泛采用高露头基础，基础外露部分需使用大量模板，而不同直径的基础模板无法共用，周转效率低。

## 二、设计方案及措施

### 1. 挖孔基础最小直径要求

基础直径是挖孔基础设计的重要参数。常规工程中，挖孔基础最小直径一般为800mm或900mm。采用较小的直径可以节省基础材料量，具有一定的经济效益。但直径偏小会造成井下施工空间不足，降低施工效率，增加施工风险，且基础直径大小直接影响井下供氧。鉴于高海拔地区特殊的气候环境，挖孔基础直径不应小于1000mm。

### 2. 挖孔基础长径比要求

增加挖孔基础长径比是降低基础指标的一种方法，常规工程中挖孔基础长径比为8.0～10.0。随着深度增加，地基岩性由强风化层进入中风化、微风化层，基础开挖愈发困难；基坑深度增加后，井下氧气更加稀薄，坑壁垮塌风险随之增加。综合考虑经济性和安全性，挖孔基础长径比区间建议取值 5.0～7.0，对埋深较浅的基础可取较大值，埋深较深的基础取较小值。

3. 挖孔基础直径优化

国内常规工程设计，挖孔基础直径一般以 100mm 的模数增加，基础规划较多，不适宜标准化施工。对于陡峭地形，为了减少挖方，基础立柱露出地面部分普遍较高。部分塔位基础露高达到 4.0～5.0m，基础浇筑过程中外露部分需准备各种直径的模板，模板周转效率低，造成极大浪费。基础开挖和钢筋绑扎需根据不同基础直径进行放样，增加人工成本。为提高施工效率，高海拔地区挖孔基础直径按 200mm 模数规划。挖孔基础井下作业见图 10.5－1。

图 10.5－1 挖孔基础井下作业

## 三、小结

针对高海拔地区的特殊气候、地形环境，提出了挖孔基础尺寸优化措施。通过规定挖孔基础最小直径及长径比，增加基础施工作业面，限制基础埋深；通过挖孔基础直径优化，提升施工标准化水平，提高模板周转效率。通过对高海拔地区挖孔基础进行尺寸优化，不仅能提高施工效率，而且能大幅降低井下施工风险，为工程施工顺利推进打下了坚实基础。

# 第六节 岩石锚杆基础研究及应用

岩石锚杆基础，通过锚杆与下部岩石的粘结特性来承受上部杆塔荷载，是一种能充分发挥地基原状土承载力的基础型式。在生态环境脆弱的高原地区，采用岩石锚杆基础能有效减少对环境的扰动，减少弃土方量和基础工程的材料量，缩短基础施工周期，降低人员劳动强度，提高基础工程的施工安全性。在总体经济效益、施工周期、生态保护、节能降耗和安全生产等多方面具有明显的优势，特别是在材料运输困难的高海拔地区。

## 一、高海拔岩石锚杆基础应用难点

岩石锚杆基础在高海拔地区的应用尚属首次，不能照搬原有的基础设计经验。高海拔地区岩性变化较大，地基的完整程度和岩体基体质量存在较大差异。采用岩石锚杆基础必须逐腿鉴定岩体的稳定性、覆盖层厚度、岩石的风化程度等，在确保安全性和可靠性的前提下，才可以考虑采用岩石锚杆基础。

由于高海拔地区地质条件与低海拔地区具有很大的差异，需要针对高海拔地区特有的地质条件、施工环境和生态保护要求，形成适合高海拔地区的岩石锚杆基础应用技术体系。

## 二、设计方案及措施

以藏中电力联网工程为例，由于岩石锚杆基础需解决上拔受力的问题，为保证岩石锚杆基础的顺利实施，建设管理单位、科研单位、设计单位对岩石锚杆基础在高海拔地区的应用原则进行了充分论证，形成了适合高海拔特殊地质条件的岩石锚杆基础应用原则。主要原则性要求如下：

（1）岩性条件：在坚硬岩、较坚硬岩、较软岩、软岩中可用，极软岩不适宜；在未风化、微风化、中等风化、强风化岩中可用，全风化岩应慎用；在完整、较完整、较破碎、破碎岩中可用，极破碎岩不采用。

（2）覆盖层厚度：覆盖层厚度不宜超过 3m。

（3）塔位坡度条件：塔位整体坡度不大于 35°。

（4）地下水条件：6m 以下无地下水。

（5）塔腿的地形条件：周边范围内不得有超过 4m 的高坎，不能有超过 2 个以上的临空面。

设计单位按照岩石锚杆基础应用原则，利用背包钻等设备开展了岩石锚杆基础塔位的补充勘察，现场勘探情况见图 10.6－1，最终确定了全线采用岩石锚杆基础的具体塔位。

图 10.6－1　背包钻现场勘探

以东达山区段三基采用岩石锚杆基础的塔位为例，按照工程实际地质条件计算，分别采用挖孔基础和岩石锚杆基础时，材料量对比见表 10.6－1。

表 10.6－1　挖孔基础和岩石锚杆基础方案材料量对比

| 杆号 | 挖孔基础方案 | | 锚杆基础方案 | | 采用锚杆基础后基础材料量减少值 | |
|---|---|---|---|---|---|---|
| | 基础混凝土 C25（$m^3$） | 基础钢材（kg） | 基础混凝土 C30（$m^3$） | 基础钢材（kg） | 基础混凝土 C30（$m^3$） | 基础钢材（kg） |
| 9L025 | 55.54 | 3511.8 | 48.64 | 7888.7 | －6.90 | 4376.9 |
| 9L027 | 77.20 | 5506.8 | 48.76 | 8677.6 | －28.44 | 3170.8 |
| 9L029 | 92.77 | 6136.8 | 48.76 | 8677.6 | －44.01 | 2540.8 |
| 合计 | | | | | －79.35 | 10 088.5 |

根据对比结果，东达山区段的三基塔位在采用锚杆基础后，基础混凝土方量仅为原挖孔基础方案的 64.8%；由于锚杆基础承台配筋量大，导致基础钢材较原挖孔基础方案增加 66.7%。经测算，静态投资减少 29 万元，经济效益显著。

13L095 塔位基坑开挖、16R164 塔位基础立柱支模以及 9L029 塔位 A 腿岩石锚杆基础施工完成浇筑和回填后的施工现场照片分别如图 10.6－2、图 10.6－3 所示。

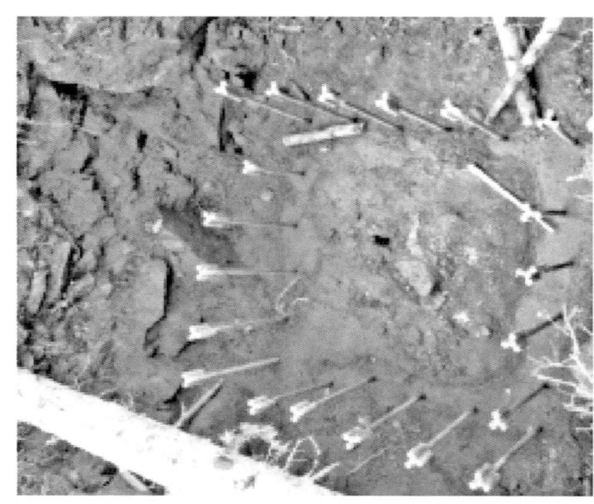

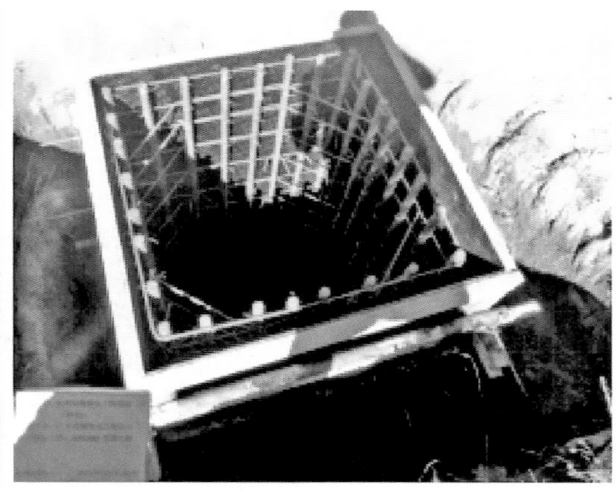

图 10.6-2　13L095 塔位基坑开挖、16R164 塔位基础立柱支模

图 10.6-3　9L029 基础施工完成

施工情况表明，岩石锚杆基础实施效果良好。能大幅降低高海拔恶劣条件下的施工风险，施工现场基本无弃土弃渣，具有很好的经济和生态效益，岩石锚杆基础的差异化应用原则得到了充分验证。

## 三、小结

在工程特有的地形、地质和自然环境下，岩石锚杆基础能缩短工期，减少人力投入，具有明显的生态效益和经济效益，工程建设质量、安全及效率均有所提升，工程试点建设取得明显成效。为高海拔地区后续锚杆基础的应用提供了经验借鉴，为形成高海拔地区岩石锚杆基础应用技术体系提供了技术储备。

# 第七节 挖孔基础全护壁设计

高海拔地区部分区段地质复杂、岩层较破碎，基础施工风险较高，为降低基础施工风险，挖孔基础采用全护壁设计。

## 一、复杂地质环境基坑护壁问题

以藏中电力联网工程为例，工程地处西藏中东部横断山脉和念青唐古拉山区，全线跨越澜沧江、怒江、雅鲁藏布江 3 条大江。翻越拉乌山、东达山、业拉山、色季拉山等垭口，是目前为止国内自然条件最复杂的电网工程。沿线岩石风化强烈，岩体完整性差，基坑开挖过程中破碎的地质条件存在坑壁坍塌的施工隐患，给挖孔基础施工带来极大的安全风险。

## 二、设计方案及措施

护壁是挖孔基础施工的主要安全措施，通过在基坑内壁浇筑一圈钢筋混凝土抵抗土体侧向压力，提升基坑的稳定性，防止坑壁石块掉落及基坑坍塌对坑内施工人员造成伤害。常规工程护壁从坑口延伸到中等风化岩层。中等风化岩层及以下区域岩石整体性较好，则不需采用护壁。

藏中电力联网工程沿线地质条件破碎，岩石整体性较差，挖孔基础施工风险较高，采用常规护壁难以满足要求。故对挖孔基础采用全护壁设计，主要原则性要求如下：

（1）护壁从坑口至扩大头部分做全护壁，护壁混凝土等级与本体一致，首节护壁设置锁口。

（2）护壁每节高度一般为 1000mm，首节护壁顶面高出地面不少于 150mm。施工时，每挖好一节后随即浇制一节混凝土护壁。上节护壁混凝土强度大于 3.0MPa 后，方可进行下一段的基坑开挖，上下节护壁的搭接长度不得小于 50mm。

（3）护壁模板的拆除在浇筑混凝土 24h 后进行（如遇土质特殊情况时应另行处理）；当护壁有空洞、露筋、漏水现象时，应及时补强或重做。

（4）为了保证基柱的垂直度，应每浇筑完三节护壁校核中心位置及垂直度一次。

挖孔基础全护壁示意图见图 10.7－1。

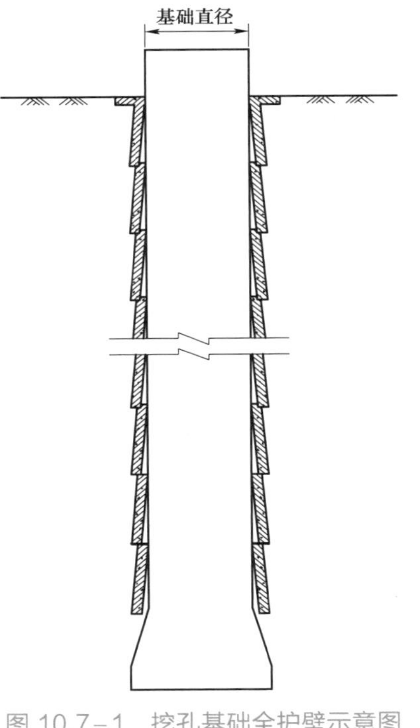

图 10.7－1　挖孔基础全护壁示意图

## 三、小结

针对高海拔地区的特殊地质条件，提出挖孔基础全护壁设计方案，有效提高了基坑稳定性，保障了基础施工人员的人身安全，为后续线路工程在岩体破碎区的深基坑设计提供了有益借鉴。

# 第八节　高强地脚螺栓和高强钢筋的应用

随着我国钢铁产业技术水平的提高和特高压工程大规模建设，8.8 级高强地脚螺栓、HRB400 级高强钢筋等一批高强度材料已在工程中大量应用。目前，各项应用条件已经成熟，这对于高海拔超高压线路工程减少钢材用量和降低施工难度具有现实意义。

## 一、陡峭山区地脚螺栓技术难点

高海拔山区地形地线陡峭，大多数山体坡度在 30° 以上。施工难度大，运输条件差。山区杆塔基础作用力大、基础立柱外露值较高，导致地脚螺栓规格大、基础钢筋用量多，势必增加材料运输及施工难度。因此有必要通过采用高强度材料来减少工程量，缓解运输压力，降低施工难度。

## 二、设计方案及措施

1. 采用 8.8 级地脚螺栓

采用 8.8 级地脚螺栓替代 5.6 级地脚螺栓，可大幅减少螺栓数量，避免 12 枚或 16 枚地脚螺栓布置型式的出现。减小了塔脚板的尺寸，简化了塔脚板的结构，减少了材料量。有利于基础施工时地脚螺栓的绑扎和定位，并且降低了地脚螺栓及塔脚板的材料运输量。地脚螺栓抗拉强度设计值见表 10.8－1。

表 10.8－1　　地脚螺栓抗拉强度设计值

| 地脚螺栓（级） | 抗拉强度设计值（$N/mm^2$） |
|---|---|
| 4.6 | 170 |
| 5.6 | 210 |
| 8.8 | 400 |

2. 采用 HRB400 高强钢筋

对于基础主柱及桩体中的主要受力钢筋，采用 HRB400 高强钢筋，其他部位采用 HPB300 钢筋。这样配置能有效地降低钢筋用量并增大钢筋间距，降低钢筋运输和安装难度，方便基础混凝土的施工振捣及浇制。高强钢筋应用实例见图 10.8－1。

图 10.8－1　高强钢筋应用实例

## 三、小结

高海拔山区地形陡峭、施工及运输条件差，采用技术成熟的 8.8 级地脚螺栓及 HRB400 高强钢筋，能有效减少工程量，降低施工和运输难度，在总体经济效益、施工周期等方面有明显的优势。

# 第九节　优化基础主筋布置采用并筋设计

高海拔地区地质条件复杂，山区线路铁塔由于基础作用力较大、计算露头较高、覆盖层较厚。在基础结构尺寸一定的前提下会导致基础配筋面积大幅增加，这使得合理优化基础主筋的布置显得尤为重要。

## 一、高海拔基础主筋设计特点

随着基础作用力增大、计算露头增高和覆盖层厚度的增加，导致基础配筋面积大幅增加。为解决上述难题，通常采用以下两种方法：一是为满足钢筋间距而加大主柱宽度，带来的结果是混凝土量的增加；二是采用大直径、高强钢筋，在不增加混凝土用量的前提下，增大钢筋净距，这又带来钢筋采购的困难。设计人员通过合理优化基础主筋规格和布置方式，可解决钢筋选用难题，同时也解决了钢筋间距过密带来的基础浇制困难问题。

## 二、设计方案及措施

GB 50010—2010《混凝土结构设计规范》中提出了受力钢筋可以采用并筋（钢筋束）的布置方式。国外标准中允许采用绑扎并筋的配筋方式，我国部分行业规范中已有类似规定。

目前国内输电线路铁塔基础钢筋直径一般小于 36mm，采购大于 36mm 直径钢筋较困难。对此，设计采用小直径钢筋的并筋设计，可有效解决大作用力、高露头塔位的基础钢筋间距过小的问题。并筋时，基础钢筋可按 2 根或 3 根为一组，沿截面周长均匀布置，每组钢筋应绑扎牢靠，方形、圆形主柱的并筋分别如图 10.9－1、图 10.9－2 所示。

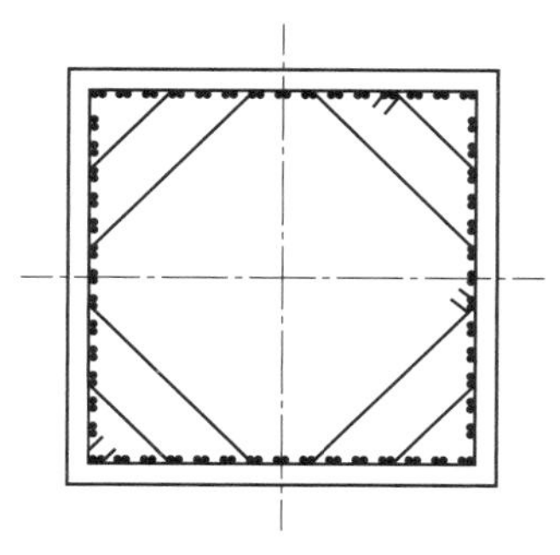

图 10.9－1　方形主柱并筋示意

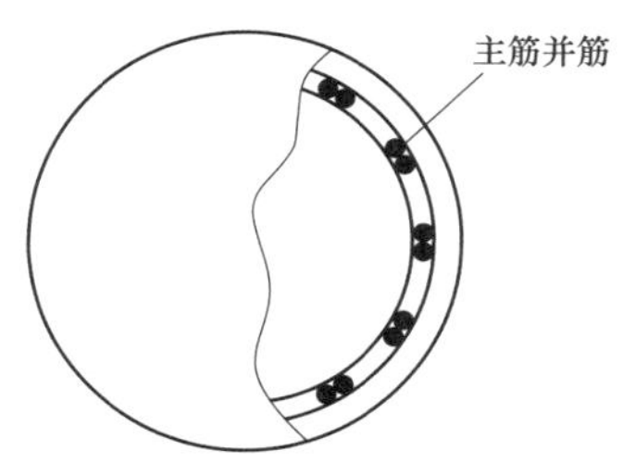


图 10.9－2　圆形主柱并筋示意

两并筋可按横向或纵向的方式布置，三并筋宜按品字形布置，并均按并筋的重心作为等效钢筋的重心，如图 10.9－3 所示。

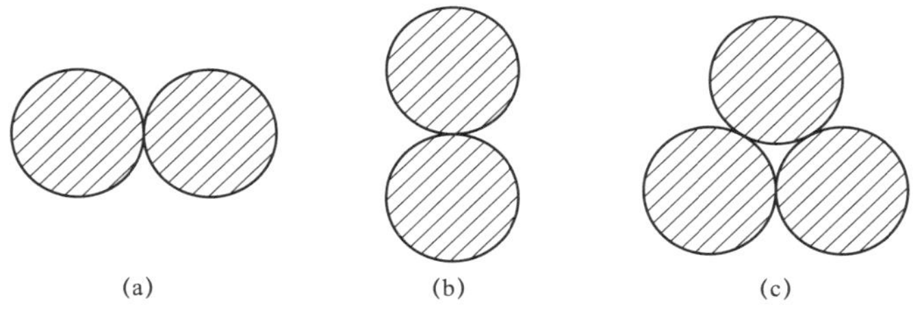


图 10.9－3　基础并筋示意

（a）2 根（横向设置）；（b）2 根（纵向设置）；（c）3 根（品字形设置）

GB 50010—2010 允许构件钢筋采用并筋的配置型式，但对并筋也做了以下原则性限制：

直径 28mm 及以下的钢筋并筋数量不应超过 3 根；直径 32mm 的钢筋并筋数量宜为 2 根；直径 36mm 及以上钢筋不应采用并筋。并筋应按单根等效钢筋进行计算，等效钢筋的等效直径应按照截面面积相等的原则换算确定，规范给出的并筋后等效直径取值见表 10.9－1。

表 10.9–1　　并筋等效直径取值

| 并筋数量 | 等效直径取值 |
| --- | --- |
| 2 根 | 1.41*d* |
| 3 根 | 1.73*d* |

注　*d* 为单根钢筋的直径。

同时，需要注意的是，并筋等效直径的概念适用于 GB 50010—2010 中钢筋间距、保护层厚度、裂缝宽度验算、钢筋锚固长度、搭接接头面积百分率及搭接长度等相关条文的计算和构造规定。

## 三、小结

基础施工时采用绑扎方式进行并筋，可操作性强。对于钢筋净距控制基础尺寸的情况下，采用并筋设计。不仅可避免基础立柱尺寸过大，浪费混凝土材料，而且还可以降低高海拔地区物资采购难度，加快基础施工进度。

# 第十节　高露头基础地脚螺栓偏心设计

高海拔山区地线陡峭，为满足塔位高低腿高差要求，减少基面开方，山区线路大量采用高露头基础。采取地脚螺栓偏心设计可有效减少高露头基础的钢筋用量，提升工程经济性。

## 一、高露头基础的设计特点

常规工程基础平均设计露头值为 1.0～2.0m，低露头对基础设计的影响很小。高海拔山区基础平均设计露头值为 3.0～4.0m，高露头值对基础设计的主要影响是在相同荷载条件下，高露头会使基础承受更大的弯矩，导致部分受位移控制的基础直径增大，基础配筋量增加，进而增加工程投资。

## 二、设计方案及措施

1. 采用地脚螺栓偏心设置

基础计算露头较高时，水平位移和配筋常成为基础设计的控制因素。采用地脚螺栓偏心式设计，使地脚螺栓分布中心偏离基柱中心。基础地脚螺栓偏心后，相当于竖向作用力在基础主柱顶部施加反向弯矩，从而有效减弱水平荷载产生的弯矩作用，减小地面位移及基础尺寸，降低基础配筋量。地脚螺栓偏心连接图见图 10.10－1。

图 10.10－1　地脚螺栓偏心连接图

2. 地脚螺栓偏心设计要求

地脚螺栓采用偏心设计与基础设计露头值直接相关。基础设计露头较小时，由水平荷载产生的弯矩相应较小。基础尺寸及配筋主要由竖向作用力控制，采用地脚螺栓偏心设计效果不明显。综合考虑基础升高值分布情况及各基础水平荷载大小，建议基础露头大于 3.0m 时采用地脚螺栓偏心设计。

基础直径是影响地脚螺栓偏心效果的重要因素。基础直径较小时，受构造要求控制，地脚螺栓可偏移量过小时，可提供的反向弯矩也相应偏小。根据特高压工程经验，结合高海拔地区具体情况，建议地脚螺栓偏心基础直径不宜小于 2.0m。

地脚螺栓偏心设计时，还应满足以下三点构造要求：

（1）满足由塔脚板大小控制的最小基础直径或宽度；

（2）地脚螺栓的边距满足混凝土结构构造要求；

（3）螺栓锚板与基础钢筋的净距满足构造要求或施工要求。

地脚螺栓偏心示意图见图 10.10－2。

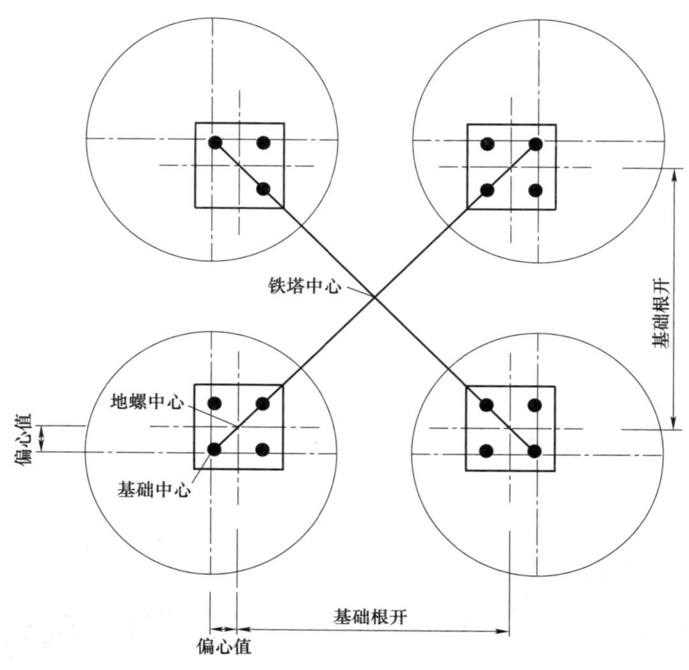


图 10.10－2　地脚螺栓偏心示意图

## 三、小结

针对高海拔地区线路大量采用高露头基础的实际情况，采用地脚螺栓偏心设置，优化基础设计，可有效减小基础直径，减少基础配筋量，具有较显著的经济效益和社会效益。根据高海拔地区工程特点，提出了地脚螺栓偏心基础最小设计露头值、最小直径及相应的构造要求，可为后续高海拔工程提供参考。

# 第十一节　因地制宜采用多样化基础防护措施

西藏高海拔地区地形地貌单元复杂多样，主要为峻岭、高山、高原区一般山地以及堆积山间盆地、谷地等地貌，沿线生态环境脆弱，地形条件恶劣，地质条件复杂，部分塔位需采取防护措施以确保工程本体安全。

## 一、高海拔塔基防护难点

常规工程基础防护通常采用浆砌块石护坡。但浆砌块石护坡存在占地面积大、透水性差、施工速度慢，施工质量不易控制、后期运行维护困难的缺点。西藏地区部分线路区段山高坡陡，地形条件恶劣，水文条件复杂，生态环境脆弱。塔位若采用浆砌块石护坡，原有被破坏的植被和水土并未得到有效保护，底部的土体容易受到雨水冲刷，导致土体自重压力增大。易引起护坡的不均匀沉降或开裂，甚至坍塌，影响线路的安全稳定运行。传统浆砌块石护坡示意图见图 10.11－1。

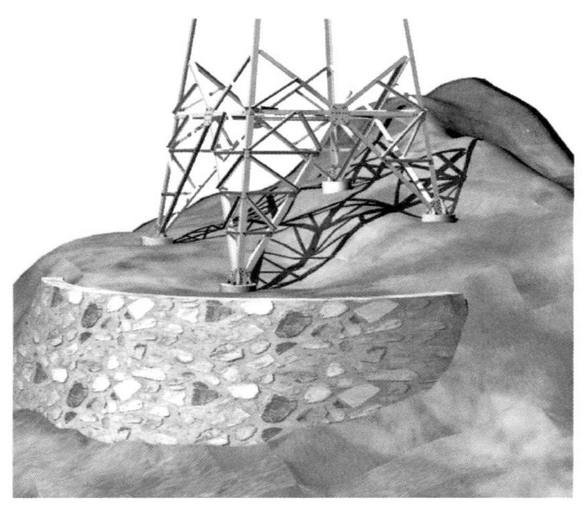

图 10.11－1　传统浆砌块石护坡示意图

## 二、设计方案及措施

以藏中电力联网工程为例，因地制宜地采用了传统护坡和新型防护措施相结合的多样化基础防护措施，满足了高海拔地区工程地质、水文条件复杂多变的实际要求。

新型基础防护主要采用主（被）动防护网。主（被）动防护网具有占地面积小、对原始地貌破坏小、布置方便灵活、高柔性、高防护强度、易铺展、工期短、易维护等优点，安装程序标准化、系统化，适用于面积较大的边坡防护。部分环境脆弱塔位采用主（被）动防护网代替传统的浆砌块石护坡，减小了对原始地貌的破坏，保护了生态环境，降低了后期维护难度。

### 1. 主动防护网

主动防护网是采用系统锚杆固定，并根据柔性网的不同，分别通过支撑绳和缝合张拉或预应力锚杆来对柔性网部分实现预张。从而对整个边坡形成连续支撑，其预张拉作业使系统尽可能紧贴坡面并形成了抑制局部岩土体移动，或在发生局部位移或破坏后，将其裹缚（滞留）原位附近的预应力，从而实现其主动防护（加固）的功能。主动防护网工程实例见图 10.11－2。

图 10.11－2　主动防护网工程实例

2. 被动防护网

被动防护网由钢丝绳网或环形网（需拦截小块落石时附加一层铁丝格栅）、固定系统（锚杆、拦锚绳、基座和支撑绳）、减压环和钢柱等组成。钢柱和钢丝绳网连接组合构成一个整体，对所防护的区域形成面防护，从而阻止崩塌岩石土体的下坠，起到基础防护作用。被动防护网工程实例见图 10.11－3。

图 10.11－3　被动防护网工程实例

目前主（被）动防护网广泛应用于公路、铁路、水利等领域。在西藏地区，G318

国道、S306 省道边坡防护均采用了大量的（主）被动防护网。

高海拔地区线路地质条件复杂，地形陡峭，塔位上方经常存在岩体破碎、滚石、危石等情况，根据主（被）动防护网特点，部分塔位采用了主（被）动防护网。主（被）动防护网设置的原则性要求如下：

（1）明确物源区，分析危岩或松动块石的块体大小、滚动启动条件、滚动方向、起跳条件（植被、地表地层情况、地形起伏情况），对杆塔有威胁时可设置主（被）动防护网；

（2）设置主（被）动防护网时，宜结合危石（岩）清理措施，合理设置；

（3）主动防护网适用于危岩面积小、位置明确的塔位；

（4）被动防护网主要适用于坡度较大、塔基上坡侧存在大量、散落的孤石，并难以判断孤石是否存在滚动可能性及方向的塔位。

## 三、小结

对高海拔地区线路工程因地制宜地采用传统的浆砌块石护坡和主（被）动防护网相结合的多样化基础防护措施。对保护原始生态地貌，减小环境破坏，保障输电线路安全运行和后期防护措施维护具有重要意义。

# 第十一章

# 提高施工运维便捷性

西藏地区输电线路平均海拔高，相邻塔位相对高差大；跨越地域广，地形地质复杂，地质灾害频发；部分塔位交通困难，交叉跨越复杂，存在较多运维困难区段。因此，通过运维困难塔位金具、绝缘子、铁塔差异化设计，Q420 大规格角钢的优化及应用，施工运维困难铁塔特殊设计、优化设计及加强设计等一系列手段，有效地提高了施工和维护便捷性，减小了施工周期及施工风险，减少了线路跳闸事故。通过杆塔加装在线监测设备、构建高海拔地区灾害监测预警平台、开展线路灾害全方位监测、预测、预警，提高了事故快速应急反应能力，保障了电网安全运行，进一步提高了信息化水平和管理效率，为打造坚强智能电网夯实基础。

## 第一节　绝缘子串差异化设计

根据 GB 50545—2010《110～750kV 架空输电线路设计规范》的规定，一般情况下只有重要交叉跨越和荷载较大的场合才采用双联设计，其他情况下均采用单联设计；金具和绝缘子在最大荷载情况下，瓷绝缘子的安全系数为 2.7，复合绝缘子的安全系数为 3.0，金具的安全系数为 2.5。

### 一、运维困难地区塔位特点

西藏地区地形地质条件复杂，局部区段交通困难。对于部分需要通过索道转运 3 基及以上的塔位，在发生故障情况下，人员难以到达故障位置。人体机能迅速下降导致工效很低，修复特别困难。因此对于高海拔地区的交通困难塔位，需提高安全可靠性，尽量做到免维护、少维护。西南高海拔地区部分交通困难塔位，见图 11.1－1。

图 11.1－1　西南高海拔地区部分交通困难塔位

## 二、设计方案及措施

（1）导线悬垂绝缘子串采用双串双挂点（见图 11.1－2），在输电线路单串或单个挂点失效的情况下，可保障不发生大的掉串事故。为运维修复争取时间，提高运维可靠性。

（2）绝缘子及金具设计安全系数比现行规程规定值增加 10%。

（3）耐张串采用双联 420kN 盘形绝缘子串。相对于常规线路段采用双联 300kN 盘形绝缘子串，金具和瓷绝缘子的安全系数从 2.82 提高到 3.95，运行维护可靠性大幅提高。

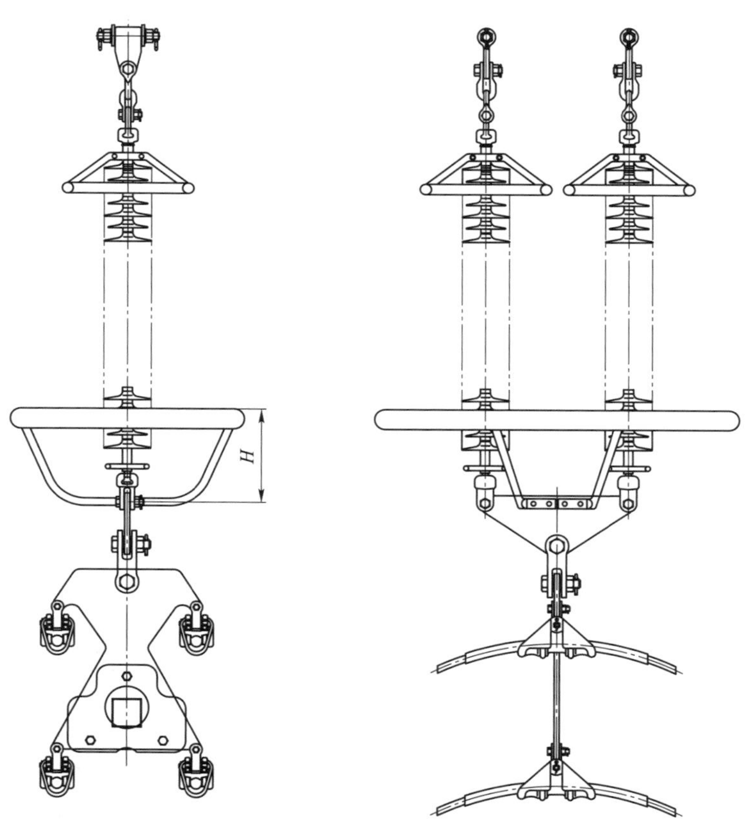


图 11.1－2　双联双挂点悬垂串示意图

## 三、小结

对于西藏高海拔地区交通困难塔位，为提高线路的安全可靠性，实现输电线路的免维护、少维护。对绝缘子及金具串采取双联双挂点，并提高安全系数等差异化设计，提高了线路运行可靠性，为交通困难塔位后期的免维护、少维护奠定了坚实的基础。

# 第二节　运维困难地区杆塔加强

高海拔地区气候环境恶劣，部分区段地形起伏较大、人员难以到达塔位，对后期运行维护提出了很高的要求，按照“本质安全性、建设可行性和运行便捷性”的要求，结合高海拔地区线路工程实际特点，对运维困难地区的杆塔进行加强设计。

## 一、高海拔线路运维特点及难点

线路工程整体海拔高，大部分沿山坡、山顶走线，塔位高差大、远离公路，交通运输条件极差。为满足施工要求，沿线需搭建大量用于材料运输的专用索道，而工程投运后所有索道需进行拆除，后期运维材料运输及线路巡检将是巨大难题。

藏中电力联网工程对全线塔位进行了梳理，对运维困难地区塔位进行了定义：

（1）交通困难塔位（索道转运 3 级及以上）；

（2）线路途经米堆冰川的 36 基塔位；

（3）重要交叉跨越塔位（跨越高速铁路、高速公路及 220kV 及以上线路）；

（4）跨越大江大河塔位（跨越澜沧江、怒江、雅鲁藏布江等）。

## 二、设计方案及措施

针对高海拔地区特殊的运维背景，在已投运的藏中电力联网工程中首次提出了运维困难塔位杆塔加强设计理念。

为增强运维困难塔位铁塔可靠性，提高免维护标准，将铁塔重要性系数提高到 1.1 进行加强设计。铁塔荷载采用实际条件计算，对允许应力比超过 100%的铁塔杆件、螺栓，在不改变杆件心线的前提下，优先加大肢厚进行加强。

藏中电力联网工程全线筛选运维困难塔位 152 基。经过加强设计，在铁塔质量增加不到 1%的情况下铁塔整体强度增加 10%。在铁塔大部分杆件满足要求的情况下，通过加强部分薄弱构件的方式，大幅度减小铁塔在极端恶劣条件下的破坏概率，实现运维困难地区杆塔免维护或少维护目标。以 16R055 塔位为例，该塔位采用 ZK29105A 型直线塔，经过复核验算，塔身及塔腿构件均满足要求。主要对塔头导地线横担局部杆件进行了加强设计，如图 11.2－1 所示。

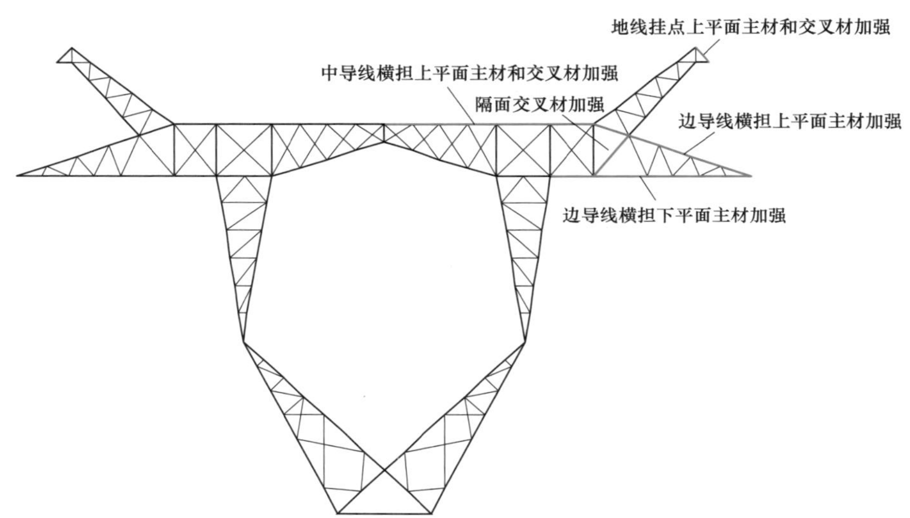


图 11.2－1 藏中电力联网工程 16R055 塔位塔材修改示意图

## 三、小结

输电线路全寿命周期中，后期运行维护时间跨度最长。有针对性地对运维困难地区杆塔加强设计，通过增加较少的工程投资，可显著提高整个线路的安全可靠性和运维便捷性，减少全寿命周期成本。

# 第三节　Q420 大规格角钢应用

高海拔地区大部分塔位位于山顶，塔位高差大、交通运输条件差，铁塔运输难度和运输量都很大。因而从优化设计和选材的角度减少塔重的意义重大，大角钢的运用在这方面有明显优势。

## 一、常规角钢缺点

当输电铁塔荷载较大时，主材使用普通单角钢已无法满足受力要求，因而出现了双拼或四拼角钢的组合构件型式。但设计上出于对组合构件的协同工作及加工、运输、组装等方面的要求，双拼或四拼角钢需要增加大量填板、螺栓等辅料，从而导致塔重增加较多，加大生产、运输、组装、施工难度。

## 二、设计方案及措施

为了降低施工难度、减小运输量，同时降低铁塔耗钢指标，铁塔设计采用 Q420 高强度大规格角钢。

常用大规格角钢和常用双拼普通规格角钢的截面特性见表 11.3－1 和表 11.3－2。

表 11.3－1　　常用大规格角钢的截面特性

| 截面尺寸（mm） | | | 截面面积（$cm^2$） | 理论质量（kg/m） | 最小轴回转半径 $i_{y0}$（cm） | 平行轴回转半径 $i_x$（cm） |
|---|---|---|---|---|---|---|
| $b$ | $d$ | $r$ | | | | |
| 220 | 16 | 21 | 68.664 | 53.90 | 4.37 | 6.81 |
| | 18 | | 76.752 | 60.25 | 4.35 | 6.79 |
| | 20 | | 84.756 | 66.53 | 4.34 | 6.76 |
| | 22 | | 92.676 | 72.75 | 4.32 | 6.73 |
| | 24 | | 100.512 | 78.90 | 4.31 | 6.70 |
| | 26 | | 108.264 | 84.99 | 4.30 | 6.68 |

续表

| 截面尺寸（mm） | | | 截面面积（$cm^2$） | 理论质量（kg/m） | 最小轴回转半径 $i_{y0}$（cm） | 平行轴回转半径 $i_x$（cm） |
|---|---|---|---|---|---|---|
| b | d | r | | | | |
| 250 | 18 | 24 | 87.842 | 68.96 | 4.97 | 7.74 |
| | 20 | | 97.045 | 76.18 | 4.95 | 7.72 |
| | 24 | | 115.201 | 90.43 | 4.92 | 7.66 |
| | 26 | | 124.154 | 97.46 | 4.90 | 7.63 |
| | 28 | | 133.022 | 104.42 | 4.89 | 7.61 |
| | 30 | | 141.807 | 111.32 | 4.88 | 7.58 |
| | 32 | | 150.508 | 118.15 | 4.87 | 7.56 |
| | 35 | | 163.402 | 128.27 | 4.86 | 7.52 |

表 11.3-2　　常用双拼普通规格角钢的截面特性

| 规格 | 截面面积（$cm^2$） | 理论质量（kg/m） | 最小轴 $i_{y0}$（cm） | 平行轴 $i_x$（cm） |
|---|---|---|---|---|
| 2∠160×10 | 63.004 | 49.46 | 6.27 | 6.57 |
| 2∠160×12 | 74.880 | 58.78 | 6.24 | 6.61 |
| 2∠160×14 | 86.600 | 67.98 | 6.2 | 6.62 |
| 2∠160×16 | 98.140 | 77.04 | 6.17 | 6.69 |
| 2∠180×12 | 84.482 | 66.32 | 7.05 | 7.44 |
| 2∠180×14 | 97.790 | 76.77 | 7.02 | 7.45 |
| 2∠180×16 | 110.930 | 87.08 | 6.98 | 7.49 |
| 2∠200×14 | 109.284 | 85.79 | 7.82 | 8.28 |
| 2∠200×16 | 124.020 | 97.36 | 7.79 | 8.29 |
| 2∠200×18 | 138.600 | 108.80 | 7.75 | 8.33 |
| 2∠200×20 | 153.000 | 120.11 | 7.72 | 8.37 |
| 2∠200×24 | 181.320 | 142.34 | 7.64 | 8.43 |

由表 11.3-1 和表 11.3-2 可知，双拼普通规格组合角钢 2∠160×10～2∠200×24 的截面面积范围为 63.0～181.3cm²，最小回转半径的范围为 6.27～7.64cm；大规格角钢∠220×16～∠250×35 的截面面积范围为 68.7～163.4cm²，最小回转半径的范围为 4.37～4.86cm。由此可见：

（1）单从角钢强度上讲，除了 2∠200×24 外，普通规格双拼组合角钢均可由单肢大规格角钢替代。双拼大规格角钢也可以替代大部分四拼普通规格角钢。

（2）在面积相当的情况下，单肢大规格角钢回转半径比双拼普通规格组合角钢小，使其受压稳定性变小，因此为充分发挥大规格角钢的承载性能，需要增加辅助材料以减小其计算长度。双拼大规格组合角钢的最小回转半径比四拼普通规格组合角钢大（约13%～30%），所以双拼大规格组合角钢可获得更大的节间长度。

（3）与采用普通规格双拼组合角钢塔相比，大规格角钢的截面面积大，受力清晰，能够替代双拼组合角钢，满足铁塔大荷载承载力的要求，同时可大幅减少双拼角钢的加工量，减少大量连接螺栓和填板的使用，降低铁塔耗钢指标，有利于造价控制和节能减排，有效地降低了铁塔运输和施工组立的难度。

### 三、小结

当输电铁塔荷载较大时，采用高强钢大规格角钢不仅可充分利用钢材强度，还可减少组合截面的使用，简化结构，降低塔重，减少投资；同时也可减小铁塔加工和施工难度，方便运输，缩短工期，对于高海拔地区的线路建设具有很好的经济和社会效益。

## 第四节　困难地区塔材分段长度优化

铁塔从生产厂运输到施工现场，大都需要依靠火车、汽车、索道等多种运输工具，而西藏位于我国西南边陲，面积约占全国总面积的 1/8，部分生产厂的铁塔最长运输距离达到 4000 千米，塔材的高效运输是工程顺利实施的重要保障。

### 一、塔材运输难点

以藏中电力联网工程为例，铁塔运输主要依靠 318 国道。318 国道部分路段狭窄、蜿蜒崎岖，怒江大桥及怒江 72 道拐附近尤其险峻，交通运输条件极差。鉴于道路转弯半径小的现状，铁塔杆件长度过长将导致塔材运输车辆无法通行，因此，对塔材分段长度进行合理优化十分必要。同时，受到施工现场地形条件、索道运输吨位、组塔设备负荷能力等因素限制，有必要对铁塔单根构件长度、单根主材或辅材的质量提出具体限制条件，以减轻铁塔组立困难。318 国道怒江大桥段交通情况见图 11.4－1，318 国道 72 道拐的运输情况见图 11.4－2。

图 11.4－1　318 国道怒江大桥段交通情况

图 11.4－2　318 国道 72 道拐的运输情况

## 二、塔材长度优化

塔材长度一般主要受供货原材料长度及镀锌槽长度的控制，按照 DL/T 5442《输电线路杆塔制图和构造规定》规定，塔材长度肢宽 100mm 以下构件长度不宜超过 9m；肢宽 100mm 以上构件长度不宜超过 12m。线路工程铁塔主材多使用 200mm 以上肢宽（大规格）角钢，以 L250×35 规格长度 12m 为例计算，单根构件质量达到 1539kg。可见构件长度较长、质量较重使现场材料运输和杆塔组立都十分困难。因此，在兼顾杆塔经济指标的基础上，充分考虑318国道沿线交通运输条件的制约，合理选材、合理分段以及对节点、隔面的优化设计、优化布置非常必要。

经过对318国道现场调研及统筹考虑，藏中电力联网工程全线铁塔单个构件长度控制在9.0m左右，单件主材或辅材质量控制在1.0t以内。这样有效降低了单个构件的运输质量，减轻了索道运输的压力，降低了组塔设备的负荷，有效提高了铁塔组立效率。塔材搬运和铁塔组立现场见图11.4-3。

图11.4-3 塔材搬运和铁塔组立现场

## 三、小结

通过对塔材分段长度的合理优化，使塔材的运输不再受道路转弯半径的限制。保证了所有铁塔材料严格按照预定计划，按期运抵中转站或施工材料站，保障了工程的顺利实施。为后续同类施工条件、类似交通运输条件的输电线路工程提供了借鉴经验。

# 第五节 铁塔安全防护措施

高海拔地区输电线路因其所处的自然环境恶劣和运行条件艰苦，使线路施工及巡检中的铁塔攀爬强度高、体力消耗大，对登塔人员是不小的挑战。按照从设计源头抓好本质安全的管理思路，在杆塔的设计阶段制定相应安全防护措施，是保障工程顺利实施及后期运维安全的有效手段。

## 一、铁塔施工、运行维护特点及难点

（1）海拔高。高海拔地区空气稀薄，含氧量不足，杆塔的攀爬极其困难。藏中电力联网工程最高海拔达到5295m。这一海拔高度的含氧量不足平原的60%，基本属于登塔作业的禁区。

（2）铁塔高。高海拔地区地形起伏较大、地质构造复杂，铁塔的平均高度远高于平原，最高的铁塔全高达到125m以上。

（3）气象复杂。高海拔地区的气候、气象条件极其复杂，最大设计风速达到33m/s。强风、沙尘、低温、缺氧等多重因素叠加，使铁塔的施工架线及后期的运维十分困难，施工安全风险难以控制。

## 二、设计方案及措施

### 1. 设置杆塔扶手

为方便施工及检修人员登塔，在横担与塔身连接的左右两侧大节点板上设置扶手；在单回路直线酒杯塔瓶口处安装水平扶手（距瓶口隔面横材1.2～1.5m高度安装水平扶手，尽量靠近节点，前后侧各安装一套）。扶手使用$\phi$12mm圆钢，两端焊接6mm厚钢板与塔材角钢以螺栓连接。角钢相应位置打孔，亦可直接利用塔材节点处螺栓孔，如图11.5－1所示。

### 2. 设置休息平台

高海拔给施工及运维登塔带来了很大的难度，尤其是全高超过100m的杆塔，因高原缺氧登塔极其困难。为了保障登塔的安全，在全高大于60m的塔位，每30m高度设置一个简易检修平台（见图11.5－2），平台外围设置安全护栏，休息平台采用钢格栅板见图11.5－3。平台尺寸宽度宜为1000mm，长度不小于1500mm，平台围栏高度应不小于1200mm。

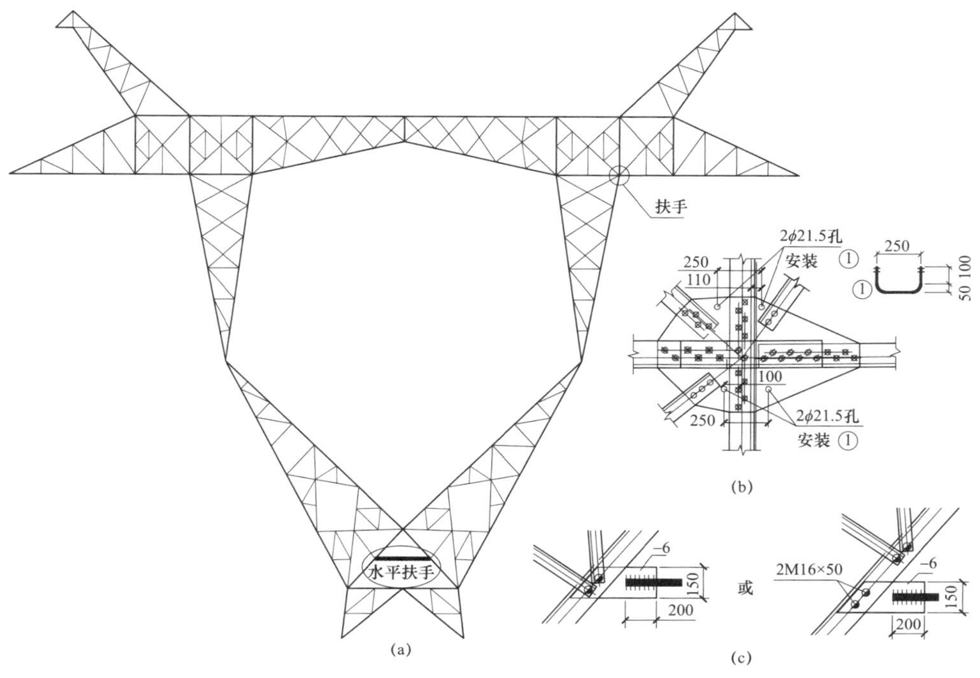


图 11.5-1 扶手设置

（a）酒杯型直线塔；（b）扶手示意图；（c）瓶口位置水平扶手示意图

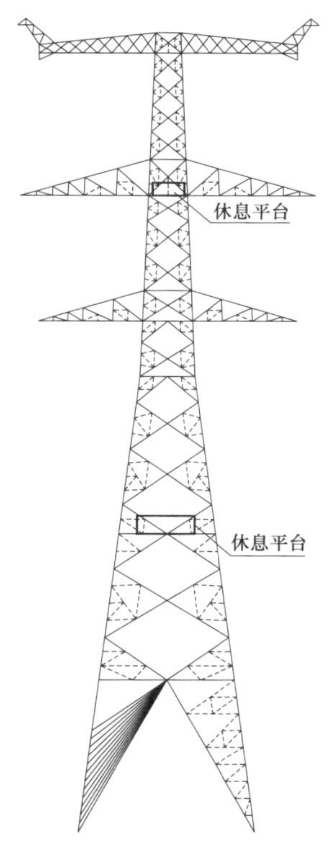


图 11.5-2 休息平台设置位置

图 11.5-3 钢格栅板

3. 设置防坠落装置

为保证施工、运维人员的登塔安全，在全高大于 70m 的铁塔上加装防坠落装置。防坠落装置可以为作业人员在登高、高空作业、返回等提供全过程保护。防坠落装置采用固定式防坠落器，垂直（含倾斜）导轨采用 T 形导轨；水平导轨采用不锈钢钢绞线。如图 11.5－4 和图 11.5－5 所示。

图 11.5－4　角钢塔塔身刚性导轨

图 11.5－5　角钢塔横担采用水平拉索

4. 应用便携式攀爬机

高海拔地区线路巡检中登塔强度高、体力消耗大。藏中电力联网工程中为了解决这一问题，首次在地形及气象条件差、运维困难的塔位，采用了一种新型的便携式登塔系统（即攀爬机）。该系统主要采用电池驱动，攀爬速度快、平稳、轻便、易携带，可有效降低登塔的体力消耗，减轻劳动强度，降低人身安全风险，提升工作效率。便携式攀爬机示意图见图 11.5－6。

## 三、小结

针对高海拔输电线路工程特点，采取设置杆塔扶手、休息平台、防坠落装置及应用便携式攀爬机等安全措施，保障了登塔人员安全，为施工和运维提供了便利。

图 11.5-6 便携式攀爬机示意图

# 第六节 在线监测装置

西藏地区超高压线路海拔 2200～5300m，平均海拔 3900m，相邻塔位间最大海拔高差达 500m。线路沿线气候条件恶劣、地形和地质条件复杂、部分铁塔人员和机械难以到达、线路部分段穿越集中林区。为降低线路运维难度，有必要安装微气象、杆塔倾斜、图像、视频等在线监测装置。

## 一、线路沿线环境特点

（1）气象复杂多变。线路途经地区气候恶劣，气温低、风速大、日照强烈、昼夜温差大。尤其是海拔 3000m 以上的地区更是“一年无四季，一日有四季”。线路大部分地段位于高海拔山岭、风口带，受高空急流影响大，风速显著大于气象站风速，并且海拔越高风速越大。沿线大高差、大档距较多，在翻越高山、垭口等处，微气象多发。

（2）地形地质复杂。线路沿线地貌主要分为侵蚀剥蚀溶蚀高山峡谷地貌、侵蚀剥蚀溶蚀中高山地貌、低高山和高原区低山丘陵地貌、河流侵蚀堆积山间盆地、谷地地貌和冰川侵蚀地貌五个地貌单元。线路所在地区大多属地震频发区和地质灾害易发区，地质灾害主要为崩塌、泥石流、滑坡等。

（3）交叉跨越复杂。线路跨越澜沧江、怒江、雅鲁藏布江等大江大河，跨越拉林铁路和 318 国道等重点交通运输通道，跨越多条电力线路。

（4）交通基础薄弱。沿线道路稀少、建设标准低。部分铁塔位于无人区或陡峭山坡上，人员和机械难以到达。

（5）穿越集中林区。部分线路位于原始林区，树木密集，平均树高 30m，最高达 50m。为保护森林资源，线路在穿越林区时，尽量采用高跨，但受地形影响，个别档距内超高树木不得不进行砍伐。受林木生长速度的不确定性和过熟林木倒塌的影响，线路运行存在一定的风险。

## 二、设计方案及措施

### 1. 微气象区在线监测

微气象在线监测装置应该安装在大档距、易覆冰区和强风区等特殊区域区段，例如高海拔地区的迎风山坡、垭口、风道、水面附近、积雪或覆冰时间较长的地区。也可安装在风偏、非同期摇摆、脱冰跳跃、舞动等因气象因素导致故障频发的区段。还可安装在传统气象监测盲区如行政区域交界、人烟稀少区、高山大岭区等无气象监测台站的区域。监测数据包括环境温度、湿度、风速、风向、雨量、气压。技术指标如表 11.6－1 所示。

表 11.6－1　　微气象在线监测装置技术指标

| 类型 | 参数要求 |
|---|---|
| 监测数据量 | 环境温度、湿度、风速、风向、雨量、气压 |
| 温度测量范围（℃） | －40～＋80 |
| 温度测量精度（℃） | ±2 |
| 湿度测量范围（%） | 1～100 |
| 湿度测量精度（%） | ±5 |
| 风速测量范围（m/s） | 0.5～60 |

续表

| 类型 | 参数要求 |
|---|---|
| 风速测量精度（m/s） | ±1 |
| 风向测量范围（°） | 360 |
| 风向测量精度（°） | 16 |
| 雨量测量范围 | 0～1000mm/24h |
| 雨量测量精度（mm） | ±1 |
| 气压测量范围（hPa） | 600～1100 |
| 气压测量精度（hPa） | ±1 |

2. 杆塔倾斜在线监测

采用杆塔倾斜在线监测装置，用于监测杆塔不均匀沉降、倾斜情况，为状态监测系统提供基础信息，对线路安全运行风险提前预警。该系统能够完成的监测内容包括倾斜度、顺线倾斜度、横向倾斜度、顺线倾斜角、横向倾斜角。技术指标如表 11.6–2 所示。

表 11.6–2　杆塔倾斜在线监测装置技术指标

| 类型 | 参数要求 |
|---|---|
| 监测内容 | 倾斜度、顺线倾斜度、横向倾斜度、顺线倾斜角、横向倾斜角 |
| 杆塔横向倾斜角测量范围 | ±30 |
| 杆塔纵向倾斜角测量范围 | ±30 |
| 倾角精度 | ≤±0.01 |
| 测量误差 | ≤±0.05 |

杆塔倾斜在线监测系统长时间采集杆塔倾斜状态数据并上传。主站系统根据上传的数据，经过智能分析实时掌控杆塔状态，及时发现隐患和发出灾害预警。当灾情发生时，系统能利用已有资源及时、全面、自动地生成应急抢修数据集，提供抢修所需的杆塔设备参数。同时检索并筛选出相似地理环境的杆塔，辅助应急抢修和灾后重建工作，提高抢修效率。

根据沿线地质、地形和交通等条件，选取合适塔位安装杆塔倾斜在线监测装置。

3. 视频在线监测

在运维困难、跨越大江大河以及重要交叉跨越区段，安装视频在线监测装置。利用高清摄像机拍摄线路走廊高清视频，并实时上传，满足对输电线路及周边环境进行可视监控需要。

视频在线监测装置利用信息化智能巡检手段和在线监测技术对输电线路的运行状态和运行环境进行监测。安装视频在线监测及智能巡检系统，可以对线路故障提前预警，提高线路运维的效率，降低运维人力物力成本，提高线路的综合效益。

根据沿线地形、交通和交叉跨越等条件，选取合适塔位安装视频在线监测装置。

4. 图片在线监测

安装图片在线监测装置，采用高清摄像球机、枪机拍摄线路走廊高清图片。通过对比不同时期拍摄的照片，判断走廊内树木的生长情况。同时对输电线路及周边环境进行可视监控。该系统支持自动采集和受控采集，具备变焦、自动聚焦、方位调整及预制位设置功能，循环存储至少 30 天的图像。技术指标如表 11.6–3 所示。

表 11.6–3　图片在线监测装置技术指标

| 项目 | | 主要技术指标要求 |
|---|---|---|
| 装置基本功能 | 采集处理 | 支持自动采集和受控采集，应具备变焦、自动聚焦、方位调整及预制位设置功能。应循环存储至少 30 天的图像，存储空间不应小于 512MB |
| | 数据输出 | 输出 Jpeg 格式的图像 |
| | 通信接口 | Q/GDW 242—2010 附录 C：应用层数据传输规约 |
| | 自检诊断 | 装置工作状态自检、诊断、管理、自恢复，应具备网络对时功能，对时误差应小于 5s |
| | 配置更新 | 远程更新程序、查询/配置、远程调试、复位 |
| | 防覆冰设计 | 具有轻度覆冰（5mm 厚）防护能力，在此状态下云台能正常工作，镜头表面无污秽遮挡 |
| | 安全要求 | 需要集成嵌入加密芯片和数据证书进行加密及身份认证，图片可通过安全接入平台，接入状态监测代理装置（CMA） |

根据沿线地形、地质和林区等条件，选取合适塔位安装图片在线监测装置。

## 三、小结

对微气象易发区域，选择安装微气象在线监测装置，补充和丰富了沿线的气象数据，同时可为其他同区域电力线路的设计提供参考；对地质条件复杂的铁塔，采用杆塔倾斜在线监测装置，对杆塔不均匀沉降和倾斜情况进行预警；在运维困难、跨越大江大河及重要交叉跨越等区段，安装视频在线监测装置，对线路重要点位进行监控，同时满足对输电线路及周边复杂环境进行可视监控的需要；在林木密集和地质条件复杂区段，安装图片在线监测装置，获取走廊内树木的生长情况。

## 第七节　光传感分布式状态监测装置

西藏地区线路工程涉及地理区域广泛，不仅跨越无人区，还途经高寒高海拔地区，线路通道地形地貌复杂，极端气候频发多变，人工巡视电力线路，无法对整条输电线路通道实时进行监管。普通在线监测装置存在电源供应不稳定、监测范围窄、信号传输数据丢失，甚至通信中断等问题。经过比较分析，可用光纤在线监测来监测线路运行状态，并在此基础上构建电网灾害监测预警平台，对线路灾害进行监测、预测、预警。

### 一、普通在线监测装置存在的局限

普通在线监测装置受电源供应、监测范围、信号传输、气象条件、安装水平、运维水平等条件的限制，监测效果无法满足要求。

### 二、设计方案及措施

光传感分布式输电线路状态监测技术是指以分布式光纤传感技术为基础，通过安装在变电站内的监测主机发射脉冲激光进入 OPGW 光缆冗余纤芯中。依据不同外部物理状态（覆冰、风害、杆塔倾斜）下 OPGW 中光纤内部的脉冲激光的散射光特征变化，利用监测主机解析散射光特征得到 OPGW 的运行状态。通过信号解调和高精度算法识别线路事件区段，并得出状态监测数据，为输电线路风险预警和运维决策提供依据。

光传感分布式状态监测将输电线路 OPGW 光缆的冗余纤芯，作为光传感分布式状态监测系统的传感光纤和监测数据的回传通信光纤。监测数据在变电站内从光纤直接采集。采集到的监测数据经分布式监测主机集中处理和分析，得到线路的状态监测结果。再通过变电站内三层交换机把数据上传至电力通信专网，最终接入部署在西藏信通公司机房内的光传感分布式状态监测主站。具体接入方式如图 11.7－1 所示。

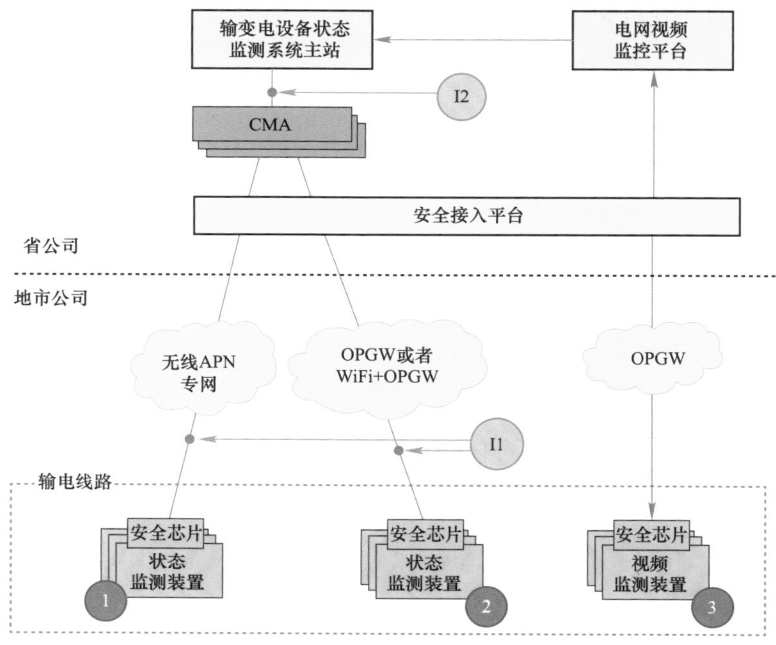


图 11.7－1　状态监测系统安全防护总体架构图

以藏中电力联网工程为例，光传感分布式线路状态监测区段为沃卡—雅中段和林芝—波密段。

沃卡—雅中段线路全长 2×103.2km，在沃卡变电站配置 1 套光传感分布式状态监测装置，实现对该区段内逐档距的覆冰监测和风害监测。沃卡—雅中段光传感分布式状态监测通信方案如图 11.7－2 所示。

林芝—波密段全长 2×230.1km，需要在林芝变电站和波密变电站各配置 1 套光传感分布式状态监测装置，实现对该区段内逐档距的覆冰监测和风害监测。林芝—波密段光传感分布式状态监测通信方案如图 11.7－3 所示。

光传感分布式状态监测系统对监测数据进行接收和处理，并通过变电站内三层交换机把数据上传至电力通信专网，最终接入部署在西藏信通公司机房内的光传感分布式状态监测主站。

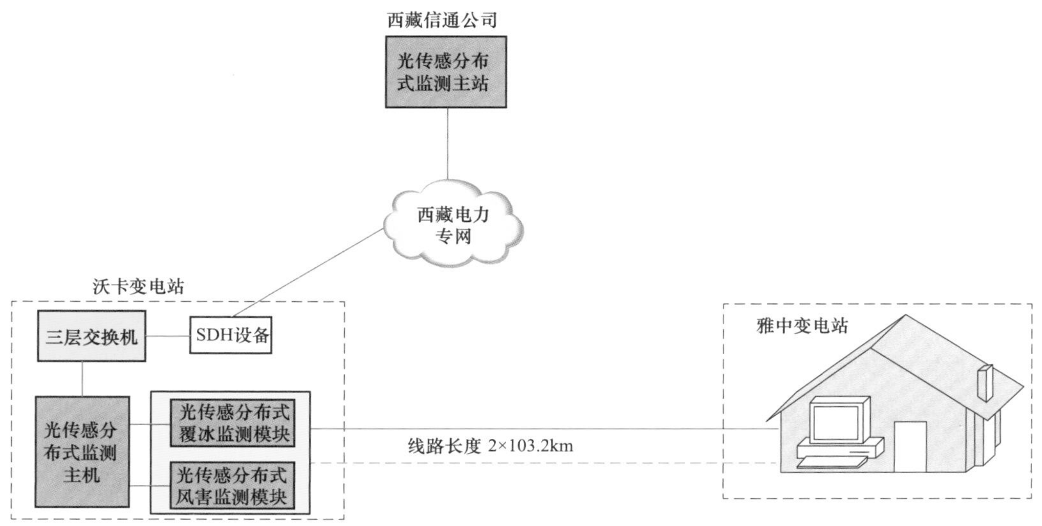


图 11.7-2 沃卡—雅中段光传感分布式状态监测通信方案示意图

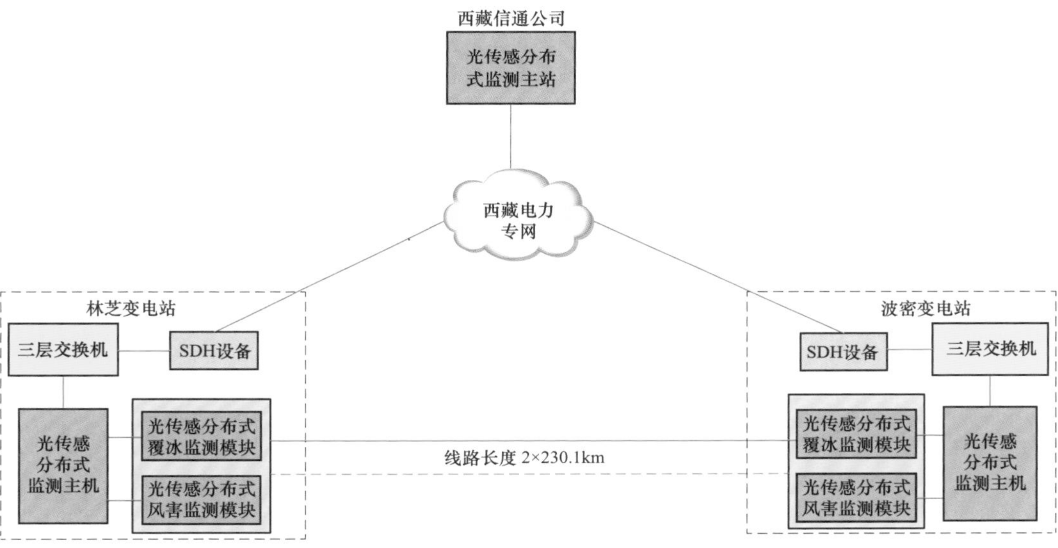


图 11.7-3 林芝—波密段光传感分布式状态监测通信方案示意图

## 三、小结

在西藏超高压电网中安装光传感分布式状态监测系统，符合一次建设、长期使用的原则，可对线路工程进行全寿命周期监测。对于提升电网整体运行安全，建设坚强智能电网具有重要的作用。

# 第八节　分布式故障诊断系统

高海拔地区超高压线路极易遭受雷电、污秽、大风、覆冰和动植物等因素的影响而发生跳闸事故。跳闸事故除了会造成停电和系统冲击外，还会损坏绝缘子和导地线，给系统运行留下安全隐患。为及时准确地找到故障点，快速恢复供电和消除隐患，需要建立分布式故障诊断系统。

## 一、普通故障诊断装置存在的局限

（1）工频故障测距采用阻抗法测距。对于高阻接地、多电源线路、断线故障、分支线路等许多情况测距效果较差。它的测量精度也无法保证在 1km 以内。

（2）站内行波定位。随着行波传输距离的增加，故障行波波头衰减与畸变，对行波波头时间的确定会产生较大误差，影响定位精度。

（3）输电线路运行环境恶劣，引发线路故障的原因种类多，现有技术无法可靠工作，不能智能识别故障原因。

## 二、设计方案及措施

分布式故障诊断系统通过减小行波定位区间，以及减小行波衰减强度提高故障点定位准确度；通过多个分布式故障监测终端之间的冗余机制提高故障定位的可靠性；通过行波波形智能分析实现了雷击与非雷击、雷击故障中的绕击与反击的准确识别；能辨识线路遭受雷击的次数及位置。

分布式故障诊断系统也称故障定位系统，分布安装在输电线路上，监测线路发生故障时刻的行波电流、行波穿行及折反射时间等信息。根据不同的故障特征迅速准确地判定故障点，并采用智能辨识技术分析故障波形特征，识别其故障为雷击故障或非雷击故障。当为雷击故障时，能进一步分辨出雷击类型（绕击或反击）。

当发生雷击跳闸故障时，雷击引起的雷电行波会沿着输电线路导线传播。分布安装在输电线路导线上的现场监测装置，将会捕获故障电流行波和故障后引起的工频故障电流。每个现场终端配置有 GPS 时钟，还可以对故障行波发生的时间准确标定。系统基于捕捉的行波信号、工频信号和发生时间进行故障辨识和故障点精确定位。

雷击故障辨识技术立足高精度行波采样设备，挖掘雷击故障相电流波形的原始特征，提出基于行波特征的输电线路雷电反击与绕击识别方法。

反击故障时，雷击塔顶致使绝缘子串闪络前，雷电流先流过架空地线，会在输电线路各相上感应出一个与雷电流极性相反的脉冲。闪络后，雷电流流过故障相，且非故障相上继续受到雷电流的感应作用。因此，故障相暂态电流波形包含闪络时刻前感应出的反极性脉冲、闪络时刻后的雷电流前行波。非故障相暂态电流波形仅包含与雷电流极性相反的感应电流。

相比之下，绕击时故障相暂态电流为闪络前流过故障相的雷电流，闪络后流过经故障点杆塔入地的那部分雷电流。这两者极性相同，叠加后不会出现反极性脉冲。

通过细致的理论分析，发现了区分绕击与反击的极易被忽略的特征，即反击致使绝缘子串闪络前，雷电流先流过架空地线，在故障相线路上会感应出一个反极性的脉冲。具体的识别方法如下：

（1）当输电线路发生雷击故障时，线路上观测点处高速采集设备启动，采样率为 10MHz、采样时间为 400μs，记录各相线路电流暂态波形。

（2）比较同一观测点各相暂态电流幅值，幅值大的为故障相。

（3）分析故障相电流行波特征，幅值最大、到达时间较早的脉冲为雷电流前行波。

（4）观察故障相前行波之前（数微秒内）的波形特征，是否有与前行波极性相反、幅值较小（小于前行波幅值的 1/3）的脉冲。若有，判断为反击；若无，判断为绕击。

利用 EMTP 进一步全面计算绕击与反击的情形，通过改变雷电流大小及观测点位置，在不同相闪络、多相闪络情况下，观察故障相电流行波的暂态特征。

分布式故障诊断监测终端安装要求如下：

（1）应布置在通信信号良好的位置。

（2）对于直线杆塔，应安装在距悬垂线夹出口处约 2.5m 的导线上，且距离防振锤 0.5m 左右；对于耐张塔，监测终端可安装于耐张线夹和防振锤之间。

（3）对于分裂导线，监测终端只需安装于其中一根子导线上。对于多分裂导线，监

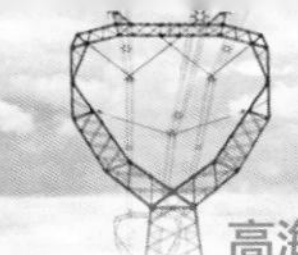



测终端宜安装在最上方子导线上。

（4）应充分考虑安装人员的高空作业环境，安装简便。

（5）监测终端及紧固件不得直接固定在导线上，中间应有硅橡胶等缓冲隔离层保护导线不受磨损。

（6）监测终端与导线间应有连接线，以避免悬浮电位影响。

（7）监测终端紧固螺栓应具有防松措施，避免监测终端运行中滑动或滚动。

### 三、小结

采用分布式故障诊断系统可实现对输电线路全线的故障智能诊断，及时发现故障并准确判断故障区间和位置，减少停电时间和人力物力成本，为输电线路运维提供依据，是输电线路运维工作的重要辅助手段。

## 第九节　在线监测系统通信方案

以藏中电力联网工程为例，根据《输电线路状态监测装置通用技术规范》《输变电设备状态监测系统技术导则》《统一坚强智能电网新建输电线路建设设计有关要求》等文件，设计单位确定安装微气象、杆塔倾斜、故障监测、视频监控、图片监测等线路状态监测装置，为线路运维提供信息和数据支撑。基于信息和数据传输的便捷性和可靠性要求，需要建立完整的通信技术方案。

### 一、整体通信方案

目前，输电线路中 OPGW 复合光缆还有较多的闲置光纤资源，这为采用光纤组网的方式实现输电线路传感器监测信息的传输提供了便利条件。通过在线监测装置数据输出通道整合，可充分发挥电力专属光传输通道的优势。也可采用成熟的宽带无线技术在监测区域做无线覆盖，实现输电线路沿线的在线监测装置数据的集中与通道整合。从经济因素考虑，当输电线路在线监测点分布较为集中，同时有很长的线路段没有在线监测点时，可以只对有在线监测点的区域进行无线信号覆盖。

考虑到通信成本及后期运维便利性，且项目处于基建阶段，开断及熔接光纤相对容易，因此本系统的通信方式采用“光纤通信为主，无线通信为辅”的通信方案。

## 二、设计方案及措施

1. 基于OPGW电力专网的通信

基于OPGW电力专网的通信方案，充分利用和开发OPGW复合光缆中的闲置光纤资源，采用光纤组网的方式实现输电线路传感器监测信息的传输。

根据OPGW的架设特点，塔上每隔2～5km会有一个光缆接头盒，监控点在接头盒处进行光通信传输设备和监控设备的安装，并采用熔纤的方式将传输设备连接上OPGW；监测数据通过OPGW光缆，由电力数据专网将数据分流回监控中心。

对于某些监控点没有OPGW接头盒的情况，首先采用WiFi/RF/Zigbee（视频数据使用WiFi、非视频数据使用RF/Zigbee）等无线传输方式，将数据传送至附近装设一体化通信装置的塔上，再通过OPGW光缆进行数据传输。

数据远传是借助电力输电线路的OPGW光缆，共占用4根光纤（有2根作为备用）作为传输通道，采用光传输设备作为监测数据的远传实现手段。塔上一体化通信装置将汇集到的数据发送至光传输设备上，然后由光传输设备通过OPGW光传输通道，将数据传输至变电站的光交换机设备，再由站内SDH设备通过SDH网将数据发送至监控中心。基于OPGW电力专网通信的系统总体结构图见图11.9-1。

2. 基于无线公网的通信

因输电线路OPGW光纤资源紧张而无法协调给线路状态监测业务，或者因线路已投运开断困难情况下，可考虑基于无线公网的通信传输方案。状态监测装置可通过无线公网GPRS/3G/4G网络将监测数据回传至输变电状态监测中心，并通过安全接入平台接入系统。

监测装置的数据有很多，接入与集中由塔上一体化通信装置来实现，塔上一体化通信装置内置各种通信模块，具有无线微功率窄带（Zigbee/RF）、无线宽带（WiFi）接入能力，其中视频数据使用无线宽带（WiFi）进行中继，并提供多种有线通信接口。能够

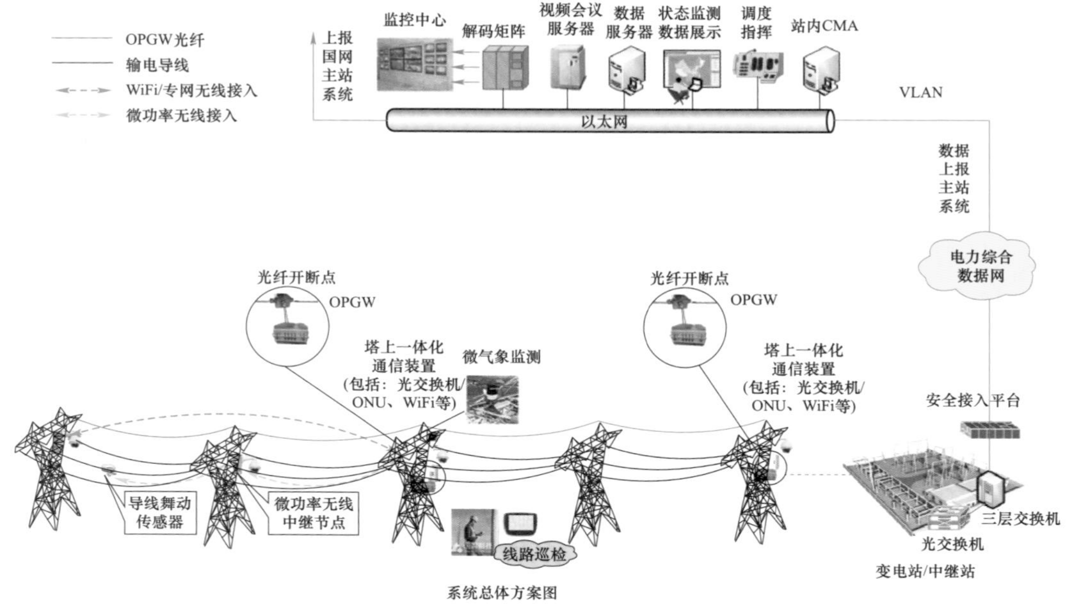

图 11.9－1　基于 OPGW 电力专网通信的系统总体结构图

将线路沿线的传感器数据通过有线或无线方式集中至塔上一体化通信装置。线路在线监测装置（CMD）采集输电线路实时状态数据，通过微功耗无线通信方式或有线通信方式（RJ45、RS485），将数据集中至塔上一体化通信装置，再经过 OPGW 光缆进行数据传输。基于无线公网通信的系统总体结构图见图 11.9－2。

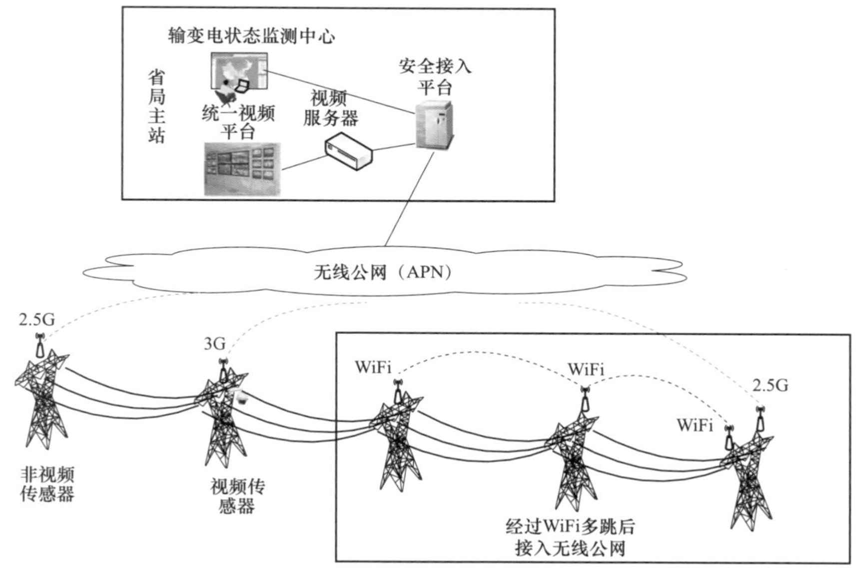

图 11.9－2　基于无线公网通信的系统总体结构图

3. 部署光纤环网、单边落地

以藏中电力联网工程为例，如图 11.9–3 所示，以变电站为节点，构建 5 个光纤环网，选择芒康变电站、波密变电站、雅中变电站作为数据落地点，每个环网在单边变电站落地，避免两头落地容易造成网络数据风暴的问题，保证了数据的安全性。数据落地后，由电力数据专网将数据分流回监控中心。整条线路在线监测数据上传至西藏电力公司的输变电状态监测系统。

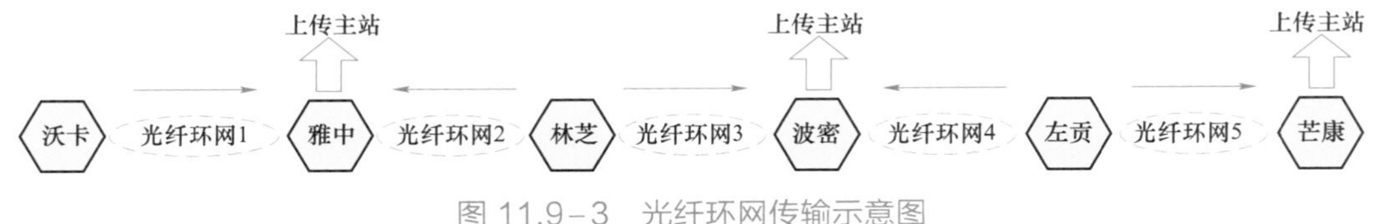


图 11.9–3　光纤环网传输示意图

将整条线路分成 5 个光纤环网，每一个光纤环网单独组网、单独上传省网主站，这种部署方案，可以保证任何一个光纤环网出现故障，不会影响其他设备的正常数据上传，网络可靠性成倍提高。

## 三、小结

在线监测系统通信方式采用“光纤通信为主，无线通信为辅”的通信方案，根据 OPGW 的铺设特点，在接头盒处进行光通信传输设备和监控设备的安装，并采用熔纤的方式将传输设备连接上 OPGW；当塔上没有光缆接头盒时，使用无线 WiFi 接力，通过数据无线传输接力的方式将监测点的数据转发到光通信系统的接入点，再通过光纤远传至电力通信网。

# 第十节　在线监测系统电源方案

高海拔输电线路在线监测系统多安装在地形起伏大、交通条件差、气候条件恶劣的区段。为提高在线监测系统的可靠性，需要对在线监测系统电源方案设计进行优化。

## 一、电源方案的选择

（1）西藏地区线路在线监测装置多安装偏远无人地区，没有条件就近取电供现场设备运行使用，需要采用以太阳能为主的供电方案，并有针对性地选择温度阈值较宽的电池。

（2）线路同一基杆塔有可能安装不同的在线监测装置，同时一套监测装置里面还包含很多个负载。为了降低供电系统设计的复杂性和成本，需要统一电压等级。

（3）安装在线监测系统是为了提高运维便捷性，如果某一个环节出错。不但不能提高便捷性，反而增加一个隐患，为此需要选择专用传输电缆。

## 二、设计方案及措施

### 1. 采用太阳能供电系统

当日照充足时，由太阳能系统为负载供电、为蓄电池充电；在日落后或阴雨天，则由蓄电池向负载供电。

单套太阳能供电系统配置如表 11.10－1 所示。

表 11.10－1　　太阳能供电系统配置

| 序号 | 货物名称 | 主要部件规格型号及参数 | 单位 | 数量 |
|---|---|---|---|---|
| 1 | 太阳能板 | 300W | 套 | 1 |
| 2 | 太阳能板支架 | ZJ－1（2 块或 4 块太阳能板） | 套 | 1 |
| 3 | 太阳能控制器 | 智能太阳能控制器 | 套 | 1 |
| 4 | 电池容量 | 200A・h | 套 | 1 |
| 5 | 电池机箱 | 200A・h | 套 | 1 |

### 2. 采用高性能胶体蓄电池

根据实际情况需要，蓄电池可采用高性能胶体电池、纤维镍镉电池、磷酸铁锂电池，三种方案各有优缺点，具体差异分析如表 11.10－2 所示。

表 11.10-2　胶体蓄电池、纤维镍镉电池、磷酸铁锂电池差异分析表

| 序号 | 类型 | 胶体电池 | 纤维镍镉电池 | 磷酸铁锂电池 |
|---|---|---|---|---|
| 1 | 容重比 | 100A·h/12V 约 30kg | 100A·h/12V 约 40kg | 100A·h/12V 约 10kg |
| 2 | 体积 | 100A·h/12V 约 $0.14m^3$ | 100A·h/12V 约 $0.14m^3$ | 100A·h/12V 约 $0.04m^3$ |
| 3 | 低温放电特性 | -20℃放电容量为 70%，<br>-40℃放电容量不到 30% | -20℃放电容量为 70%以上，<br>-40℃放电容量为 35%以上 | 0℃放电容量为 90%，<br>0℃以下实测效果差 |
| 4 | 市场普及率 | 高 | 极少 | 低 |

线路沿线气候条件比较恶劣，昼夜温差较大，冬天气温非常低，再考虑性价比、质量、体积、后期维护等因素，经综合分析推荐采用胶体蓄电池。

3. 统一设置设备电压等级

西藏地区输电线路建设、运维难度极大。为了降低供电系统设计的复杂性和成本，塔上设备电压等级全部统一为 DC 12V，见表 11.10-3。

表 11.10-3　负　载　搭　配

| 项目 | 电压（V） | 功耗（W） | 平均工作时间/天（h） |
|---|---|---|---|
| 控制单元 | 12 | <0.5 | 24 |
| 光交换机 | 12 | <6 | 24 |
| 无线通信设备（非 WiFi） | 12 | <2 | 6 |
| 监测装置 | 12 | 0.5 | 12 |
| 总计 | <8W | | |

4. 采用耐寒耐低温电缆

安装在线监测系统是为了提高运维便捷性。如果系统中某一个元件出错，整个在线监测系统就可能失去作用。

在线监测系统通信及电力电缆采用耐寒耐低温电缆，适用野外环境。在野外环境中可耐一定摩擦力，导体使用镀锡铜丝，可使铜丝得到保护，不容易受外界因素的污染和氧化。由多股束的细铜丝为内导体，外包橡皮绝缘和橡皮护套，产品性质柔软，可以在移动中使用。野外用绝缘橡胶护套电力电缆属于连接工业用电气移动设备电缆，可承受相当的外力作用。根据传输不同要求采用专用的线缆，如电源和控制信号采用 RVVP 型电缆。

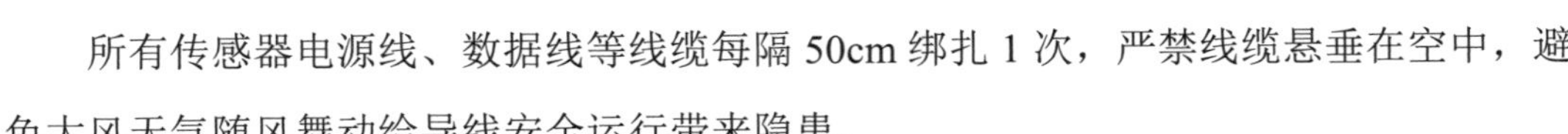


所有传感器电源线、数据线等线缆每隔 50cm 绑扎 1 次，严禁线缆悬垂在空中，避免大风天气随风舞动给导线安全运行带来隐患。

## 三、小结

针对沿线特殊地理环境，在线监测装置采用太阳能光伏发电电源系统，供电采用胶体蓄电池；为了降低供电系统设计的复杂性和成本，塔上设备电压等级全部统一为 DC 12V；在线监测系统通信及电力电缆采用耐寒耐低温电缆。

# 第十二章 优化勘察设计措施

西藏高海拔输电线路所经地区地形起伏剧烈，地形地貌多样，勘察设计困难。根据藏区实际情况，结合以往工程，总结梳理了藏区线路勘察设计的经验。在实际勘探过程中总结了高海拔背包钻机的使用经验，解决了传统钻探的局限性问题，提高了工作效率。在藏区首次大规模使用遥感技术，提高了工作效率。针对高差较大的塔位，采取专业攀岩手段辅助勘察作业，解决了峡谷峭壁段勘测设计作业人员难以攀爬的难题。基于海拉瓦技术，对线路的路径进行了优化，从而有效减少工程本体投资及对生态环境的影响。三维数字化移交的应用，降低了后期的检索难度，提高了数据查询可靠性、直观性，对工程全生命周期管理意义重大。

## 第一节　高海拔地质勘探背包钻机应用

藏中电力联网工程线路所经区域大部分位于高山大岭，地形起伏剧烈，沟壑纵横、森林茂盛，线路相对高差达 1500～2000m，地形坡度一般在 35°～65°，岩石风化强烈，岩体破碎，覆盖层厚度差异较大。终勘定位阶段地质勘探工作量较大。通过总结藏区背包钻机工作经验，作业效率大幅度提高，效果良好。

### 一、常规钻探方法的局限

线路所经地区道路交通等基础设施落后，大部分路段交通非常困难，道路路况差，汛期常发生因塌方、泥石流等地质灾害引起的道路中断。普通钻机体积较大，移动困难，很难到达预定地点，且工程成本高昂；而洛阳铲、麻花钻等轻便勘探方式效率低下，又难以获得准确地质数据。

### 二、设计方案及措施

背包钻机以质量轻，使用方便为主要特点，对于艰险山区的勘探有着独特的优势。

工程选用背包钻主要用于解决覆盖层厚度、基岩风化层厚度等岩土工程问题。工程应用情况见图 12.1－1 和图 12.1－2。

(a)

(b)

图 12.1－1　背包钻机作业现场

（a）背包钻机作业一；（b）背包钻机作业二

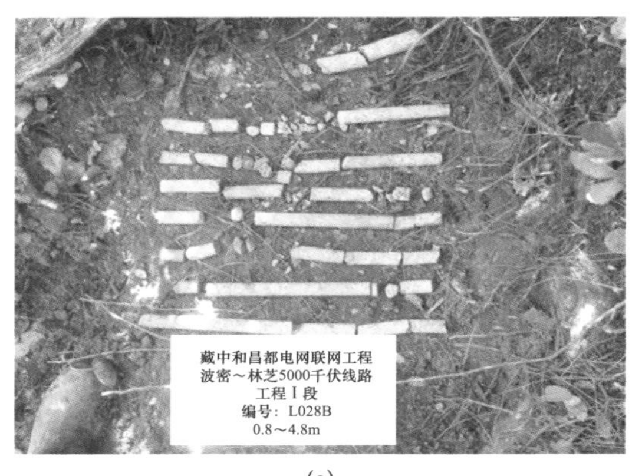

(a)

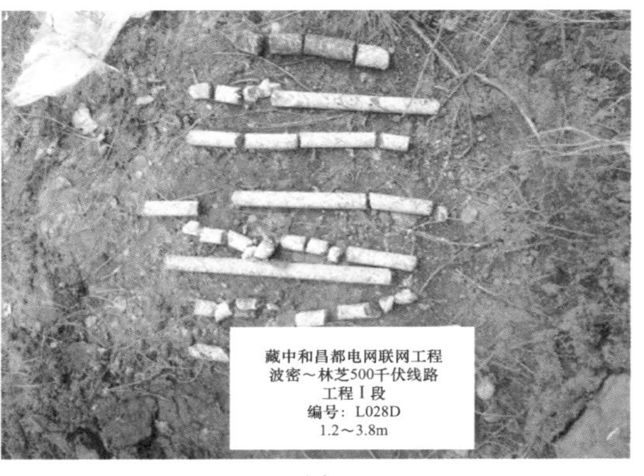

(b)

图 12.1－2　背包钻机岩芯

（a）岩芯取样一；（b）岩芯取样二

在高海拔地区，背包钻机使用过程中也会有“高原反应”，如出现动力不足，黏土烧钻、碎石卡钻等现象，勘测人员通过调大进气门，用肥皂水代替清水润滑，结合套管措施，很好地解决了背包钻的钻探深度问题，积累了藏区作业经验。

## 三、小结

通过反复试验，总结了在高海拔地区使用背包钻机勘探的经验，克服了传统钻探的局限性，提高了工作效率，降低了工程费用。

## 第二节　首次大规模使用卫星遥感解译技术

西藏地区地形复杂多样，高山峡谷地带海拔较高，形成特有的冰川雪域地貌和强烈的寒冻风化环境。另外高原峡谷地区缝合带、板块接触带等深大活动断裂众多，区域稳定性差，广泛分布着高地温、高地应力情况，致使区内崩塌、滑坡、错落、泥石流等不良地质作用十分发育。

对于以上地质问题，传统输电线路初勘选线需要大量的人力物力，作业效率较低。本次在西藏高海拔地区首次大规模使用卫星遥感技术，在终勘选线前期通过室内遥感技术规避一些不良地质区域。线路设计不仅可以节省大量人力物力，还极大地提高了工作效率。

### 一、常规地质调查的局限

线路沿线区域地形地质复杂，气候条件恶劣，可能遇到的地质灾害数量多、面积广。如果按照常规的工程地质调查方法开展工作，由于视野所限或交通不便等给区域地质调查带来许多困难，调查过程漫长，与工程的紧迫性矛盾突出。而利用遥感影像解释，可以直接按影像勾绘出范围，并确定其类别和性质。同时还可分析和推断其产生原因、规模大小、危害程度、分布规律和发展趋势。可见该技术能够提高勘测设计的工作效率，保证工程质量。

### 二、设计方案及措施

通过对遥感影像进行处理，对图像上的地形地貌、地质构造、活动断裂、外动力地质现象等进行解译。尤其对不良地质作用进行高精度解译，可以实现对不良地质准确定位和范围划分，并根据危险性进行分区，为塔位稳定性评价提供可靠依据。

线路定位中应用遥感图像来解译地质灾害点，共解译出崩塌、滑坡、泥石流上百处，其中对工程影响较大多达十余处。如林芝段的风积砂坡、米堆冰川段的高陡边坡、通麦天险 102 滑坡和泥石流沟群、然乌湖泥石流沟群、八宿古滑坡、跨怒江高陡边坡、吉达乡附近的碎石堆等。典型成果见图 12.2－1～图 12.2－4。

(a) (b)

图 12.2－1　沿线典型高陡边坡解译

（a）高陡边坡解译一；（b）高陡边坡解译二

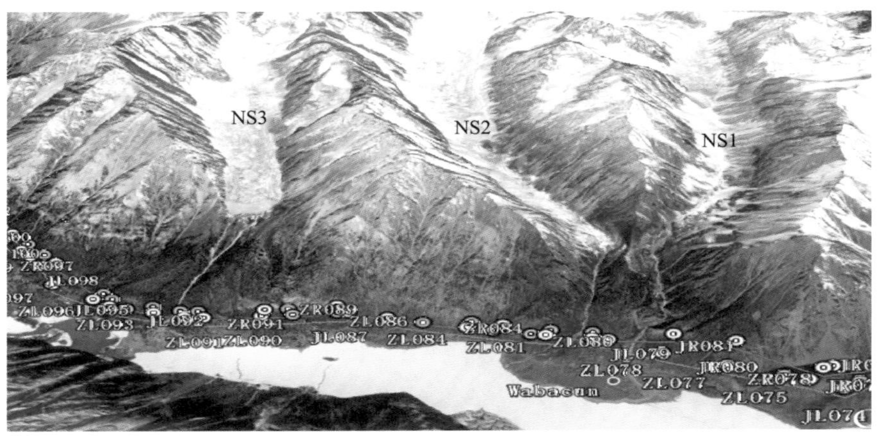


图 12.2－2　沿线典型泥石流沟解译

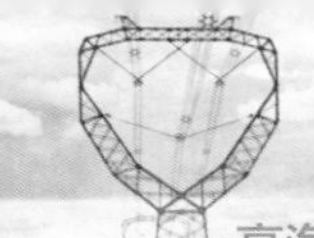



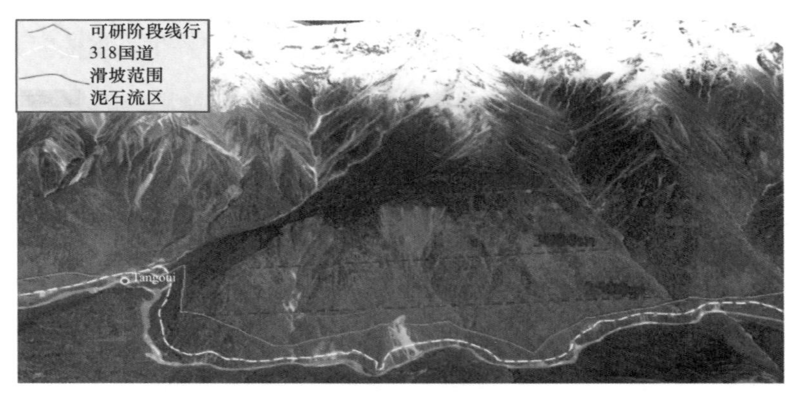


图 12.2-3　沿线典型滑坡群解译

图 12.2-4　沿线典型特大古滑坡解译示意

## 三、小结

在终勘定位前期，通过大量室内工作，从宏观上梳理出工程区的自然地理、工程地质条件、地质灾害发育特征及影响因素，为塔位选取提供前期地质资料。发现判别出崩塌、滑坡、泥石流上百处，其中对工程安全性影响较大的有十余处。

# 第三节　专业攀岩手段辅助勘测作业

藏中电力联网工程米堆冰川段线路，位于波密县米堆冰川景区北侧陡峭的山壁上，海拔 3300～4600m，塔位相对高差在 400～1000m。沿线均为高山峻岭地形，山势陡峭。

传统勘察手段难以到达塔位，经过直升机滑降、消防云梯提升和专业攀岩辅助勘测作业比选，最终确定专业攀岩辅助勘测作业。

## 一、米堆冰川段线路地形特点

11S118–11S180 段地处波密县玉普乡米堆冰川一带。由于路径规划困难，设计为双回共塔架设。该段路径全长 30.6km，塔位数量 64 基，位于高山峡谷地带，山势陡峭，坡度大都在 45° 以上，局部大于 50°，多处塔位处于悬崖陡壁之上，陡壁高差 200～600m。人员徒步难以到达，勘测定位条件恶劣。

全线攀爬最艰难的是米堆冰川景区对面为 11S140～11S142 的 3 基塔位，相对高差 500m，陡壁高差 400m，坡度 80°。靠普通攀爬手段无法到达，地貌见图 12.3–1。

图 12.3–1　米堆冰川段高山峡谷地貌

## 二、设计方案及措施

针对该段线路的勘测设计困难程度，该标段设计院考虑到西藏地区地形、气候、物资条件等因素后，在直升机滑降、消防云梯提升、专业攀岩手段辅助勘测三种方案中经过比选。最终选定了登山队协助的作业方案，利用绳索和专业攀登保护工具进行攀爬。专业攀岩装备如图 12.3–2 所示。

图 12.3－2　登山绳索、护具及攀岩装备

登山队员对工程组成员进行了绳索、攀爬工具使用的培训，对攀爬技巧和安全事项进行了详细讲解如图 12.3－3 所示。

(a)

(b)

(c)

(d)

图 12.3－3　攀岩装备使用及安全培训

（a）攀岩准备工作；（b）攀岩安全培训；（c）攀岩操作一；（d）攀岩操作二

难度较小的地段，登山队员与工程组人员同步协助攀登；而大面积悬崖陡壁段，则由登山队员选择登山路径预先布设绳索，再通过一对一防护带领工程组人员攀登如图 12.3－4 所示。

(a) (b)

图 12.3－4 峭壁攀爬掠影

（a）垂直陡崖攀爬；（b）局部倾斜角攀爬

通过专业攀岩手段辅助勘测作业，仅用 32 个有效工作日就完成 64 基塔位的勘测设计任务。作业方案安全性、合理性及可行性得到了印证，开创了藏区陡峭悬崖地貌勘测作业手段的先河。

在随后的施工阶段，规划并实施的攀爬方案及人行路线为施工单位提供了经验借鉴，留置的攀岩装置及绳索也为施工人员提供了便利。

## 三、小结

采用专业攀岩手段辅助攀岩方案的实施，解决了峡谷峭壁段勘测设计作业人员难以攀爬的难题。在保证作业人员绝对安全的前提下，有效推进了该标段工程勘测、设计及施工的工作进度，为藏中电力联网工程顺利建设奠定了坚实基础。

# 第四节　基于海拉瓦的索道选择与优化

海拉瓦技术主要由海拉瓦全数字摄影测量系统与洛斯达自主研发的一套针对电力工程优化设计的技术组成。对于西藏高海拔、高山大岭、大高差的地形特点，借助于海拉瓦技术，可以进行施工索道布置优化，降低运输难度。

## 一、技术特点及难点

由于西藏地区自然景观原始纯净，修复极其困难。线路途经地形条件复杂，利用常规的材料运输方式难以实现。索道布置不合理会大幅增加运输成本、降低运输效率。利用海拉瓦技术辅助施工索道方案布置及优化，可以有效解决上述问题。

## 二、设计方案及措施

1. 索道方案布置原则

利用三维可视化手段集成输电线路设计信息、DEM、道路、坡度、外业调绘等信息。综合考虑道路、运货场、索道方案布置条件等多方面的因素，完成索道方案布置的规划。

索道方案布置原则性要求如下：

（1）塔位所在山地坡度较陡，人畜不易到达处。

（2）距离公路较远且与公路高差较大。

（3）跨越集中林区段路径，减少林木砍伐量。

（4）装货点尽量靠近车辆能到达的位置，卸货点应尽可能在线路杆塔高点附近。

（5）索道尽量避免和已有或新建的线路、通信线、公路、铁路和居民区交叉。

2. 索道方案布置工作内容

海拉瓦立体平台可覆盖线路两侧各两千米范围，提供沿线地物地形的各种信息，对重要地物进行避让。

与施工人员配合，对塔位四周可能的各种方案布置位置进行初选。对于坡度大于30°且无路可到的塔位，考虑布置索道方案。选好位置后在 Microstation 软件下，与立体影像联机画出索道路径，同时量测对方案成立有影响的各项参数。海拉瓦立体选线模块见图 12.4-1。

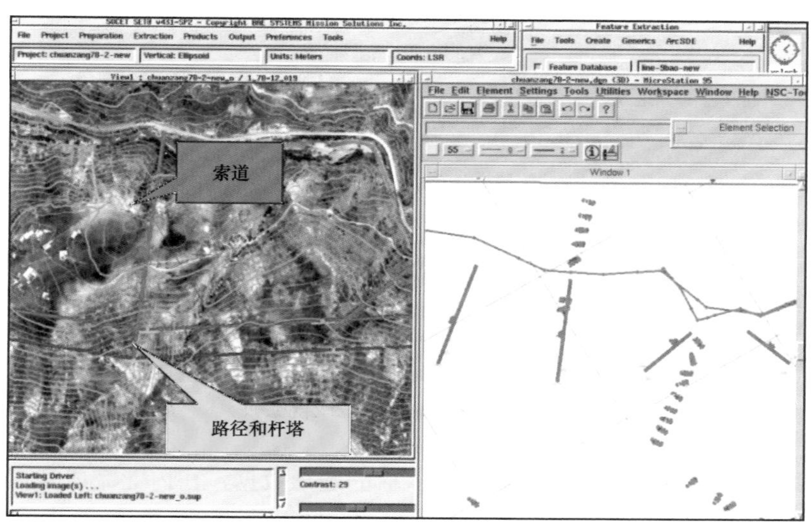


图 12.4-1　海拉瓦立体选线模块

海拉瓦立体平台可实时生成索道山坡断面图见图 12.4-2，直观显示该索道方案的地形特征。

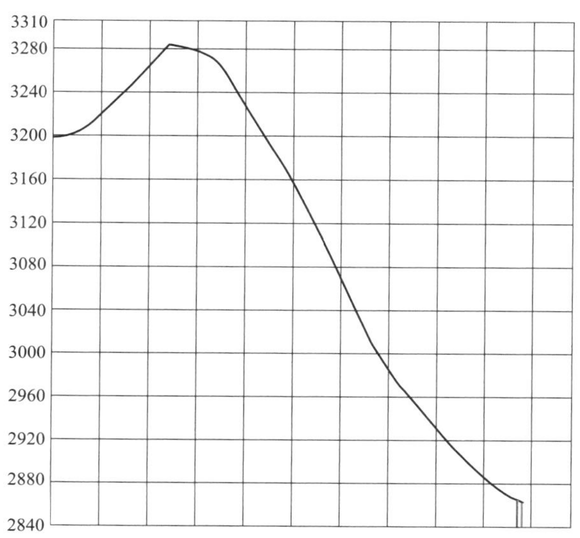


图 12.4-2　索道山坡断面图

在海拉瓦环境下对索道方案进行比选，考虑小运是否能到达，中间是否有运货场，是否有设支点位置等因素。实时量测索道与道路的距离、坡度以及索道高差角，最终比选出最佳索道路径。索道方案比选实例见图 12.4－3。

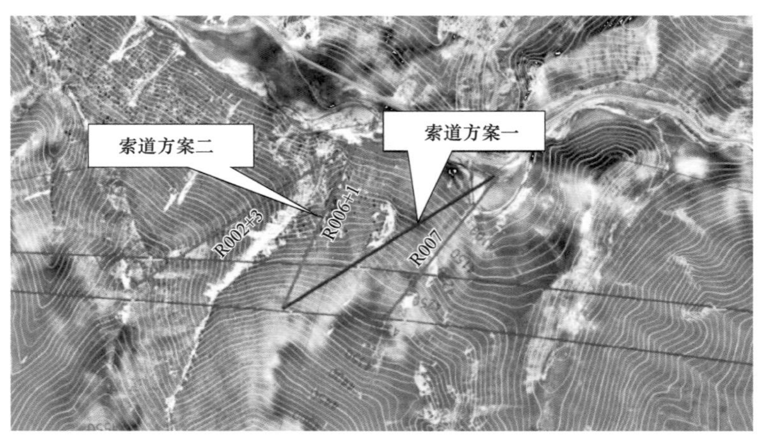


图 12.4－3　索道方案比选实例

根据以往工程的索道方案布置经验和获取的地形数据，在内业完成索道布置方案，取得初步成果，可供后续优化及核查使用。

## 三、小结

通过海拉瓦技术对施工索道进行布置和优化，减小运输难度，为工程圆满按期完成奠定了基础。

# 第五节　三维电子化移交

为方便工程运维管理，在工程实施过程形成的所有数字成果应进行统一的管理维护。在工程建设阶段，同步将设计、施工过程中所形成的所有数据资料、文字材料、多媒体资料等进行整合入库。方便随时调阅和三维分析、统计分析，对提升线路的运维水平具有积极意义。

## 一、常规档案移交的局限

目前，工程档案移交的内容主要有纸质版（含扫描版）卷册以及数据、图片存储资料，运维单位需要从参建各方接收并整理归档。由于基建过程管理与运维管理对工程档案的关注点不同，因此移交的工程档案还需要经过大量的人工筛查处理以及手工录入。数据的连续性、完整性、可用性得不到有效保障，不能满足运维集约化、标准化、流程化管理的需求。

三维数字化移交是利用三维设计平台对工程本体及通道进行整体建模，并以约定的格式生成工程的模型数据，最终通过生成的标准模型数据完成对工程数据的移交。三维数字化移交成果中，数据及信息全部包含在对应的三维模型属性信息中，信息完整且调取过程直观、便捷，管理效率大幅提高。但三维电子化移交是建立在相应的设计软件基础上的，需要对工程的所有信息进行整合处理，工作难度远超常规方式。

## 二、设计方案及措施

在工程设计时，依托较为成熟的三维设计平台对工程数据进行建模，实现工程数据的电子化及模型化。

在数字化移交阶段，对各设计单位的竣工资料重新采集、整理、入库，按照竣工资料内容，对施工图设计阶段的档案、模型参数库进行更新。

实际操作过程中，三维数字化移交成果分为三维建模和标准数据资料移交两部分。

1. 三维建模

在三维设计软件上对工程进行整体建模，包含航摄影像、DEM 数据、导线模型、绝缘子串模型、杆塔模型、基础模型、交叉跨越、通道清理等信息，在此基础上实现三维分析、工程量统计及建设过程的管控。

（1）系统主界面见图 12.5－1。

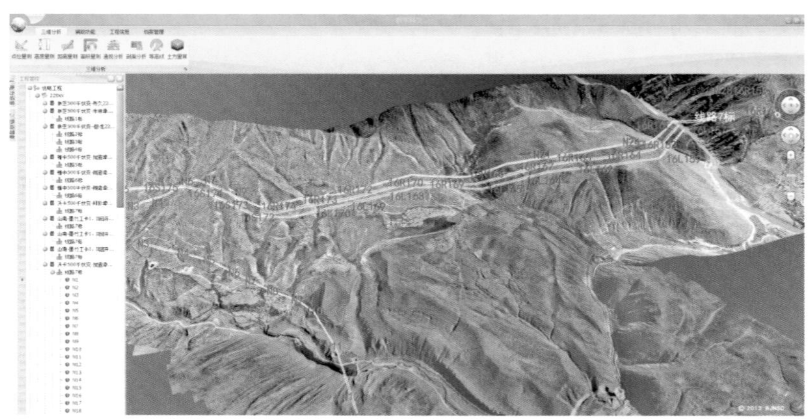

图 12.5－1　系统主界面

（2）三维可视化见图 12.5－2 和图 12.5－3。

图 12.5－2　三维可视化—三维地形

图 12.5－3　三维可视化—线路和交叉跨越

（3）工程建设信息管控。工程建设信息—施工进度 1、2 见图 12.5－4 和图 12.5－5，工程建设信息—物资供应见图 12.5－6。

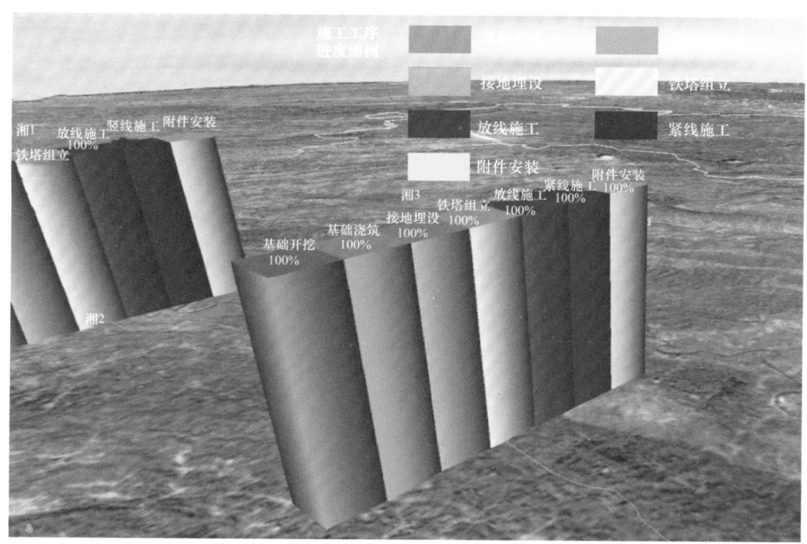


图 12.5－4　工程建设信息—施工进度 1

图 12.5－5　工程建设信息—施工进度 2

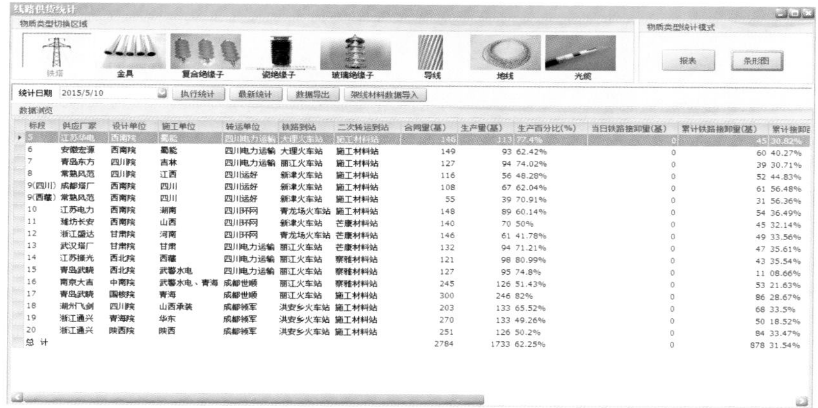


| 标段 | 供应厂家 | 设计单位 | 施工单位 | 转运单位 | 铁路到站 | 二次转运到站 | 合同量(基) | 生产量(基) | 生产百分比(%) | 当日铁路接卸量(基) | 累计铁路接卸量(基) | 累计接卸 |
|---|---|---|---|---|---|---|---|---|---|---|---|---|
| 5 | 江苏华电 | 西南院 | 蜀能 | 四川电力运输 | 大理火车站 | 施工材料站 | 146 | 113 | 77.4% | 0 | 45 | 30.82% |
| 6 | 安徽宏源 | 西南院 | 蜀能 | 四川电力运输 | 大理火车站 | 施工材料站 | 149 | 93 | 62.42% | 0 | 60 | 40.27% |
| 7 | 青岛东方 | 四川院 | 吉林 | 四川电力运输 | 丽江火车站 | 施工材料站 | 127 | 94 | 74.02% | 0 | 39 | 30.71% |
| 8 | 常熟风范 | 四川院 | 江西 | 四川运好 | 新津火车站 | 施工材料站 | 116 | 56 | 48.28% | 0 | 52 | 44.83% |
| 9(四川) | 成都塔厂 | 西南院 | 四川 | 四川运好 | 新津火车站 | 施工材料站 | 108 | 67 | 62.04% | 0 | 61 | 56.48% |
| 9(西藏) | 常熟风范 | 西南院 | 四川 | 四川运好 | 新津火车站 | 施工材料站 | 55 | 39 | 70.91% | 0 | 31 | 56.36% |
| 10 | 江苏电力 | 西南院 | 湖南 | 四川环网 | 青龙场火车站 | 施工材料站 | 148 | 89 | 60.14% | 0 | 54 | 36.49% |
| 11 | 潍坊长安 | 西南院 | 山西 | 四川环网 | 新津火车站 | 芒康材料站 | 140 | 70 | 50% | 0 | 45 | 32.14% |
| 12 | 浙江盛达 | 甘肃院 | 河南 | 四川环网 | 青龙场火车站 | 芒康材料站 | 146 | 61 | 41.78% | 0 | 49 | 33.56% |
| 13 | 武汉塔厂 | 甘肃院 | 甘肃 | 四川电力运输 | 丽江火车站 | 芒康材料站 | 132 | 94 | 71.21% | 0 | 47 | 35.61% |
| 14 | 江苏振光 | 西北院 | 西藏 | 四川电力运输 | 丽江火车站 | 察雅材料站 | 121 | 98 | 80.99% | 0 | 43 | 35.54% |
| 15 | 青岛武晓 | 西北院 | 武警水电 | 四川电力运输 | 丽江火车站 | 察雅材料站 | 127 | 95 | 74.8% | 0 | 11 | 08.66% |
| 16 | 南京大吉 | 中南院 | 武警水电、青海 | 成都世顺 | 丽江火车站 | 察雅材料站 | 245 | 126 | 51.43% | 0 | 53 | 21.63% |
| 17 | 青岛武晓 | 国核院 | 青海 | 成都世顺 | 丽江火车站 | 施工材料站 | 300 | 246 | 82% | 0 | 86 | 28.67% |
| 18 | 湖州飞剑 | 四川院 | 山西承装 | 成都领军 | 洪安乡火车站 | 施工材料站 | 203 | 133 | 65.52% | 0 | 68 | 33.5% |
| 19 | 浙江通兴 | 青海院 | 华东 | 成都领军 | 洪安乡火车站 | 施工材料站 | 270 | 133 | 49.26% | 0 | 50 | 18.52% |
| 20 | 浙江通兴 | 陕西院 | 陕西 | 成都领军 | 洪安乡火车站 | 施工材料站 | 251 | 126 | 50.2% | 0 | 84 | 33.47% |
| 总 计 | | | | | | | 2784 | 1733 | 62.25% | 0 | 878 | 31.54% |

图 12.5－6　工程建设信息—物资供应

（4）工程信息检索。工程信息检索—档案资料检索、工程数码照片见图 12.5－7、图 12.5－8。

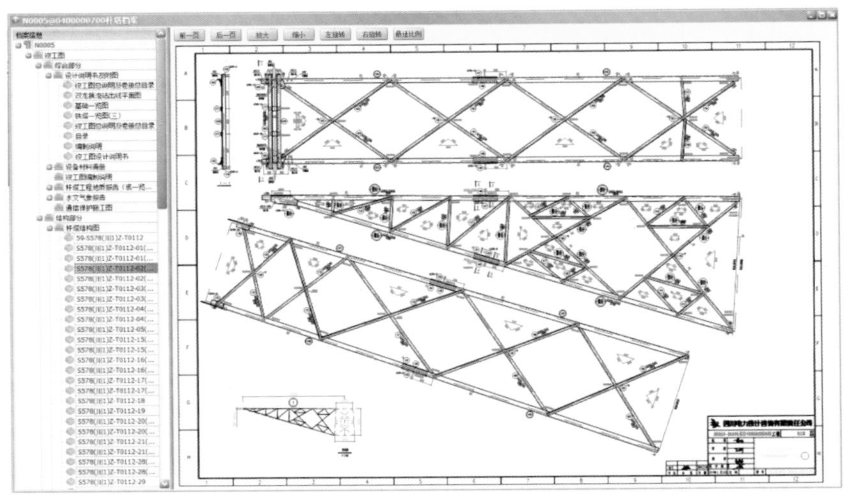

图 12.5－7　工程信息检索—档案资料检索

图 12.5－8　工程信息检索—工程数码照片

（5）三维分析。三维分析—通视分析、面积量测、土方量算见图 12.5－9～图 12.5－11。

图 12.5-9　三维分析—通视分析

图 12.5-10　三维分析—面积量测

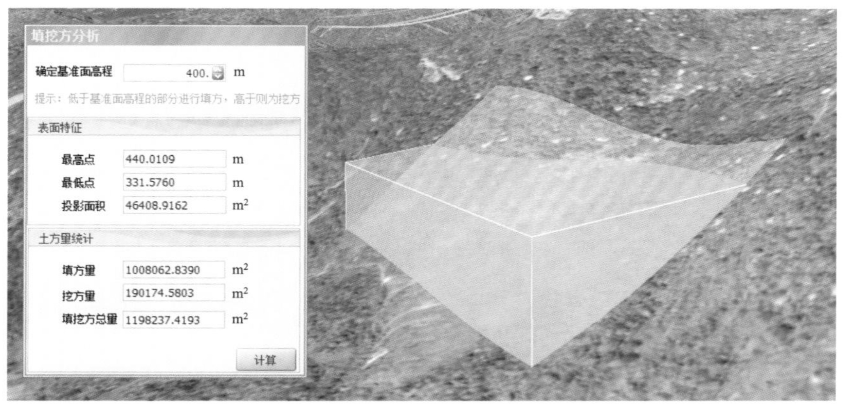


图 12.5-11　三维分析—土方量算

2. 标准数据资料移交

在完成了对工程的三维及数字化建模后，向指定移交单位进行成果的电子化移交工作。

（1）地理空间信息及模型成果移交。对影像数据、DEM、路径、杆塔模型、绝缘子模型、杆塔属性等成果的移交。地理空间数据、电力专题数据成果见图 12.5－12。

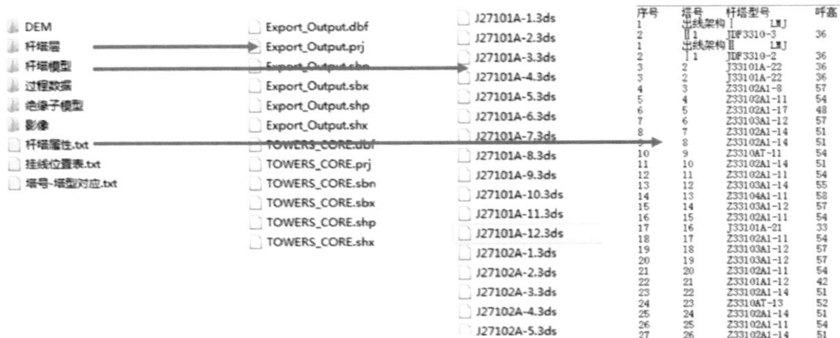


图 12.5－12　地理空间数据、电力专题数据成果

（2）档案资料成果移交。按照移交相关要求，对设计档案进行整理，形成如图 12.5－13 所示的档案成果，同时根据文件的组织方式构建索引数据库。

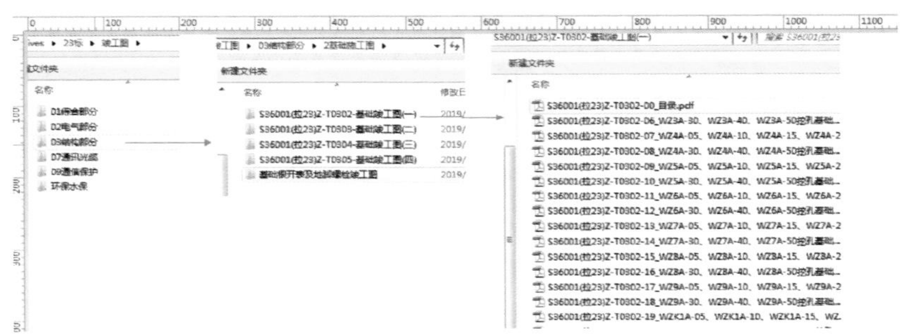


图 12.5－13　设计资料

（3）工程数码照片成果移交。工程数码照片最终形成数码照片文件库以及相关索引表。数码照片文件见图 12.5－14。

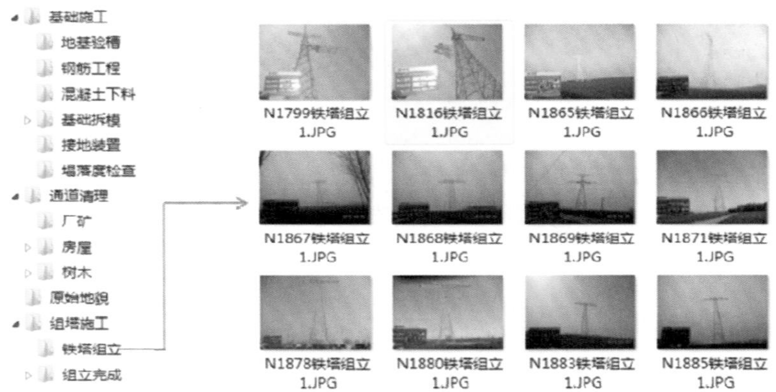


图 12.5－14　数码照片文件

## 三、小结

三维数字化移交主要包括三维建模和标准数据资料移交。整体过程是先完善平台建设、搭建数据框架。然后通过整合大量的基础数据，根据制定的流程、规范，完善数据间的关系，数据之间形成点、线、面的立体结构。在三维建模的基础上实现对建设过程部分的管控，最终将完整的工程数据及信息通过标准的数据格式及完善的组织逻辑移交给建设单位。采用三维数字化移交，对运维单位而言，降低了后期的检索难度；对建设单位而言，三维数字化移交具有数据查询可靠性高、直观性强、效率高、智能化强等特点，对工程全生命周期管理具有重大意义。

# 参考文献

[1] 李建基．高压开关设备实用技术［M］．北京：中国电力出版社，2005．

[2] 张纬钹，何金良，高玉明．过电压防护及绝缘配合［M］．北京：清华大学出版社，2002．

[3] 中国电力工程顾问集团有限公司，中国能源建设集团规划设计有限公司．电力工程设计手册［M］．北京：中国电力出版社，2019．

[4] 李凡．UPS 电源新技术及应用［J］．中国新通信，2019（12）．

[5] 冉茶宗，洪子丹．高海拔地区 UPS 蓄电池的使用与维护［J］．西部广播电视，2019（10）：230－231＋233．

[6] 朱叶青，周军莉，王乾坤．建筑方案设计中的太阳辐射模拟研究［J］．建筑节能，2016，44（09）：30－33＋83．

[7] Wei Yu，Nan Li，Wei Zhang，Fa Qian．Case study on sustainable building design［C］．2011 International Conference on Electric Technology and Civil Engineering（ICETCE），22－24 April，2011．

[8] S. L. Thomson，J. D. Blevins，M. W. Delisle．ITER reactor building design study［C］．IEEE Thirteenth Symposium on Fusion Engineering，2－6 Oct．1989．

[9] 刘玮，皇甫苏婧，李雄．节能建筑的造型与材料对建筑保温的影响研究——以冰屋的保暖设计原理为例［J］．建筑与文化，2015（04）：139－140．

[10] Xuejin Wang，Zhihong Zhang，Zhonghai Chen．The influence of dynamic thermal characteristic of wall on air-conditioning load and thermal environment in building of different zoning for thermal design［C］．Proceedings of 2011 International Conference on Electronic & Mechanical Engineering and Information Technology，12－14 Aug．2011．

[11] Wahyu Sujatmiko，Fefen Suhedi，Asnah Rumiawati．Thermal resistance measurements of building envelope components of the minang traditional house using the heat flow method［C］．2016 International Seminar on Sensors，Instrumentation，Measurement and Metrology（ISSIMM），10－11 Aug．2016．

[12] 刘建秋，韩文庆，商文念，张晨阳．超长变电构架结构分析与设计［J］．低温建筑技术，2011，33（09）：59－61．

[13] 何勇，杨关，冯仁德，刘超．500kV 超长变电构架纵向支撑的设计优化［J］．钢结构，2017，32（09）：81－84．

[14] 何毅，杨利生，周元强．750kV 变电站超长组合构架设计研究［J］．中国勘察设计，2021（S1）：22－26．

[15] 赵海军，徐健，陈琳杰，周长城．高海拔地区 500kV 电缆户外终端用复合空心绝缘子的设计［J］．东

北电力技术，2021，42（01）：14－15＋27.
［16］郭中华．电力GIS设备的安装与调试分析［J］．电工技术，2018（01）：107－108＋110.
［17］周鹏鹏，徐姗，王瑞，孙义兴，詹朗朗，严惠良，刘劲．简易全干式阻燃PBT光缆的开发与研究［J］．现代传输，2018（01）：55－57.
［18］胡晓静，徐鹏，王海亮，初阳，陈昊．一起500kV油浸式电抗器故障调查及防范措施分析［J］．电力系统保护与控制，2021，49（02）：173－178.
［19］王黎明，王琼，陆佳政，张中浩，黄婷．500kV 覆冰四分裂导线舞动特性［J］．高电压技术，2019，45（07）：2284－2291.
［20］郑琛，郑健睿，强京．变电站土建设计中的结构安全性与耐久性［J］．建材与装饰，2019（33）：237－238.
［21］姜文，胡文博．探析变电站土建设计的几个问题［J］．工程建设与设计，2020（04）：13－14.
［22］刘春波，刘晓东．中高压电气设备在高海拔地区的绝缘配合设计［J］．有色冶金节能，2020，36（02）：61－64.
［23］李家坤．高海拔地区电气设计中的海拔修正方法研究［J］．江西电力职业技术学院学报，2018，31（09）：10－12.
［24］张颖，李海曦．利用变电站直流装置供电的技术探讨［J］．电力系统通信，2010（10）：69－71.
［25］刘信，张磊．基于改进锁相环和谐振控制的分布式电源逆变器谐波抑制方法［J］．东北电力技术，2019，40（11）：17－23.
［26］曲玉辰．电网谐波抑制技术研究［D］．大庆石油学院，2006.
［27］Q. Jin，Z. Yao and M. Guo. A Control Method of Shunt Active Power Filter for System-wide Harmonic Suppression Based on Complex-valued Neural Network［C］. 2020 IEEE 9th International Power Electronics and Motion Control Conference（IPEMC2020-ECCE Asia），29 Nov. –2 Dec. 2020.
［28］杨荣花．浅谈电力系统二次设备设计中的常见问题［J］．中国科技博览，2012（013）：97.
［29］王古月，易强．安全稳定控制装置的功能和应用［J］．江苏科技信息，2016（32）：67－68.
［30］张前．智能变电站二次系统设计方法研究［J］．城市建设理论研究（电子版），2017（09）：38.
［31］修黎明，高湛军，黄德斌，唐毅．智能变电站二次系统设计方法研究［J］．电力系统保护与控制，2012，40（22）：124－128.
［32］国家电力公司东北电力设计院．电力工程高压送电线路设计手册第二版［M］．北京：中国电力出版社，2002.
［33］孟遂民．架空输电线路设计［M］．北京：中国电力出版社，2007.
［34］蒋兴良，易辉．输电线路覆冰及防护［M］．北京：中国电力出版社，2002.
［35］董吉谔．电力金具手册［M］．北京：中国电力出版社，2010.
［36］蒋兴良，董冰冰，张志劲，等．绝缘子覆冰闪络研究进展［J］．高电压技术，2014，（40）2，317－335.
［37］胡毅．输电线路运行故障的分析与防治［J］．高电压技术，2007，（33）3，1－8.
［38］王洪．大跨越架空输电线路分裂导线的微风振动及防振研究［D］．华北电力大学工学博士论文，

2009.

[39] 司马文霞，谭威，袁涛，等. 高海拔超高压绝缘子串雷电冲击伏秒特性 [J]. 高电压技术，2012，(38)：1，29－34.

[40] 陈维江，孙昭英，等. 110kV 和 220kV 架空线路并联间隙防雷保护研究 [J]. 电网技术，2006，(30)：13，70－75.

[41] 曾祥君，尹项根，林福昌，等. 基于行波传感器的输电线路故障定位方法研究 [J]. 中国电机工程学报，2002，(22)：6，42－46.

[42] 贾磊，舒亮，郑士普，等. 计及工频电压的输电线路耐雷水平的研究 [J]. 高电压技术，2006，(32) 11，111－114.

[43] 周文化，黄勇祥. 整体式钢桁架在输电线路陡峭地形中的应用研究 [J]. 智能电网，2017.

[44] 孙珍茂，赵庆斌. 陡峻山区输电铁塔与基础连接形式设计研究 [J]. 四川电力技术，2015.

[45] 陈稼苗，朱天浩. 垂直排列 F 型塔设计及应用 [J]. 中国电力，2008，41 (1).

[46] 李显鑫，马存石，杨光，等. F 型塔在河西走廊内多回特高压直流线路的应用 [J]. 电力勘测设计，2015，(z2).

[47] 郑卫锋，鲁先龙，程永锋，等. 输电线路岩石锚杆基础工程临界锚固长度的研究 [J]. 电力建设，2009，30 (9)：12－34.

[48] 程永锋，赵江涛，鲁先龙，张琰，等. 特高压直流输电线路岩石锚杆群锚基础试验 [J]. 中国电力，2014，47 (12).

[49] 曾二贤，包永忠，等. 山区输电线路的环保设计和措施研究 [J]. 电力勘测设计. 北京：中国建筑工业出版社，2019.

[50] 周冠男. 高压输电线路铁塔应用 Q420 大规格角钢的探讨 [J]. 房地产导刊，2014，(33).

[51] 曹珂，郭耀杰，曾德伟，等. 大规格 Q420 高强度角钢构件轴压力学性能试验研究 [J]. 建筑结构学报，2014，35 (5).

[52] 李清华，邢海军，杨靖波，等. 大规格角钢在特高压直流输电线路中的应用 [J]. 2013 年全国电网设计技术交流会.

[53] 孙珂，刘建琴. 输电线路差异化设计分析 [J]. 电力技术经济，2009，21 (2).

[54] 刘成清，陈林雅. 被动柔性防护网在边坡防护中的工程应用与研究 [J]. 电力技术经济，2015，60 (6).

[55] 汤秋丽，马芳，杨博，等. 输电线路跨树塔设计及应用 [J]. 山东电力技术，2013，(5).

# 索　　引


500kV 高压并联电抗器回路 …………40
500kV 户外罐式断路器…………10
500kV 紧凑型隔离开关…………39
500kV 空气间隙距离修正…………68
500kV 四分裂软导线…………43
500kV 外绝缘修正…………66
8.8 级地脚螺栓…………227
AIS …………7
BPA …………154
C－Bus 总线…………95
CAN－Bus 总线 …………95
GIS …………7
GIS 的本体与分支 …………28
GIS 辅助加热装置装配分解图…………10
GIS 户内布置 …………8
GIS 室与继电器室联合布置 …………49
GRC（玻璃纤维增强混凝土）巴苏构件…………19
HGIS…………7
HRB400 高强钢筋…………227
I－Bus 总线…………95
Low－E 玻璃…………19
OPGW 电力专网…………259
OPGW 复合光缆…………258
Q420 大规格角钢…………241
$SF_6$ 气体泄漏监控报警系统…………101
UPS 不间断电源 …………12
UPS 不间断电源和低压空气开关的参数修正…………12
UPS 不间断电源容量校正 …………12
$\beta$ 阻尼线…………200
安全管理 …………105
安全警卫子系统 …………100
安全稳定控制系统 …………84
薄弱电网升压 …………75
保温材料或成品橡塑管保温 …………32
背包钻机…………266
被动防护网…………234
避雷器支架…………176
避雷针抗风防坠落 …………118，125
边坡防护设计 …………57
变电站边坡地质灾害 …………126
变电站边坡地质灾害监测 …………118
变截面拔梢单钢管避雷针 …………125
变频分体式节能空调 …………63
便携式攀爬机…………248
标准数据资料移交…………281
表面位移监测自动化 …………128
冰区线夹上扬…………193
并筋设计…………228
并联间隙…………168
波密县城南侧景观保护 …………143
玻璃自遮阳技术 …………19
测控柜 …………89
测控装置的供电回路 …………88
常规耐张塔…………213
常用大规格角钢…………241
常用双拼普通规格角钢…………241
超长连续构架温度效应控制 …………22
沉砂池 …………56
城镇旅游景观段路径优化 …………143
冲击成孔灌注桩 …………59

抽能侧小区差动保护 ······················· 74
抽能侧匝间保护配置 ······················· 74
纯空气间隙型安装方式 ···················· 176
纯空气间隙型避雷器 ······················ 175
大档距导地线 ···························· 199
大档距导地线防振 ························ 199
大高差地区 ······························ 190
大高差陡峭地形塔腿 ······················ 214
大高差耐张塔鼠笼式硬跳系统 ·············· 189
大机小网 ································· 84
大转角 ·································· 190
单跨型软导线汇流母线 ····················· 46
单跨型软导线汇流母线应用 ················· 46
挡水墙 ··································· 57
档案资料成果移交 ························ 282
导地线微风振动 ·························· 197
导线电磁环境 ···························· 151
导线电磁环境优化 ························ 150
导线疲劳断股 ···························· 199
导线载流量 ······························ 150
导线载流量 ······························· 43
低温热泵型空调 ··························· 62
低压空气开关级差配合 ····················· 13
地基处理措施 ···························· 121
地脚螺栓偏心 ···························· 230
地下水条件 ······························ 222
电磁环网 ································· 84
电力专属光传输通道 ······················ 258
电气绝缘能力 ····························· 12
电气设备的防风沙措施 ····················· 11
电气设备抗低温及防风沙设计 ················ 9
电热暖风机采暖 ··························· 62
电晕 ····································· 44
电晕效应 ·································· 4
调度程控交换机 ·························· 102
冻土 ···································· 120
陡峭山坡下字形塔 ························ 210
独立避雷针 ······························ 125
独立斜式钢桁架 ·························· 215
断路器电机电源 ··························· 88
对流式电暖器采暖 ························· 62
反击故障 ································ 257
防滑型防振锤 ···························· 197
防鸟措施 ································ 184
防排洪设施设计 ··························· 55
防晒膜 ··································· 19
防坠落装置 ······························ 115
防坠落装置 ······························ 248
分布式故障诊断系统 ······················ 256
风荷载 ··································· 25
辅助灯光功能 ····························· 98
复杂地质环境基坑护壁 ···················· 225
富氧系统 ································ 113
覆盖层厚度 ······························ 222
嘎朗国家湿地公园景观保护 ················ 146
杆塔扶手 ································ 246
杆塔倾斜在线监测 ························ 251
钢材选型 ································· 24
钢结构厂房装配式建筑外墙 ················· 22
钢结构建筑 ······························· 18
钢筋混凝土框架结构建筑 ··················· 17
高地震烈度 ································ 4
高海拔地区 ································ 3
高海拔地区 500kV 变电站各级保护
　　电器配置 ······························ 13
高海拔气候对开关设备的影响 ················ 7
高海拔特定环境恢复措施 ·················· 159
高海拔特有植被的保护措施 ················ 157
高海拔外绝缘 ····························· 66
高寒草甸 ································ 160
高寒草甸区植被恢复方式 ·················· 160
高寒草原 ································ 159

高寒草原区植被恢复方式 …………… 160
高抗抽能 ………………………………… 72
高抗抽能站用电源 ……………………… 72
高雷击率地区 ………………………… 172
高露头基础 …………………………… 230
高强地脚螺栓 ………………………… 226
高强钢筋 ……………………………… 226
高土壤电阻率接地系统 ……………… 179
高性能胶体蓄电池 …………………… 262
高压配电装置选型 ……………………… 7
高噪声设备降噪 ………………………… 61
隔离法 ………………………………… 122
给排水管道阀门系统保温措施 ………… 32
给排水管网系统防冻抗低温设计 ……… 30
给排水设备保温措施 …………………… 31
给水阀门保温措施 ……………………… 33
给水管道保温措施 ……………………… 32
工布自然保护区景观保护 …………… 148
工程建设信息管控 …………………… 279
工程数码照片成果移交 ……………… 282
工程信息检索 ………………………… 280
构架避雷针 …………………………… 125
孤岛式筏板型 GIS ……………………… 28
孤网运行 ………………………………… 85
骨架植草护坡 …………………………… 58
故障管理 ……………………………… 105
光传感分布式状态监测装置 ………… 253
光缆接续方式 …………………………… 34
光纤组网 ……………………………… 258
海拔修正 ………………………………… 4
海拉瓦 ………………………………… 274
合理选用建筑外装修材料 ……………… 17
合闸电阻 ………………………………… 82
河网地基基础 ………………………… 219
红色保护帽装置 ……………………… 186
户内布置的 GIS 配电装置 ……………… 8
滑坡监测 ……………………………… 127
环境监测子系统 ……………………… 100
混凝土框架结构外墙外保温 …………… 21
火灾报警子系统 ……………………… 101
基础沉降对 GIS 的影响 ………………… 28
基础及构筑物防冻胀 ………… 118，120
基础主筋布置 ………………………… 228
集中林区 ……………………………… 155
间隔棒 ………………………………… 202
监测系统网络 ………………………… 128
建筑防寒保温设计 ……………………… 20
建筑防太阳辐射设计 …………………… 14
建筑构造与保温构件（门窗、屋面等）的选用 ……………………………… 20
建筑平面布置与体形系数控制 ………… 20
建筑物联合布置 ………………………… 48
建筑遮阳技术的综合应用 ……………… 18
建筑最佳朝向分析 ……………………… 17
降容系数 $K_d$ …………………………… 13
降噪墙 …………………………………… 61
降噪围墙选型 …………………………… 60
节点连接 ………………………………… 26
节能窗 …………………………………… 21
截洪沟 …………………………………… 55
进站道路方案优化 ……………………… 53
就地手动控制 …………………………… 97
绝缘子串 ……………………………… 237
绝缘子支撑型避雷器 ………………… 175
均压环优化 …………………………… 187
均压降晕 ……………………………… 188
抗（减）震设计 ……………………… 118
可伸缩防鸟针板 ……………… 183，185
可听噪声 ……………………………… 154
空充变压器励磁涌流 …………………… 79
空气间隙 ………………………………… 66
空气绝缘开关设备 ……………………… 7

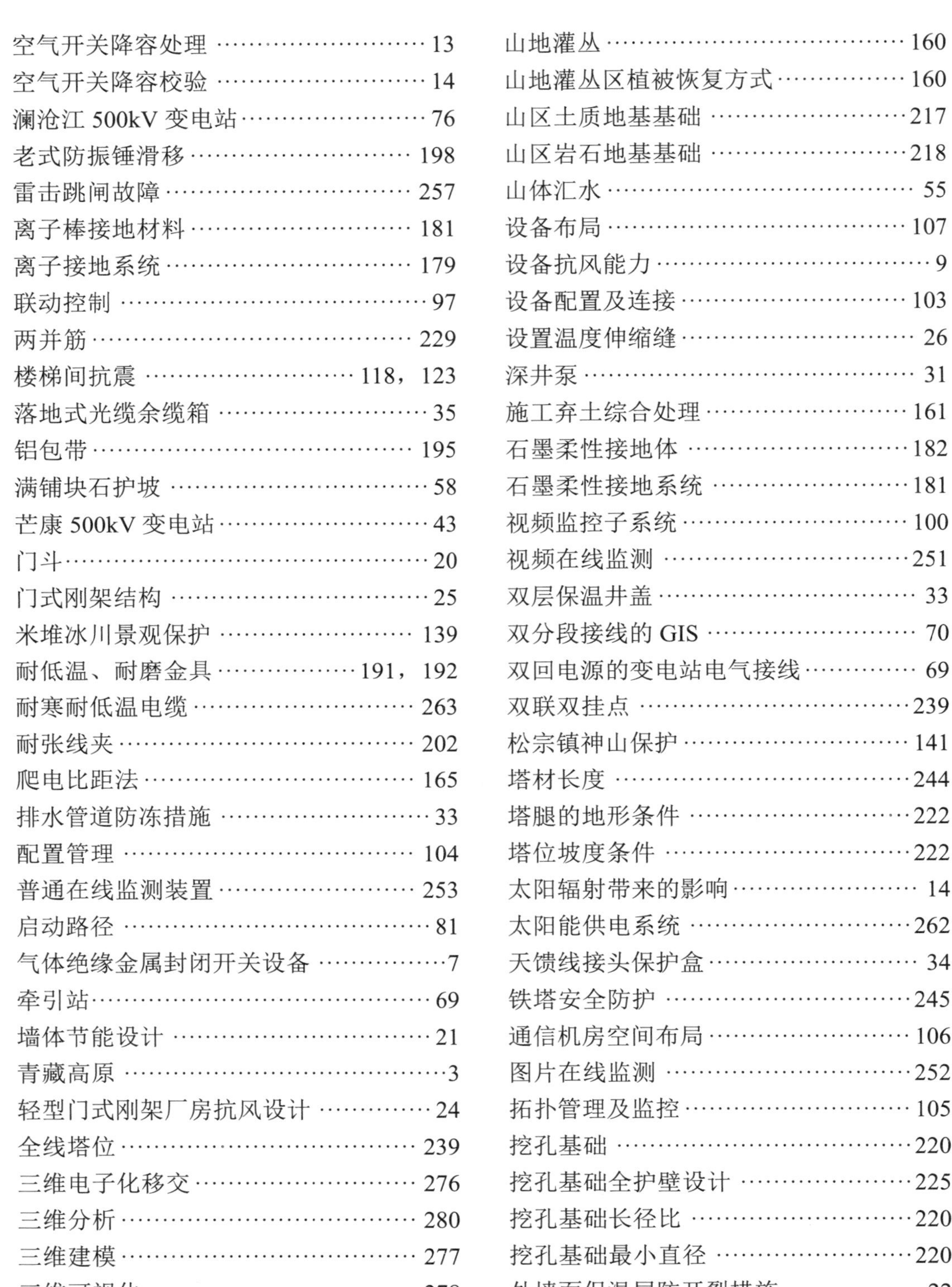


空气开关降容处理 …… 13
空气开关降容校验 …… 14
澜沧江 500kV 变电站 …… 76
老式防振锤滑移 …… 198
雷击跳闸故障 …… 257
离子棒接地材料 …… 181
离子接地系统 …… 179
联动控制 …… 97
两并筋 …… 229
楼梯间抗震 …… 118，123
落地式光缆余缆箱 …… 35
铝包带 …… 195
满铺块石护坡 …… 58
芒康 500kV 变电站 …… 43
门斗 …… 20
门式刚架结构 …… 25
米堆冰川景观保护 …… 139
耐低温、耐磨金具 …… 191，192
耐寒耐低温电缆 …… 263
耐张线夹 …… 202
爬电比距法 …… 165
排水管道防冻措施 …… 33
配置管理 …… 104
普通在线监测装置 …… 253
启动路径 …… 81
气体绝缘金属封闭开关设备 …… 7
牵引站 …… 69
墙体节能设计 …… 21
青藏高原 …… 3
轻型门式刚架厂房抗风设计 …… 24
全线塔位 …… 239
三维电子化移交 …… 276
三维分析 …… 280
三维建模 …… 277
三维可视化 …… 278
三相一体现场组装变压器 …… 92
山地灌丛 …… 160
山地灌丛区植被恢复方式 …… 160
山区土质地基基础 …… 217
山区岩石地基基础 …… 218
山体汇水 …… 55
设备布局 …… 107
设备抗风能力 …… 9
设备配置及连接 …… 103
设置温度伸缩缝 …… 26
深井泵 …… 31
施工弃土综合处理 …… 161
石墨柔性接地体 …… 182
石墨柔性接地系统 …… 181
视频监控子系统 …… 100
视频在线监测 …… 251
双层保温井盖 …… 33
双分段接线的 GIS …… 70
双回电源的变电站电气接线 …… 69
双联双挂点 …… 239
松宗镇神山保护 …… 141
塔材长度 …… 244
塔腿的地形条件 …… 222
塔位坡度条件 …… 222
太阳辐射带来的影响 …… 14
太阳能供电系统 …… 262
天馈线接头保护盒 …… 34
铁塔安全防护 …… 245
通信机房空间布局 …… 106
图片在线监测 …… 252
拓扑管理及监控 …… 105
挖孔基础 …… 220
挖孔基础全护壁设计 …… 225
挖孔基础长径比 …… 220
挖孔基础最小直径 …… 220
外墙面保温层防开裂措施 …… 22
外装修材料的颜色选择 …… 18

微气象区在线监测 …………………… 250
微型断路器 ……………………………… 12
卫星遥感解译技术 …………………… 268
温度效应 ………………………………… 23
温控功能的加热装置 ………………… 10
文化圣地段路径优化 ………………… 140
污耐压法 ……………………………… 165
屋面板、墙板固定连接 ……………… 26
屋面保温节能技术 …………………… 21
无线电干扰 …………………………… 154
无线电干扰 …………………………… 44
无线公网 ……………………………… 259
舞动区耐张线夹引流板 ……………… 202
下字形耐张塔 ………………………… 212
现场超大级差的塔位 ………………… 215
线夹回转式间隔棒 …………………… 203
线缆布放 ……………………………… 108
线路避雷器 …………………………… 174
线路环境友好性 ……………………… 138
线路在线监测装置（CMD） ………… 260
消防云梯提升 ………………………… 271
小档距高跨塔设计 …………………… 155
谐波分流能力 ………………………… 80
谐波过电压保护 ……………………… 80
谐波过电压抑制及保护 ……………… 79
新型超低噪声轴流风机 ……………… 63
性能管理 ……………………………… 104
休息平台 ……………………………… 246
选相合闸装置 ………………………… 82
岩石锚杆基础 ………………………… 221
岩石碎屑坡 …………………………… 206
岩性条件 ……………………………… 222
一体化电源系统 ……………………… 12
易绕击相 ……………………………… 173
优化绝缘 ……………………………… 165
优化墙架、支撑的设置 ……………… 26
预绞丝护线条 ………………………… 195
远程监控 ……………………………… 102
远程监控功能 ………………………… 103
远红外辐射式电暖器 ………………… 62
在线监测系统 ………………………… 258
在线监测装置 ………………………… 249
站内行波定位 ………………………… 256
站内引入光缆的抗紫外线和防水
设计 ………………………………… 33
站前区集约化布局 …………………… 48
站址的日轨迹及太阳辐射热量图 …… 15
遮阳板 ………………………………… 19
真空注油 ……………………………… 93
整体钢架 ……………………………… 215
直流空气开关 ………………………… 12
直升机滑降 …………………………… 271
直线塔基础型式 ……………………… 218
智能辅控系统 ………………………… 99
智能控制子系统 ……………………… 101
智能照明控制 ………………………… 95
智能照明控制系统 …………………… 95
主变压器低压侧多跨型汇流母线常规
设计方案 …………………………… 46
主动防护网 …………………………… 233
主控通信楼功能布局 ………………… 109
注脂式耐张线夹 ……………… 193，194
专业攀岩辅助勘测作业 ……………… 271
专业攀岩手段辅助勘测作业 ………… 273
桩基选型 ……………………………… 59
自动控制 ……………………………… 97
自然保护区段线路路径优化 ………… 147
自然公园段景观设计优化 …………… 145
阻抗法测距 …………………………… 256